「十二五」高职高专体验互动式创新规划教材

主编　齐红军

副主编　姚杰　钟灵　刘坤

编者　刘宝成　李敏　周太永

张建　吴春辉　罗澄清

GONGCHENG LIXUE

工程力学

哈尔滨工业大学出版社

内容简介

　　本书内容分为四部分：第一部分为静力学部分，主要包括静力学基础、平面各种力系的合成与平衡、空间力系及平面图形的几何性质；第二部分为材料力学部分，主要包括材料力学基础、轴向拉伸与压缩、剪切与挤压、扭转、弯曲内力、梁弯曲时的强度与刚度计算、组合变形的力学分析及强度与刚度计算、压杆稳定；第三部分为运动学与动力学部分，主要包括质点和刚体运动学基础、动力学基础；第四部分为实验指导和型钢规格表。

　　本书可作为高等职业院校、高等专科院校和成人教育机电类、自动化类、仪器仪表类、电气电子等工科各专业工程力学课程的教材或参考书，也可供科研人员、工程技术人员及自学人员作为参考用书。

图书在版编目(CIP)数据

工程力学/齐红军主编. —哈尔滨：哈尔滨工业大学
出版社，2012.8
ISBN 978 - 7 - 5603 - 3666 - 4

Ⅰ.①工… Ⅱ.①齐… Ⅲ.①工程力学－高等职业
教育－教材 Ⅳ.①TB12

中国版本图书馆 CIP 数据核字 (2012) 第 187426 号

责任编辑 张　瑞
封面设计 唐韵设计
出版发行 哈尔滨工业大学出版社
社　　址 哈尔滨市南岗区复华四道街 10 号 邮编 150006
传　　真 0451－86414749
网　　址 http://hitpress.hit.edu.cn
印　　刷 三河市越阳印务有限公司
开　　本 850mm×1168mm 1/16 印张 16.25 字数 480 千字
版　　次 2012 年 8 月第 1 版 2012 年 8 月第 1 次印刷
书　　号 ISBN 978 - 7 - 5603 - 3666 - 4
定　　价 34.00 元

PREFACE 前　言

　　本套教材的编写着重突出了新技术、新方法、新设备、新内容、新体验的原则，即"五新"原则。采用"教·学·做1+1"体验互动式的编写思路，即"理论（1）+ 实践（1）"，通过对模块的互动体验，更好地掌握所学知识。全书采用模块化教学，取材广泛，内容新颖，深入浅出，注重实用性和实践技能的培养，为了使学生掌握工程力学的基本理论和基本方法，着重培养学生应用工程力学的理论和方法来解决工程实际问题的能力，同时为后续课程打下坚实的基础。全书按机械制造系列专业"工程力学"课程内容划分为12个模块，每个模块都含有教学聚焦、知识目标、技能目标、课时建议、教学重点和难点、重点串联、基础训练、工程技能训练等栏目；每个小节都配有例题导读、知识汇总、技术提示等栏目。主要内容为：模块1 工程力学基础；模块2 平面力系的合成与平衡；模块3 空间力系；模块4 平面图形的几何性质；模块5 轴向拉（压）构件力学分析；模块6 剪切与挤压构件力学分析；模块7 圆轴扭转构件力学分析；模块8 弯曲构件力学分析；模块9 组合变形构件力学分析；模块10 压杆稳定分析；模块11 质点和刚体运动学基础；模块12 质点动力学基础。为了便于学生学习，在书后还附有实验指导和型钢规格表。

　　本书可作为高等职业院校、高等专科院校和成人教育机电类、自动化类、仪器仪表类、电子电气等工科各专业工程力学课程的教材或参考书（适用于110～140课时），也可供科研人员、工程技术人员及自学人员作为参考用书。

　　全书由齐红军担任主编，姚杰、钟灵、刘坤担任副主编，具体编写分工为：齐红军副教授（陕西铁路工程职业技术学院，模块2、5及附录）；姚杰副教授（辽阳职业技术学院）和钟灵（甘肃畜牧工程职业技术学院）共同编写模块8；刘坤（辽宁省参窝水库管理局，模块11）；刘宝成副教授（陕西航空职业技术学院，模块1、10）；李敏副教授（哈尔滨职业技术学院，模块4）；周太永（厦门华天涉外职业技术学院，模块3）；李敏和周太永共同编写模块7；张建副教授（天津渤海职业技术学院，模块6、9）；吴春辉（辽阳职业技术学院，模块12）；罗澄清（太原城市职业技术学院）负责整理材料。

　　本书在编写过程中，得到了诸多同事的大力支持，在此谨表谢意！由于编者水平有限，加之时间仓促，本教材难免有疏漏之处，敬请同行和读者在使用过程中提出宝贵意见，以便进一步修订。

编　著

职业规划与就业导航

"工程力学"是机械类等专业的一门专业基础课,是运用力学的基本原理,研究构件在荷载作用下的平衡规律及承载能力的一门课程。通过课堂理论学习、实验和技能训练等环节,使学生掌握机械制造一线技术人员所必需的力学基础知识和基本技能;学习运用力学方法分析和解决机械制造过程中简单的力学问题;培养学生的力学素质;为学习专业课程和继续深造提供必要的基础;同时,注意培养学生科学的思维方式和工作方法。

本课程以机械制造技术类专业学生的就业为导向,根据行业专家对机械制造技术类专业所涵盖的岗位群进行的任务和职业能力分析,同时遵循高等职业院校学生的认知规律,紧密结合职业资格证书中相关考核要求,确定本课程的工作模块和课程内容。为了充分体现任务引领、实践导向课程思想,本课程按照机械制造过程中力学知识应用的工作任务进行课程内容安排。

通过任务引领型的活动,使学生具备静定结构受力分析能力和内力图的绘制能力;力系平衡条件的应用能力;梁、柱的强度、刚度、稳定性计算能力;基本的力学实验操作能力;工程运用与实际问题的解决能力。同时培养学生具有诚实、守信、善于沟通和合作的品质,为发展职业能力奠定良好的基础;具有较强的自学能力、创新意识和较高的综合素质。

职业能力培养目标:能够对静定结构进行受力分析;能够灵活利用力系平衡条件;能够灵活运用强度、刚度、稳定性理论分析柱、梁等结构;能够熟练操作力学实验仪器;能够运用所学力学知识,解决与力学相关的工程问题。

本学科领域以培养具备力学基础理论知识、计算和实验能力,能在各种工程(如机械、土建、材料、能源、交通、航空、船舶、水利、化工等)中从事与力学有关的科研、技术开发、工程设计和力学教学工作的高素质高技能应用型人才。

目录 Contents

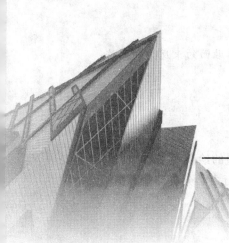

模块 1

工程力学基础

教学聚焦

工程力学是一门专业基础课,它为工程结构设计提供基本的力学知识和计算方法,为进一步学习相关的专业课程打下必要的基础。

知识目标

◆ 了解工程力学的研究对象及相关知识;

◆ 理解力学的基本概念:刚体和力;

◆ 理解静力学公理;

◆ 掌握约束的类型与约束反力的画法;

◆ 掌握工程结构受力分析方法并会画受力图。

技能目标

◆ 能够对单个物体进行受力分析并画受力图;

◆ 能够对物体系统进行受力分析并画受力图。

课时建议

10 课时

教学重点或难点

理解力学概念,会用图示表示力,重点是分析工程结构受力状态,难点是绘制受力图。深刻领会力、刚体、平衡的含义;熟练掌握常见约束的类型、性质以及相应的约束反力的特征;正确对物体进行受力分析。在此理论的基础上,来研究物体系统平衡问题以及工程力学的基本理论和解题方法。

1.1 工程力学基本知识

例题导读

【例1.1】和【例1.2】讲解了荷载的简化方法;【例1.3】讲解了光滑接触面约束反力的画法。

知识汇总

· 约束和约束反力的分析与画法;

· 支座是连接装置,也是约束,体现了约束的性质和特点;

· 支座及支座反力的简化方法。

弄清"工程力学"课程的研究对象和内容,掌握学习方法和计算简图的绘制等基本知识。首先要理解力学基本概念和公理,然后掌握约束类型及约束反力的画法,进而进行力学分析和受力图的绘制。

1.1.1 工程力学的研究对象

工程力学是一门专业基础课,它为工程结构设计提供基本的力学知识和计算方法,为进一步学习相关的专业课程打下必要的基础。

实际工程中的结构物,如房屋、桥梁以及广告牌柱等,在使用过程中都要受到各种力的作用。主动作用于工程结构物上的外力称为荷载。工程结构物中承受和传递荷载而起骨架作用的部分称为结构,结构中的每一个组成部分称为构件。

各类结构中构件的形状多种多样,其中大量的构件如梁、柱等,它们的长度比其他两个方向的尺寸大得多(5倍以上),这类构件统称为杆件(图1.1(a)、(b))。当构件两个方向(长和宽)的尺寸远大于另一个方向(厚度)的尺寸时,称为薄壳或薄板(图1.1(c))。当构件三个方向(长、宽、高)的尺寸均接近时,称为实体构件(图1.1(d))。

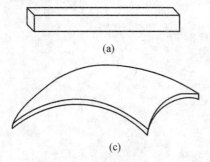

(a)

(b)

(c)

(d)

图1.1

1.1.2 工程力学的任务

建筑物或结构要能正常工作,必须要有一定的承载能力,承载能力包括强度、刚度和稳定性。

①强度是指结构或构件抵抗破坏的能力,即结构或构件在外荷载以及其他因素作用下不能发生破坏。

②刚度是指结构或构件抵抗变形的能力。

③稳定性是指结构或构件保持原有的平衡状态的能力。

工程力学的任务是研究杆件结构的强度、刚度和稳定性问题,并讨论结构的组成规律与合理形式。根据结构或构件的特点,对结构或构件进行简化和受力分析,研究它们的平衡规律,据此来计算在外荷载和其他因素影响下结构和构件的内力以及结构的位移,进而对结构和构件进行强度、刚度和稳定性方面的计算和校核,以便能够研究构件的承载能力。但本课程只能提供解决这些问题的一些基本知识和方法,要完全解决问题,还需要掌握有关的专业知识和具有一定的工程实践经验。

1.1.3 工程力学的基本假定

结构和构件都是由各种材料组成的,在计算时应考虑主要因素,略去次要因素,所以,为简化计算,作如下的基本假设。

1. 变形固体的连续、均匀、各向同性假设

结构和构件通常都是由固体材料做成的,在讨论强度、刚度和稳定性问题时,必须考虑其变形,故把它们叫做变形固体。

物质的微观结构既不连续又不均匀,且各向异性,但本课程所讨论的结构构件,其宏观尺寸比构件材料的微观物质的尺寸大得多,而所研究的强度、刚度等问题只与材料的宏观性质有关。因此,可以假设所研究的变形固体是密实、无空隙的,各部分都有相同的物理特性,而且在不同方向上这些物理特性也相同,这样的变形固体,通常称为连续、均匀、各向同性变形固体。实践证明,对于大多数常用的结构材料,如钢铁、混凝土、砖石等,上述假设是合理的,符合工程实际情况。

2. 结构及构件的弹性及微小变形假设

结构或构件受到任何微小的力作用时都会产生变形,变形一般有两种:弹性变形与塑性变形。在工程力学的普通计算中,假定材料产生的变形都是弹性变形,而不考虑由于塑性变形对材料性能的改变。另外,假设固体在外力作用下所产生的变形与固体本身的几何尺寸相比较是非常小的,根据这一假设,当研究变形固体的平衡问题时,一般可以略去变形的影响。

1.1.4 杆件的基本变形

杆件所受的外力是各种各样的。当不同外力以不同方式作用于杆件时,杆件将产生不同形式的变形。归纳起来,杆件的变形可分为以下四种基本变形,即:轴向拉伸或压缩、剪切、扭转和弯曲,如图 1.2 所示。实际上杆件的变形有时可能只有一种基本变形,有时也可能是两种或两种以上基本变形的组合,这种情况称为组合变形。

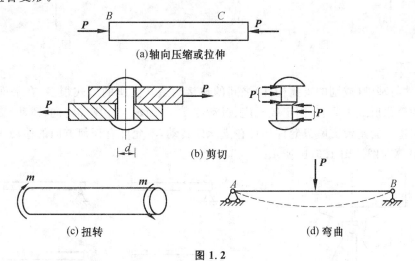

(a)轴向压缩或拉伸

(b)剪切

(c)扭转

(d)弯曲

图 1.2

1.1.5 结构的计算简图

分析实际结构时,必须对结构作一些简化,略去某些次要影响因素,突出反映结构主要的特征,用一个简化了的结构图形来代替实际结构,这种图形称为结构的计算简图。

选取结构计算简图应遵循下列两条原则：

①正确反映结构的实际情况，使计算结果准确可靠；

②略去次要因素，突出结构的主要性能，以便于分析和计算。

对一个实际结构选取平面杆件结构的计算简图时，需要作以下三方面的简化。

1. 杆件及结点的简化

轴线是所有横截面形心的连线，轴线与横截面垂直。因此，在计算简图中，用轴线来表示杆件。

杆件与杆件联结的地方叫做结点。一般有铰结点和刚结点，个别部位的联结还存在着组合结点。

（1）铰结点。铰结点的特征是其所铰接的各杆均可绕结点自由转动，杆件间的夹角可以改变大小（图 1.3(a)、1.3(b)）。在计算简图中，铰结点用杆件交点处的小圆圈来表示（图 1.3(c)）。

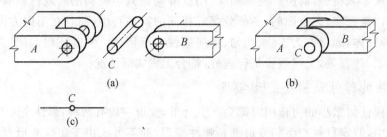

图 1.3

（2）刚结点。刚结点的特征是其所连接的各杆之间不能绕结点有相对的转动，变形时，结点处各杆件间的夹角都保持不变（图 1.4(a)）。在计算简图中，刚结点用杆件轴线的交点来表示（图 1.4(b)）。

（3）组合结点。在实际结构的一些结点处，一部分杆件刚结，一部分杆件铰结，这类结点是刚结点与铰结点的组合，称为组合结点（图 1.5）。

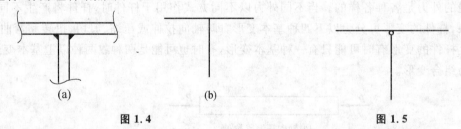

图 1.4　　　　　　　　　　　　　　　　　图 1.5

2. 支座的简化

支座是指构件与基础（或别的支撑构件）之间的连接构造。支座的形式很多，在平面杆件结构的计算简图中，支座的简化形式主要有：固定铰支座、可动铰支座、固定端支座和定向（滑动）支座。

（1）固定铰支座。固定铰支座只允许构件在支承处转动，不允许有任何方向的移动。其构造简图如图 1.6(a)所示，计算简图如图 1.6(b)所示。

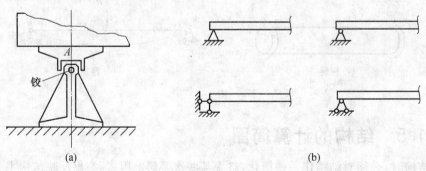

图 1.6

（2）可动铰支座。可动铰支座允许构件在支承处转动，但不允许结构沿某方向移动（图 1.7（a））。在计算简图中，可动铰支座用一根链杆来表示（链杆是两端铰接，中间不受力，自重和变形不计的直线杆件），链杆的方位与结构被限制移动的方向一致。其计算简图如图 1.7（b）所示。

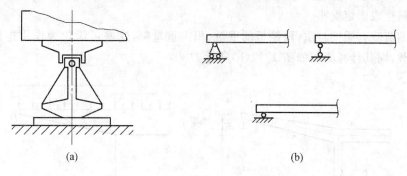

(a)   (b)

图 1.7

（3）固定端支座。固定端支座使构件在支承处不能做任何移动，也不能转动，如图 1.8（a）所示。在计算简图中，固定端支座用一个与杆轴线相交的支承面来表示，如图 1.8（b）所示。

（4）定向支座。定向支座使构件在支承处不能转动，也不能沿某方向移动。在计算简图中，定向支座用两根平行且等长的链杆表示，链杆的方位与约束构件移动的方向一致，如图 1.9 所示。

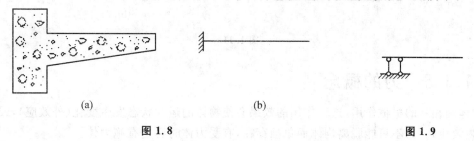

(a)   (b)

图 1.8   图 1.9

3. 荷载的简化

实际结构所承受的荷载一般是作用于构件内的体荷载（如自重）和表面上的面荷载（如人群、设备重量等）。但在计算简图上，均简化为作用于杆件轴线上的分布线荷载、集中荷载、集中力偶，并且认为这些荷载的大小、方向和作用位置是不随时间变化的，或者虽有变化但极缓慢，使结构不至于产生显著的运动（如吊车荷载、风荷载等），这类荷载称为静力荷载。如果荷载变化剧烈，能引起结构明显的运动或振动（如打桩机的冲击荷载等），称为动力荷载。本课程讨论的主要是静力荷载。

【例 1.1】 如图 1.10（a）所示，小桥的一根梁两端搁在桥墩或桥台上，上面有一重物。画出其计算简图。

解 简化时，梁本身可以用其轴线来代替。考虑到台面对梁端有摩擦力，而梁受热膨胀时仍可伸长，故将其一端视为可动铰支座，另一端视为固定铰支座，则其计算简图如图 1.10（b）所示。

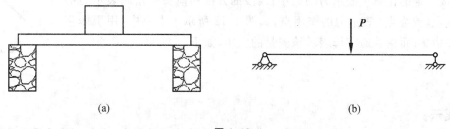

(a)   (b)

图 1.10

【例 1.2】 如图 1.11（a）所示的雨篷，其主要构件是一根立柱和两根梁。画出其计算简图。

解 在计算简图中，立柱和梁均用它们各自的轴线表示。由于柱与梁的连接处用混凝土浇成整体，钢筋的配置保证二者牢固地连接在一起,变形时,相互之间不能有相对转动,故在计算简图中简化成刚结点。

立柱下端与基础连成一体,基础限制立柱下端不能有水平方向和竖直方向的移动,也不能有转动,故在计算简图中简化成固定支座。

作用在梁上的荷载有梁的自重、雨篷板的重量、积雪重量等,这些可简化为作用在梁轴线上沿水平跨度分布的线荷载,则其计算简图如图 1.11(b)所示。

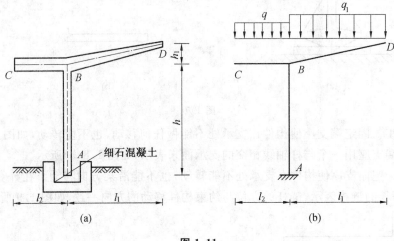

图 1.11

❖❖❖ 1.1.6　力的概念

力是物体间相互的机械作用,这种作用的效果会使物体的运动状态发生变化(外效应),或者使物体发生变形(内效应)。力不可能脱离物体而单独存在,有受力体时必定有施力体。

1.力的三要素

(1)力的大小。力的大小表示物体间相互机械作用的强弱,力大说明机械作用强,力小说明机械作用弱。国际单位制中,力的单位用牛顿(N)或千牛顿(kN)。

(2)力的方向。力的方向包含方位和指向,例如"竖直向下","竖直"是力的方位,"向下"是力的指向。

(3)力的作用点。力的作用点是指力作用在物体上的范围。当力作用的范围很小以至于可以忽略其大小时,就可以近似地将其看成一个点。作用于一点上的力称为集中力。

2.力的图示法

力有大小和方向,说明力是矢量。图示时,可以用一个带箭头的线段表示,线段的长度 AB 按一定的比例尺表示力的大小;线段的方位和箭头的指向表示力的方向;线段的起点(或终点)表示力的作用点,如图 1.12 所示。本书中,用黑体字母表示矢量,如力 F;而用普通字母表示该矢量的大小,如 F。

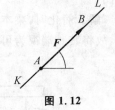

图 1.12

▶▶▶

技术提示：

　　工程力学中的力是一个矢量,不同于日常生活中所讲的力的概念,分析一个力要从力的三要素一一分析,缺一不可。同时还要会用分析图表示一个力。

◈◈◈ 1.1.7　平衡与刚体的概念

工程中,平衡是指物体相对于地球处于静止状态或匀速直线运动状态。力系是指同时作用于被研究物体上的若干个力。如果两个力系对物体的作用效应相同,则称这两个力系为等效力系。如果一个力与一个力系等效,则此力称为该力系的合力,而该力系中的各个力称为合力的分力。如果物体在一个力系的作用下处于平衡状态,则称该力系为平衡力系。使一个力系成为平衡力系的条件称为力系的平衡条件。

在任何外力作用下,大小和形状保持不变的物体,称为刚体。

◈◈◈ 1.1.8　静力学公理

力的性质通过静力学公理来讲述。

1.二力平衡条件

作用在同一刚体上的两个力,使刚体保持平衡的必要与充分条件是:这两个力大小相等,方向相反,作用在同一条直线上,如图 1.13 所示。

工程上把只在两点受集中力作用而处于平衡状态的构件称为二力构件;如果构件是杆件也可以称为二力杆。

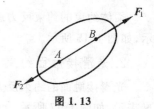

图 1.13

2.加减平衡力系原理

在作用于刚体上的任意力系中,加上或减去任何一个平衡力系,并不改变原力系对刚体的作用效应。

推论(力的可传性原理)　作用于刚体上的力可沿其作用线移动到该刚体上任一点,而不改变此力对刚体的作用效应。

3.力的平行四边形法则

作用于物体上同一点的两个力,可以合成为一个合力,合力也作用于该点,合力的大小和方向由以这两个力为邻边所构成的平行四边形的对角线来表示,如图 1.14 所示。

力的平行四边形法则也可以用力的三角形法则表示,如图 1.15 所示,上述法则用矢量等式表示为

$$R = F_1 + F_2$$

推论(三力平衡汇交定理)　一刚体受共面不平行的三个力作用而平衡时,这三个力的作用线必汇交于一点。这个定理说明了不平行的三个力平衡的必要条件,当两个力的作用线相交时,可用来确定第三个力作用线的方位。

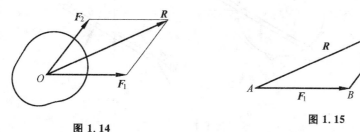

图 1.14　　　　　　　　　　　　　　图 1.15

4.作用力与反作用力定律

两个物体间的作用力和反作用力,总是大小相等,方向相反,沿同一条直线,并分别作用于这两个物体上。

◇:◇: 1.1.9　约束与约束反力

　　一个物体的运动受到周围物体的限制时，这些周围物体就称为该物体的约束。当物体沿着约束所能限制的方向有运动或运动趋势时，约束必然承受物体的作用力，同时给予物体以反作用力，称为约束反力。几种常见的约束及其反力如下。

1. 柔体约束

　　柔体约束的约束反力通过接触点，其方向沿着约束的中心线且为拉力。这种约束反力通常用 T 表示，如图 1.16 所示。

2. 光滑接触面约束

　　光滑接触面的约束反力通过接触点，其方向沿着接触面的公法线且为压力。这种约束反力通常用 N 表示，如图 1.17 所示。

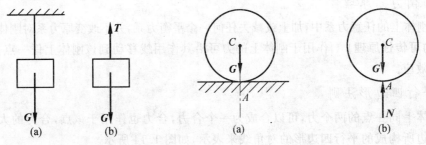

图 1.16　　　　　　　　　　　　图 1.17

　　【例 1.3】　重为 G 的杆放在半圆槽中，如图 1.18(a) 所示，画出杆 AB 所受到的约束反力，如图 1.18(b) 所示。接触处摩擦不计。

　　解　杆 AB 所受到的约束反力如图 1.8(b) 所示。

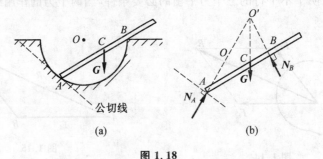

图 1.18

3. 圆柱铰链约束

　　圆柱铰链的约束反力在垂直于销钉轴线的平面内，通过销钉中心，而方向未定。这种约束反力有大小和方向两个未知量，可用一个大小和方向都是未知的力 R 来表示；也可以用两个互相垂直的分力 X_C 和 Y_C 来表示，如图 1.19 所示。

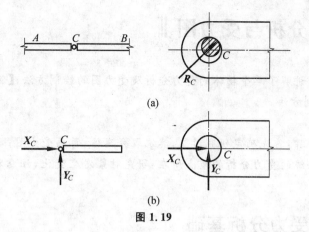

图 1.19

4. 链杆约束

链杆的约束反力沿着链杆中心线,指向未定,如图 1.20 所示。

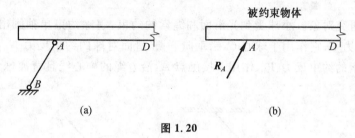

图 1.20

5. 支座及其反力

工程上将构件与基础连接在一起的装置称为支座。常见的支座有以下三种:

(1)固定铰支座(铰链支座)。它的支座反力与圆柱铰链的反力相同,如图 1.21 所示。

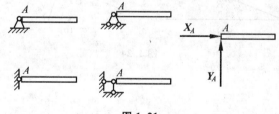

图 1.21

(2)可动铰支座。它的支座反力通过接触点,沿销钉中心,指向未定,如图 1.22 所示。

(3)固定端支座。它除了产生水平和竖向的约束反力外,还有一个阻止转动的约束反力偶,如图 1.23 所示。

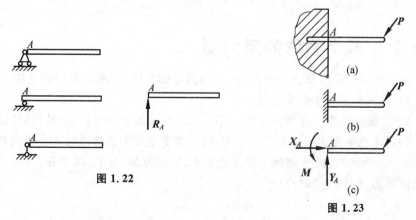

图 1.22

图 1.23

1.2 物体受力分析与受力图

例题导读

【例1.4】和【例1.5】讲解了单个物体的受力分析及受力图的绘制方法;【例1.6】讲解了物体系统的受力分析和受力图的绘制方法。

知识汇总

• 物体受力分析的步骤:首先确定研究对象,其次取分离体,再画受力图;

• 单个物体与物体系统的受力分析的重点所在:研究对象发生变化,注意物体系统内部的物体与物体之间的相互作用力。

1.2.1 受力分析基础

【例1.4】 重量为 G 的小球置于光滑的斜面上,并用绳索系住,如图1.24(a)所示,试画出小球的受力图。

解 取小球为研究对象。小球受到光滑面和绳索的约束,解除约束单独画出小球,作用在小球上的主动力是已知的重力 G,它作用于球心 C,铅垂向下;光滑面对球的约束反力 N_B,通过切点 B,沿着公法线并指向球心;绳索的约束反力 T_A,作用于接触点 A,沿着绳的中心线且背离球心。小球的受力图如图1.24(b)所示。

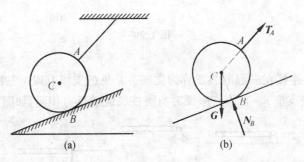

图 1.24

>>>

技术提示:

在进行力学计算时,首先要对物体进行受力分析,即分析物体受到哪些力作用,哪些是已知的,哪些是未知的。

对物体进行受力分析的步骤是:(1)确定研究对象;(2)取分离体;(3)画受力图。

1.2.2 单个物体的受力图

【例1.5】 水平梁 AB 受已知力 P 作用,A 端为固定铰支座,B 端为可动铰支座,如图1.25(a)所示。梁的自重不计,试画出梁 AB 的受力图。

解 取梁 AB 为研究对象。有两种作法:方法一,梁 B 端属于链杆约束,其约束反力沿链杆轴线指向梁 B 端;另外,同时考虑平面力系三力汇交原理,梁 A 端支座反力必将通过 A 点指向 P 和 R_B 的延长线的交点(图1.25(b))。方法二,梁 A 端属于固定铰支座,简化为 X_A 和 Y_A 两个分力;梁 B 端为链杆,其约束反力沿链杆指向梁 B 端(图1.25(c))。

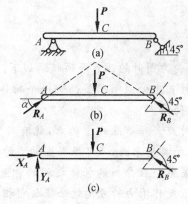

图 1.25

>>>

技术提示：

受力图绘制方法的关键在于取分离体作为研究对象,按照力的性质和类型简化所有作用在物体上的力,去掉约束,用约束反力代替,所得图形就是物体的受力图。

1.2.3 物体系统的受力图

画物体系统的受力图的方法,基本上与画单个物体受力图的方法相同,只是研究对象可能是整个物体系统或系统的某一部分或某一物体。画整体的受力图时,只需把整体作为单个物体一样对待;画系统的某一部分或某一物体的受力图时,要注意被拆开的相互联系处有相应的约束反力,且约束反力是相互间的作用,一定要遵循作用力与反作用力定律。

【例 1.6】 梁 AC 和 CD 用圆柱铰链 C 连接,并支承在三个支座上,A 处为固定铰支座,B、D 处均为可动铰支座,如图 1.26 所示。试画出梁 AC、CD 及整梁 AD 的受力图。梁的自重不计。

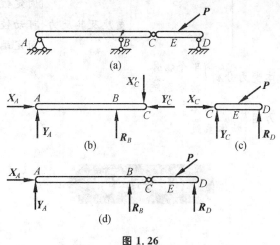

图 1.26

解 (1)首先,取 AC 部分为研究对象。去掉支座用支座反力代替,同时注意 AC 与 CD 之间的作用力与反作用力关系,去掉 CD 部分的约束,用 X'_C 和 Y'_C 代替 CD 对 AC 的作用力,如图 1.26(b)所示。

(2)取 CD 为研究对象。荷载 P 作用在梁 CD 上,去掉 AC 对 CD 的约束,用约束反力代替,同时注意与 AC 间的作用力与反作用力关系,用 X_C 和 Y_C 代替,如图 1.26(c)所示。

(3)取梁 AC 和 BC 的整体为研究对象,去掉支座,用支座反力代替,如图 1.26(d)所示。

技术提示：

通过以上各例的分析,现将画受力图时的注意事项归纳如下:

1. 明确研究对象。画受力图时首先必须明确要画哪一个物体的受力图,然后把它所受的全部约束去掉,单独画出该研究物体的简图。

2. 注意约束反力与约束一一对应。每解除一个约束,就有与它对应的约束反力作用在研究对象上;约束反力的方向要依据约束的类型来画,不可根据主动力的方向简单推断。

3. 注意作用力与反作用力的关系。在分析两物体之间的相互作用时,要符合作用力与反作用力的关系,作用力的方向一经确定,反作用力的方向就必须与它相反。

重点串联 ▶▶▶

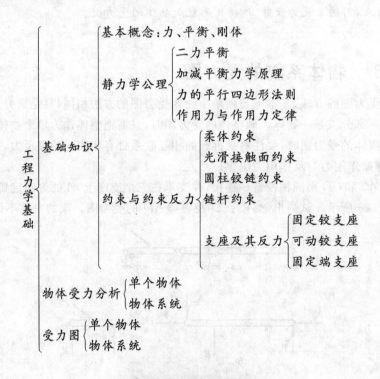

工程力学基础
- 基础知识
  - 基本概念:力、平衡、刚体
  - 静力学公理
    - 二力平衡
    - 加减平衡力学原理
    - 力的平行四边形法则
    - 作用力与作用力定律
  - 约束与约束反力
    - 柔体约束
    - 光滑接触面约束
    - 圆柱铰链约束
    - 链杆约束
    - 支座及其反力
      - 固定铰支座
      - 可动铰支座
      - 固定端支座
- 物体受力分析
  - 单个物体
  - 物体系统
- 受力图
  - 单个物体
  - 物体系统

拓展与实训

▶ **基础训练** ••••

1. 填空题

(1)力的三要素包括_____、_____和_____。

(2)作用在刚体上的力可沿其作用线任意移动,而_____力对刚体的作用效果。所以,在静力学中,力是_____的矢量。

(3)力对物体的作用效果一般分为_____效应和_____效应。

(4)对非自由体的运动所预加的限制条件为_____;约束反力的方向总是与约束所能阻止的物体的运动趋势的方向_____;约束反力由_____力引起,且随_____力的改变而改变。

(5)设计构件需满足_____、_____、_____三个方面的要求。

(6)工程中遇到的物体,大部分是非自由体,那些限制或阻碍非自由体运动的物体称为_____。

(7)由链条、带、钢丝绳等构成的约束称为柔体约束,这种约束的特点为:只能承受_____,不能承受_____,约束力的方向沿_____的方向。

(8)构件的承载能力包括_____、_____和_____三个方面;根据材料的主要性能作如下三个基本假设_____、_____、_____。

(9)构件的强度是指_____;刚度是指_____;稳定性是指_____。

(10)若三个不平行的力构成平面平衡力系,则其组成的力三角形_____。

(11)物体相对于惯性参考系处于静止或做匀速直线运动状态,称为_____。

(12)作用于约束物体上的力称为_____。

(13)刚体在三个力作用下处于平衡状态,其中两个力的作用线汇交于一点,则第三个力的作用线一定通过_____。

(14)力对物体的效应取决于力的大小、方向和_____。

(15)构件应有足够的强度,其含义是指在规定的使用条件下构件不会_____。

(16)使物体运动或产生运动趋势的力称为_____。

(17)材料力学中,变形固体的基本假设有连续性假设、均匀性假设、_____假设和小变形假设。

(18)构件应有足够的刚度,即在规定的使用条件下,构件不会产生过大的_____。

(19)在工程设计中,构件不仅要满足强度、_____和稳定性的要求,同时还必须符合经济方面的要求。

(20)约束反力的方向应与约束所能限制的物体的运动方向_____。

2.单项选择题

(1)柔体约束的约束反力是(　　)。

A.拉力　　　　　B.压力　　　　　C.有时拉力有时压力　　D.以上都不对

(2)光滑接触面的约束反力通过接触点,其方向沿着接触面的公法线且为(　　)。

A.拉力　　　　　B.压力　　　　　C.有时拉力有时压力　　D.以上都不对

(3)一个物体的运动受到周围物体的限制时,这些周围物体就称为该物体的(　　)。

A.约束反力　　　B.约束　　　　　C.作用力　　　　　D.反作用力

(4)在下列原理、法则、定理中,只适用于刚体的是(　　)。

A.二力平衡原理　　　　　　　　　B.力的平行四边形法则

C.力的可传性原理　　　　　　　　D.作用力与反作用力定律

(5)约束反力的方向一定要和被解除的约束的类型相对应,不可以根据(　　)的方向来简单推断。

A.约束反力　　　B.主动力　　　　C.被动力　　　　　D.荷载

(6)刚体受三力作用而处于平衡状态,则此三力的作用线(　　)。

A.必汇交于一点　　B.必互相平行　　C.必都为零　　　　D.必位于同一平面内

(7)力的可传性原理适用于(　　)。

A.一个刚体　　　　　　　　　　　B.多个刚体

C.变形体　　　　　　　　　　　　D.由刚体和变形体组成的系统

(8)作用在同一刚体上的两个力大小相等、方向相反且沿着同一条作用线,这两个力是(　　)。

A.作用力与反作用力　B.平衡力　　　C.力偶　　　　　D.不确定

(9)既能限制物体转动,又能限制物体移动的约束是(　　　　)。

A. 柔体约束　　　　B. 固定端约束　　　　C. 活动铰链约束　　　　D. 光滑面约束

(10)为保证构件能正常工作,要求其具有足够的承载能力,与承载能力有关的是(　　　　)。

A. 构件的强度、刚度和稳定性　　　　B. 构件的强度、应力和稳定性

C. 构件的变形、刚度和稳定性　　　　D. 构件的强度、刚度和变形

(11)各向同性假设认为,材料沿各个方向具有相同的(　　　　)。

A. 应力　　　　B. 变形　　　　C. 位移　　　　D. 力学性质

(12)加减平衡力系公理适用于(　　　　)。

A. 刚体　　　　　　　　　　　　　B. 变形体

C. 任意物体　　　　　　　　　　　D. 由刚体和变形体组成的系统

(13)光滑面对物体的约束力,作用在接触点处,方向沿接触面的公法线,且(　　　　)。

A. 指向受力物体,恒为拉力　　　　B. 指向受力物体,恒为压力

C. 背离受力物体,恒为拉力　　　　D. 背离受力物体,恒为压力

(14)两个力大小相等,分别作用于物体同一点处时,对物体的作用效果(　　　　)。

A. 必定相同　　　　B. 未必相同　　　　C. 必定不同　　　　D. 只有在两力平行时相同

(15)力的可传性原理是指作用于刚体上的力可在不改变其对刚体的作用效果下(　　　　)。

A. 平行其作用线移到刚体上任一点　　　　B. 沿其作用线移到刚体上任一点

C. 垂直其作用线移到刚体上任一点　　　　D. 任意移动到刚体上任一点

3. 简答题

(1)物体受力分析的步骤有哪些?

(2)受力图绘制的注意事项有哪些?

(3)何谓平衡力系、等效力系、力系的合成、力系的分解?

(4)"合力一定比分力大",这种说法对否?为什么?

(5)刚体和变形固体有什么区别和联系?

(6)试分别列举出几种各向同性的固体、各向异性的固体。

(7)试列举几个可以简化为杆件的实际构件。

(8)观察日常生活中遇到的建筑物、机器,分析哪些构件属于杆件?并分析其受力和变形形式。

4. 指出图1.27中各物体的受力图的错误,并加以改正。

▶ **工程技能训练** ◀◀◀◀

物体系统受力分析及受力图绘制

1. 训练目的

(1)培养认知和辨析能力,掌握各种约束及约束反力的画法,掌握常用支座的简化方法。

(2)培养分析问题、解决问题的能力,既要能对单个物体及物体系统进行受力分析,又要能绘制单个物体及物体系统的受力图。

2. 训练要求

(1)使用铅笔、三角板或者直尺绘图,养成良好的绘图习惯。

(2)力学简图虽然是示意图,但也要图线粗细分明,图面整洁清楚。

(3)荷载、约束反力或者支座反力要按照统一规定做到力的三要素一一到位。

(4)做完的受力图要真正意义上反映物体或物体系统的实际受力状态,不能缺少一个力,也不能多出一个力;要确保每个力的作用点定位和方向准确、标注正确。

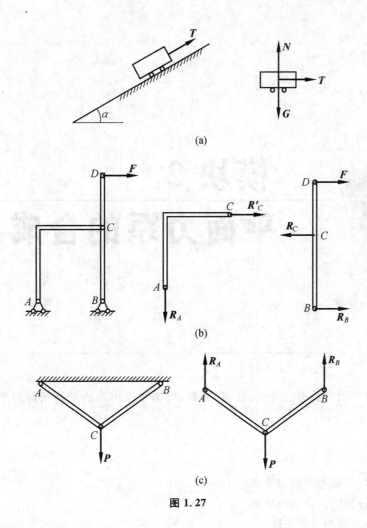

图 1.27

3. 训练内容和条件

（1）管道支架 ABC 如图 1.28 所示，A、B、C 处都是铰链连接。管道压力 P 作用在水平杆 AB 上的 D 点，各杆自重不计。试画水平杆 AB、斜杆 BC 及整体的受力图。

（2）观察建筑工地塔式起重机，如图 1.29 所示，绘制出受力图。

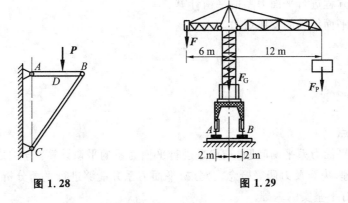

图 1.28　　　　　　　图 1.29

模块 2
平面力系的合成与平衡

教学聚焦

运用平衡方程对平面力系进行简化、合成、分解,根据平面力系的平衡条件列平衡方程,进行平衡计算进而分析平面力系。

知识目标

◆ 理解力的投影、力矩和力偶的概念;
◆ 理解力和力系的简化、合成与分解;
◆ 掌握平面各种力系的平衡条件;
◆ 掌握平面各种力系的平衡计算;
◆ 掌握考虑摩擦时的物体平衡计算。

技能目标

◆ 能够对平面力系的简化结果进行分析;
◆ 能够运用平衡方程进行平面力系的平衡计算。
◆ 能够求一般的平面结构的支座反力。

课时建议

16 课时

教学重点或难点

本模块重点介绍平面力系平衡问题,难点是进行平面力系的平衡计算。学习之后,学生可以掌握力的投影及合力投影定理、力矩及力偶等概念,会分析平面力系并能够进行平衡分析及平衡计算。为后续材料力学模块的学习打下坚实的基础。

2.1 力的投影与平面汇交力系

例题导读

【例 2.1】讲解了力的投影方法;【例 2.2】讲解了力的合成原理。

知识汇总

· 力的投影方法与合力投影定理;

· 平面汇交力系与力的合成。

2.1.1 力在平面直角坐标轴上的投影

如图 2.1(a) 所示,设力 F 从 A 指向 B。在力 F 的作用平面内取直角坐标系 Oxy,从力 F 的起点 A 及终点 B 分别向 x 轴和 y 轴作垂线,得交点 a、b 和 a'、b',并在 x 轴和 y 轴上得线段 ab 和 $a'b'$。线段 ab 和 $a'b'$ 的长度加正号或负号称为力 F 在 x 轴和 y 轴上的投影,分别用 X、Y 表示。即

$$\left.\begin{array}{l} X = \pm F\cos\alpha \\ Y = \pm F\sin\alpha \end{array}\right\} \tag{2.1}$$

式中 α—— 力 F 与 x 轴所夹的锐角。

投影的正负号规定如下:从投影的起点 a 到终点 b 的方向与坐标轴的正向一致时,该投影取正号;与坐标轴的正向相反时取负号。因此,力在坐标轴上的投影是代数量。而力 F 沿直角坐标轴方向的分力 F_x 和 F_y 有大小,有方向,是矢量,其作用效果还与作用点或作用线有关。引入力在轴上的投影的概念后,就可以将力的矢量计算转化为代数量计算。

当力与坐标轴垂直时,力在该轴上的投影为零;当力与坐标轴平行时,其投影的绝对值与该力的大小相等。

如果力 F 在坐标轴 x、y 上的投影 X、Y 为已知,则由图 2.1 中的几何关系,可以确定力 F 的大小和方向,即

$$\left.\begin{array}{l} F = \sqrt{X^2 + Y^2} \\ \tan\alpha = \left|\dfrac{Y}{X}\right| \end{array}\right\} \tag{2.2}$$

式中 α—— 力 F 与 x 轴所夹的锐角,力 F 的具体指向由两投影正负号来确定。

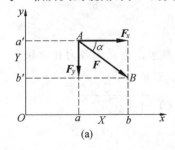 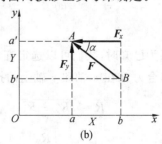

图 2.1

【**例 2.1**】 试求出图 2.2 中各力在 x、y 轴上的投影。已知 $F_1 = 100$ N,$F_2 = 150$ N,$F_3 = F_4 = 200$ N。

解 由式(2.1) 可得出各力在 x、y 轴上的投影为

$$X_1 = F_1 \sin 30° = 100 \text{ N} \times 0.5 = 50 \text{ N}$$

$$Y_1 = -F_1 \cos 30° \approx -100 \text{ N} \times 0.866 = -86.6 \text{ N}$$

$$X_2 = -F_2 \sin 60° \approx -150 \text{ N} \times 0.866 = -129.9 \text{ N}$$

$$Y_2 = F_2 \cos 60° = 150 \text{ N} \times 0.5 = 75 \text{ N}$$

$$X_3 = -F_3 \cos 45° \approx -200 \text{ N} \times 0.707 = -141.4 \text{ N}$$

$$Y_3 = -F_3 \sin 45° \approx -200 \text{ N} \times 0.707 = -141.4 \text{ N}$$

$$X_4 = 0$$

$$Y_4 = -F_4 = -200 \text{ N}$$

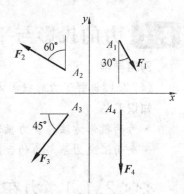

图 2.2

2.1.2 合力投影定理与平面汇交力系

一个力系由 $F_1, F_2, \cdots, F_n$ 组成,力系中各力的作用线共面且汇交于同一点,这种力系称为平面汇交力系。

平面汇交力系的合力在任一坐标轴上的投影,等于它的各分力在同一坐标轴上投影的代数和,这就是合力投影定理。简单证明如下:

设在平面内作用于 O 点有力 F_1, F_2, F_3,如图 2.3(a) 所示。反复用三角形法则(即力多边形法则)求出其合力为 R,如图 2.3(b) 所示。取投影轴 x,由图 2.3 可见,合力 R 的投影 ac 等于各分力的投影 ab, bd, $-cd$, ac 的代数和。这一关系对任何多个汇交力都适合。即

$$\left. \begin{aligned} R_x = X_1 + X_2 + \cdots + X_n = \sum X \\ R_y = Y_1 + Y_2 + \cdots + Y_n = \sum Y \end{aligned} \right\} \tag{2.3}$$

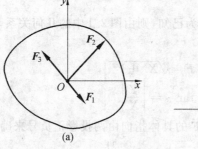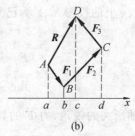

图 2.3

当平面汇交力系为已知时,我们可以选定直角坐标系求出力系中各力在 x 轴和 y 轴上的投影,再根据合力投影定理求出合力 R 在 x 轴和 y 轴上的投影 R_x 和 R_y,即

$$\left. \begin{aligned} R = \sqrt{R_x^2 + R_y^2} = \sqrt{\left(\sum X\right)^2 + \left(\sum Y\right)^2} \\ \tan \alpha = \left| \frac{R_y}{R_x} \right| = \left| \frac{\sum Y}{\sum X} \right| \end{aligned} \right\} \tag{2.4}$$

【例 2.2】 试求图 2.4 所示平面汇交力系的合力。已知 $F_1 = 1.5 \text{ kN}$,$F_2 = 0.8 \text{ kN}$,$F_3 = 2 \text{ kN}$,$F_4 = 1 \text{ kN}$。

解 设直角坐标系 Oxy 如图 2.4 所示。

$$R_x = \sum X = F_1 \cos 45° - F_2 \sin 30° + 0 + F_4 \cos 30° \approx$$

$$1.5 \text{ kN} \times 0.707 - 0.8 \text{ kN} \times 0.5 + 1 \text{ kN} \times 0.866 = 1.527 \text{ kN}$$

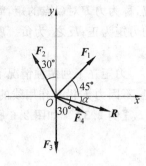

图 2.4

$$R_y = \sum Y = F_1 \sin 45° + F_2 \cos 30° - F_3 - F_4 \sin 30° \approx$$
$$1.5 \text{ kN} \times 0.707 + 0.8 \text{ kN} \times 0.866 - 2 \text{ kN} -$$
$$1 \text{ kN} \times 0.5 = -0.746 \text{ kN}$$

故合力 **R** 的大小为

$$R = \sqrt{R_x^2 + R_y^2} = \sqrt{(1.527)^2 + (-0.746)^2} \text{ kN} \approx 1.696 \text{ kN}$$

合力 **R** 的方向为

$$\tan \alpha = \frac{|R_y|}{|R_x|} = \frac{0.746}{1.527} \approx 0.490, \quad \alpha = 26°06'$$

因 R_x 为正、R_y 为负，故 α 应在第四象限，合力 **R** 的作用线通过力系的汇交点 O，如图 2.4 所示。

技术提示：

1. 当力与坐标轴垂直时，力在该轴上的投影为零；当力与坐标轴平行时，其投影的绝对值与该力的大小相等。

2. 平面汇交力系的合力在任一坐标轴上的投影，等于它的各分力在同一坐标轴上投影的代数和，这就是合力投影定理。

2.2 力矩与力偶

例题导读

【例 2.3】讲解了力对点的矩；【例 2.4】讲解了合力矩定理的应用；【例 2.5】讲解了力偶的合成法则。

知识汇总

- 力除了可以使物体移动外，还可以使物体转动，力对点的矩就是说明力的转动效应的；
- 合力对某点的矩等于合力的分力对该点的力矩的代数和；
- 力偶的概念与性质，平面力偶系。

2.2.1 力对点的矩

从实践中知道，力除了能使物体移动外，还能使物体转动。例如，用扳手拧紧螺母时，加力可使扳手绕螺母中心转动，如图 2.5 所示。

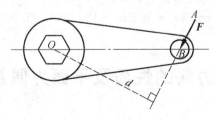

图 2.5

力 F 使扳手绕螺母中心 O 转动的效应，不仅与力的大小成正比，而且还与螺母中心到该力作用线的垂直距离 d 成正比。因此，可用两者的乘积 Fd 来量度力 F 对扳手的转动效应。转动中心 O，称为矩心。矩心到力作用线的垂直距离 d，称为力臂。此外，扳手的转向可能是逆时针方向，也可能是顺时针方向。因此，人们用力的大小与力臂的乘积 Fd 再加上正号或负号来表示力 F 使物体绕 O 点转动的效应,称为力F对O点的矩,简称力矩,用符号$M_O(F)$或M_O表示。一般规定:使物体产生逆时针方向转动的力矩为正;反之,为负。所以力对点的矩是代数量,即

$$M_O(F) = \pm Fd \qquad (2.5)$$

力矩在下列两种情况下等于零:力等于零;力的作用线通过矩心,即力臂等于零。力F对任一点的矩,不因力F沿其作用线的移动而改变。力矩的单位为$N \cdot m$或$kN \cdot m$。

【例2.3】 如图2.6所示,已知$F_1 = F_2 = F_3 = F_4 = 8$ kN,求各力对点A的矩。

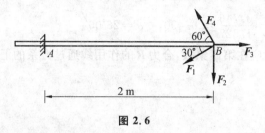

图 2.6

解 由式(2.5)得各力对点A的矩为

$$M_A(F_1) = -F_1 l \sin 30° = -8 \text{ kN} \times 2 \text{ m} \times 0.5 = -8 \text{ kN} \cdot \text{m}$$
$$M_A(F_2) = -F_2 l = -8 \text{ kN} \times 2 \text{ m} = -16 \text{ kN} \cdot \text{m}$$
$$M_A(F_3) = 0$$
$$M_A(F_4) = F_4 l \sin 60° \approx 8 \text{ kN} \times 2 \text{ m} \times 0.866 = 13.9 \text{ kN} \cdot \text{m}$$

2.2.2 合力矩定理

如果力系$F_1, F_2, \cdots, F_n$的合力为R。由于合力R与力系等效,则合力对其作用面内任一点O的矩等于力系中各分力对同一点的矩的代数和,即

$$M_O(R) = M_O(F_1) + M_O(F_2) + \cdots + M_O(F_n) = \sum M_O(F) \qquad (2.6)$$

上式称为合力矩定理。

当力矩的力臂不容易求出时,常将力分解为两个易确定力臂的分力(正交分解),然后用合力矩定理计算力矩。

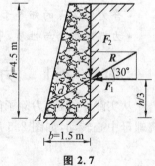

图 2.7

【例2.4】 如图2.7所示,每1 m长挡土墙所受土压力的合力为R,已知$R = 150$ kN,方向如图2.7所示。求土压力R使墙倾覆的力矩。

解 土压力R可使挡土墙绕点A倾覆。分解土压力R,得到R使墙倾覆的力矩,即R对点A的力矩为

$$M_A(R) = M_A(F_1) + M_A(F_2) = F_1 h/3 - F_2 b =$$
$$150 \text{ kN} \times \cos 30° \times 1.5 \text{ m} - 150 \text{ kN} \times \sin 30° \times$$
$$1.5 \text{ m} \approx 82.4 \text{ kN} \cdot \text{m}$$

2.2.3 力偶、力偶的性质及平面力偶系的合成

1. 力偶

在日常生活中,经常见到汽车司机用双手转动方向盘驾驶汽车(图2.8),工人用丝锥攻螺纹(图2.9),人们用钥匙旋转开门等。在方向盘和钥匙等物体上作用两个大小相等、方向相反、不共线的平行力。这两个等值、反向的平行力不能合成为一个力。但是,该两力不共线,所以也不能平衡。事实上,这样的两个力能使物体产生转动效应。这种由大小相等、方向相反、作用线平行但不共线的两个力组成的力系,称为力偶。如图2.10所示,用符号(F, F')表示。力偶的两力之间的垂直距离d称为力偶臂,力偶

所在的平面称为力偶作用面。

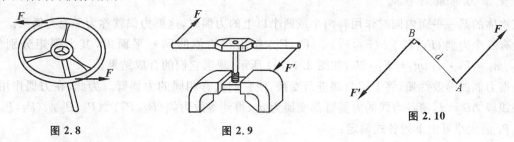

图 2.8 　　　　　图 2.9 　　　　　图 2.10

2.力偶的性质

力偶与单力比较具有不同的性质,现分述如下:

(1)力偶不能简化为一个合力。力偶在任一轴上的投影等于零,所以力偶对物体不会产生移动效应,只产生转动效应。一般说一个力可以使物体产生移动和转动两种效应。力偶和力对物体作用的效应不同,说明力偶不能用一个力来代替,即力偶不能简化为一个力,因而力偶也不能与一个力平衡,力偶只能与力偶平衡。

(2)力偶对其作用面内任一点的矩都等于力偶矩,而与矩心位置无关。由于力偶由两个力组成,它的作用是使物体产生转动效应,因此,力偶对物体的转动效应,可以用力偶的两个力对其作用面内某点的矩的代数和来度量。

设有力偶 (F, F'),其力偶臂为 d,如图 2.11 所示。在力偶作用面内任取一点 O 为矩心,以 $m_O(F, F')$ 表示力偶对点 O 的矩,则

$$m_O(F, F') = M_O(F) + M_O(F') = F(d + h) - F'h = Fd$$

由此可知,力偶的作用效应取决于力的大小和力偶臂的长短,而与矩心的位置无关。力与力偶臂的乘积为力偶矩的大小。

力偶在平面内的转向不同,作用效应也不相同。一般规定:若力偶使物体逆时针方向转动,则力偶矩为正;反之,为负。所以力偶矩为代数量,用符号 $m(F, F')$ 或 m 表示,则

$$m = \pm F \cdot d \qquad (2.7)$$

力偶矩的单位与力矩的单位相同。

于是可得:力偶对物体的转动效应,可用力偶矩来度量,力偶矩等于力与力偶臂的乘积并加上正号或负号,而与矩心的位置无关。

图 2.11

(3)在同一平面内的两个力偶,如果它们的力偶矩大小相等、力偶的转向相同,则这两个力偶是等效的。或者说,只要保持力偶矩的代数值不变,力偶可在其作用面内任意移动或转动,或同时改变力和力偶臂的大小,它对物体的转动效应不变。

从以上分析可知,力偶对于物体的转动效应完全取决于力偶矩的大小、力偶的转向及力偶作用面,这就是力偶的三要素。因此,力偶在其作用面内除可用两个力表示外,通常还可用一带箭头的弧线来表示,如图 2.12 所示。其中箭头表示力偶的转向,m 表示力偶矩的大小。

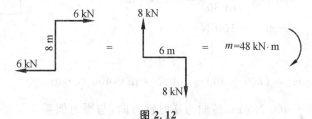

图 2.12

3.平面力偶系的合成

在物体的某一平面内同时作用有两个或两个以上的力偶时,这群力偶就称为平面力偶系。

设有三个力偶(F_1,F_1')、(F_2,F_2')、(F_3,F_3')作用在物体的同一平面内,其力偶矩分别为$m_1=F_1 \cdot d_1$,$m_2=F_2 \cdot d_2$,$m_3=F_3 \cdot d_3$,如图2.13(a)所示,现求它们的合成结果。

根据力偶的等效性质,将上述力偶进行变换,使它们具有相同的力偶臂。为此,在力偶作用面内任意取一线段$AB=d$,使各力偶的力偶臂都变换为d,得到等效力偶(P_1,P_1')、(P_2,P_2')、(P_3,P_3'),而力P_1、P_2、P_3的大小可由下列各式确定:

$$P_1=\frac{m_1}{d}, \quad P_2=\frac{m_2}{d}, \quad P_3=\frac{m_3}{d}$$

再将变换后的各力偶在作用面内移动和转动,使它们的力偶臂都与AB重合,如图2.13(b)所示。将作用在B点的三个共线力合成,可得合力$\boldsymbol{R}$。设$P_1+P_3>P_2$,则$\boldsymbol{R}$的大小为

$$R=P_1+P_3-P_2$$

其方向与$\boldsymbol{P_1}$相同。同样,作用在A点的三个力也合成得合力$\boldsymbol{R'}$。显然力$\boldsymbol{R}$和$\boldsymbol{R'}$大小相等、方向相反、作用线平行而不重合,因此,力$\boldsymbol{R}$和$\boldsymbol{R'}$组成一个力偶(R,R'),如图2.13(c)所示。这个力偶与原来的三个力偶等效,称为原来三个力偶的合力偶,其力偶矩为

$$m=Rd=(P_1+P_3-P_2)d=P_1d+P_3d-P_2d$$

即

$$m=m_1+m_2+m_3$$

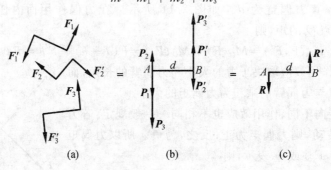

图 2.13

若有n个力偶,同样用上法合成。于是可得结论:平面力偶系可以合成为一个合力偶,其力偶矩等于各分力偶矩的代数和。用式子表示为

$$m=m_1+m_2+\cdots+m_n=\sum_{i=1}^{n}m_i \tag{2.8}$$

【例2.5】 如图2.14所示,在物体的某平面内受到三个力偶作用。已知$P_1=200$ N,$P_2=600$ N,$m=100$ N·m,求其合成结果。

解 三个共面力偶合成的结果是一个合力偶。

$$m_1=P_1d_1=200 \text{ N} \times 1 \text{ m}=200 \text{ N}\cdot\text{m}$$

$$m_2=P_2d_2=600 \text{ N} \times \frac{0.25 \text{ m}}{\sin 30°}=300 \text{ N}\cdot\text{m}$$

$$m_3=-m=-100 \text{ N}\cdot\text{m}$$

则合力偶矩为

$$m=\sum_{i=1}^{n}m_i=m_1+m_2+m_3=(200+300-100)\text{N}\cdot\text{m}=400 \text{ N}\cdot\text{m}$$

即合力偶矩的大小等于400 N·m,转向为逆时针方向,与原力偶系共面。

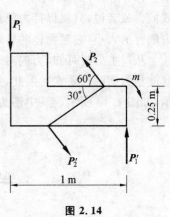

图 2.14

技术提示：

　　掌握力矩、力偶的概念及性质，理解合力矩定理和平面力偶系的特点，为平衡计算列平衡方程打基础。

2.3 平面力系的合成与简化

例题导读

【例 2.6】讲解了平面力系的合成及最常用的均布荷载。

知识汇总

·力的平移定理与力系向一点简化；

·平面力系的概念及平面力系的分类。

2.3.1　力的平移定理

　　前面已经研究了平面汇交力系和平面力偶系的合成问题。平面一般力系能否合成为这两种简单力系呢？要使平面一般力系各力作用线都汇交于一点，这就需要将力的作用线平移。

　　先看一个实例，如图 2.15(a) 所示，设一力 F 作用在轮缘上的 A 点，此力可使轮子转动，如果将它平移到轮心 O 点(图 2.15(b))，则它就不能使轮子转动，可见力的作用线是不能随便平移的。但是当将力 F 平行移到 O 点的同时，再在轮上附加一个适当的力偶(图 2.15(c))，就可以使轮子转动的效应和力 F 平移前一样。可见，要将力平移，需要附加一个力偶才能和平移前等效。

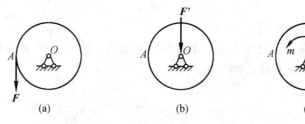

图 2.15

　　设在物体的 A 点作用一个力 F，如图 2.16(a) 所示，要将此力平移到物体的任一点 O。为此，在点 O 加上两个共线、反向、等值的力 F' 和 F''，且其作用线与力 F 平行，大小与力 F 的大小相等(图 2.16(b))，显然，这样并不影响原力 F 对物体的运动效果。力 F 与 F'' 组成一个力偶，其力偶矩为

$$m = F \cdot d = M_O(F)$$

而作用在点 O 的力 F'，其大小和方向与原力 F 相同，即相当于把原力 F 从点 A 平移到点 O，如图 2.16(c) 所示。

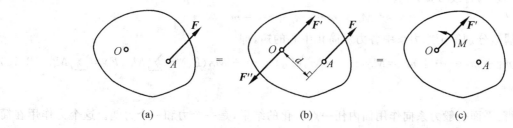

图 2.16

于是,得到力的平移定理:作用于刚体上的力 F,可以平移到同一刚体上的任一点 O,但必须同时附加一个力偶,其力偶矩等于原力 F 对于新作用点 O 的矩。

力的平移定理是将一个力化为一个力和一个力偶。反之,在同一平面内的一个力 F' 和一个力偶矩为 m 的力偶也可以化为一个合力,过程同上面相反。

2.3.2 平面一般力系向作用面内任一点简化

1.简化方法和结果

设在物体上作用有平面一般力系 $F_1,F_2,\cdots,F_n$,如图 2.17(a) 所示。为了将该力系简化,在其作用面内取任意一点 O,根据力的平移定理,将力系中各力都平移到 O 点,就得到平面汇交力系 $F_1',F_2',\cdots,F_n'$ 和力偶矩为 $m_1,m_2,\cdots,m_n$ 的附加平面力偶系(图 2.17(b))。平面汇交力系可合成为作用在 O 点的一个力,附加的平面力偶系可合成为一个力偶(图 2.17(c))。

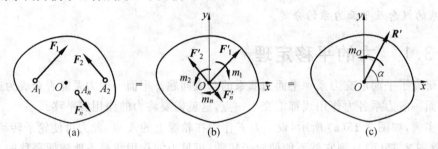

图 2.17

任选的 O 点称为简化中心。将平面任意力系中各力向简化中心平移,同时附加上一个力偶系,这称为力系向任一点简化。

2.主矢和主矩

平面一般力系简化为作用于简化中心的一个力和一个力偶。这个力 R' 称为原力系的主矢,这个力偶的力偶矩 M_O' 称为原力系对简化中心的主矩。

主矢 R' 的大小和方向为

$$\left.\begin{array}{l} R'=\sqrt{R_x'^2+R_y'^2}=\sqrt{\left(\sum X\right)^2+\left(\sum Y\right)^2} \\ \tan\alpha=\left|\dfrac{R_y'}{R_x'}\right|=\left|\dfrac{\sum Y}{\sum X}\right| \end{array}\right\} \tag{2.9}$$

式中 α——主矢 R' 与 x 轴所夹的锐角,R' 的具体指向由 $\sum X$ 和 $\sum Y$ 的正负号确定。

从上式可知,求主矢的大小和方向时,只要求出原力系中各力在两个坐标轴上的投影就可得出,而不必将力平移后再求投影。

由平面力偶系的合成可知,主矩为

$$M_O'=m_1+m_2+\cdots+m_n$$

各附加力偶矩分别等于原力系中各力对简化中心的矩,即

$$M_O'=m_1+m_2+\cdots+m_n=M_O(F_1)+M_O(F_2)+\cdots+M_O(F_n)=\sum M_O(F)=\sum M_O \tag{2.10}$$

3.结论

综上所述得:平面一般力系向作用面内任一点简化的结果,是一个力和一个力偶。这个力作用在简化中心,它的矢量称为原力系的主矢,且等于原力系中各力的矢量和;这个力偶的力偶矩称为原力系对简化中心的主矩,它等于原力系中各力对简化中心的力矩的代数和。

4.简化结果的讨论

平面一般力系简化一般可以得到一个力和一个力偶,但这不是最简单的结果,根据主矢与主矩是否存在,可能出现下列四种情况:

(1)$R' = 0, M'_O \neq 0$;

(2)$R' \neq 0, M'_O = 0$;

(3)$R' \neq 0, M'_O \neq 0$;

(4)$R' = 0, M'_O = 0$

下面对这几种情况作进一步的分析讨论:

(1)力系可简化为一个合力偶。

当 $R' = 0, M'_O \neq 0$ 时,力系与一个力偶等效,即力系可简化为一个合力偶。合力偶矩等于主矩。此时,主矩与简化中心的位置无关。

(2)力系可简化为一个合力。

当 $R' \neq 0, M'_O = 0$ 时,力系与一个力等效,即力系可简化为一个合力。合力等于主矢,合力作用线通过简化中心。当 $R' \neq 0, M'_O \neq 0$ 时,根据力的平移定理逆过程,可将 R' 和 M'_O 简化为一个合力。合力的大小、方向与主矢相同,合力作用线不通过简化中心。

(3)力系处于平衡状态。

当 $R' = 0, M'_O = 0$ 时,力系为平衡力系。

【例2.6】 图 2.18 所示为一工程实际计算中常用的梁的计算简图。梁的自重被简化为沿梁中心线的线分布荷载,称为线荷载。已知线荷载的大小为 $q = 10 \ kN/m, l = 6 \ m$,求其合力。

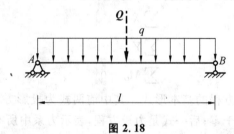

图 2.18

解 先介绍线分布荷载的概念。当线荷载各点大小都相同时,称为均布线荷载;当线荷载各点大小不相同时,称为非均布线荷载。各点线荷载的大小用荷载集度 q 表示,某点的荷载集度意味着线荷载在该点的密集程度。其常用单位为 N/m 或 kN/m。

线分布荷载合力的大小等于荷载图的面积,合力作用线通过荷载图的形心。当线分布荷载在计算中出现时,都要用其合力来表示。

本题中的线分布荷载是均布线荷载,其合力 Q 的大小为

$$Q = ql = 10 \ kN/m \times 6 \ m = 60 \ kN$$

合力作用线过梁的中点,方向竖直向下。

技术提示:

平面一般力系在平衡计算之前,先要进行简化分析。掌握简化方法及简化结果,以及简化结果的讨论意义。

2.4 平面力系的平衡计算

例题导读

【例2.7】~【例2.12】讲解了单个不同形式结构物体平衡计算的方法和步骤;【例2.13】和【例2.14】讲解了物体系统平衡计算的方法和步骤;【例2.15】讲解了考虑摩擦时物体的平衡计算的方法和步骤。

知识汇总

- 平衡条件和平衡方程;
- 物体平衡计算的方法与步骤;
- 单个物体平衡计算;
- 物体系统平衡计算;
- 考虑摩擦时的物体系统平衡计算。

2.4.1 平衡条件和平衡方程

平面一般力系向任一点简化得到主矢 R' 和主矩 M'_O,如果主矢和主矩都等于零,则该力系平衡。反之,如果主矢和主矩中有一个量或两个量不为零时,原力系可合成为一个合力或一个力偶,力系就不平衡。所以,平面一般力系平衡的必要和充分条件是:力系的主矢和力系对任一点的主矩都等于零。即

$$\left.\begin{array}{r}R'=0\\M'_O=0\end{array}\right\}$$

由主矢和主矩的计算公式,上式可表示为以下代数方程:

$$\left.\begin{array}{r}\sum X=0\\\sum Y=0\\\sum M_O=0\end{array}\right\} \tag{2.11}$$

上式称为平面一般力系平衡方程的基本形式。其中前两式为投影方程,表示力系中所有各力在两个坐标轴上的投影的代数和都等于零;后一式是力矩方程,表示力系中所有各力对于任一点的力矩的代数和等于零。这三个独立的方程可以确定三个未知量。

除了上述基本形式外,平面一般力系的平衡方程还可以表示为其他形式,通常称为二矩式和三矩式。

1. 二矩式

二矩式平衡方程是一个投影方程和两个力矩方程。若取两点 A、B 为矩心,另取一轴 x 为投影轴,则二矩式平衡方程为

$$\left.\begin{array}{r}\sum X=0\\\sum M_A=0\\\sum M_B=0\end{array}\right\} \tag{2.12}$$

其中矩心 A 和 B 的连线不能与 x 轴相垂直。

2. 三矩式

三个平衡方程都是力矩方程,故称三矩式,即

$$\left. \begin{array}{l} \sum M_A = 0 \\ \sum M_B = 0 \\ \sum M_C = 0 \end{array} \right\} \qquad (2.13)$$

其中矩心 A、B、C 三点不能共线。

平面一般力系的平衡方程,无论哪种形式,都只有三个独立的平衡方程,对于一个刚体最多只能求解三个未知量。

∴∷∷ 2.4.2 平面力系的几个特殊情形

1. 平面汇交力系

平面汇交力系中各力的作用线在同一平面内且交于一点。对于平面汇交力系式(2.11)中的力矩方程自然满足,因此其平衡方程为

$$\left. \begin{array}{l} \sum X = 0 \\ \sum Y = 0 \end{array} \right\} \qquad (2.14)$$

平面汇交力系只有两个独立的平衡方程,只能求解两个未知量。

2. 平面平行力系

平面平行力系中各力的作用线在同一平面内且互相平行。对于平面平行力系,式(2.11)中必有一个投影方程自然满足。设力系中各力作用线垂直于 x 轴,则 $\sum X \equiv 0$,因此其平衡方程为

$$\left. \begin{array}{l} \sum Y = 0 \\ \sum M_O = 0 \end{array} \right\} \qquad (2.15)$$

或为二矩式

$$\left. \begin{array}{l} \sum M_A = 0 \\ \sum M_B = 0 \end{array} \right\} \qquad (2.16)$$

式中,A、B 两点连线不与各力作用线平行。

平面平行力系只有两个独立的平衡方程,利用它只能求解两个未知量。

∴∷∷ 2.4.3 平衡方程的应用

【例 2.7】 如图 2.19(a)所示,梁 AB 一端是固定端支座,另一端无约束,这样的梁称为悬臂梁。已知 $q = 5 \text{ kN/m}$,$P = 10 \text{ kN}$,$\alpha = 45°$,$l = 2 \text{ m}$,梁自重不计,求支座 A 的反力。

解 取梁 AB 为研究对象,画其受力图如图 2.19(b)所示,支座反力的指向是假定的。梁上所受荷载和支座反力组成平面一般力系。

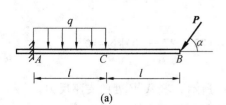

(a)

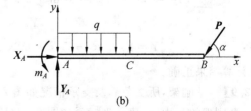

(b)

图 2.19

梁上的均布荷载可先合成得合力 Q。$Q=ql=5\ \text{kN/m}\times 2\ \text{m}=10\ \text{kN}$，方向铅垂向下，作用在 AC 段的中点。

设坐标系如图 2.19(b) 所示，用平衡方程的基本形式。由

$$\sum X = 0,\quad X_A - P\cos 45° = 0$$

得

$$X_A = P\cos 45° = 10\ \text{kN}\times\cos 45° \approx 7.07\ \text{kN}$$

由

$$\sum Y = 0,\quad Y_A - ql - P\sin 45° = 0$$

得

$$Y_A = ql + P\sin 45° = 5\ \text{kN/m}\times 2\ \text{m} + 10\ \text{kN}\times\sin 45° \approx 17.07\ \text{kN}$$

由

$$\sum M_A = 0,\quad m_A - ql\times l/2 - P\sin 45°\times 2l = 0$$

得

$$m_A = 5\ \text{kN/m}\times 2\ \text{m}\times 1\ \text{m} + 10\ \text{kN}\times\sin 45°\times 4\ \text{m} \approx 38.28\ \text{kN}\cdot\text{m}$$

力系既然平衡，则力系中各力在任一轴上的投影代数和必然等于零，力系中各力对于任一点的力矩代数和必然等于零，因此，可以列出其他的平衡方程，用以校核计算有无错误。

校核：

$$\sum M_B = m_A - Y_A\times 4\ \text{m} + q\times 2\ \text{m}\times 3\ \text{m} =$$
$$38.28\ \text{kN}\cdot\text{m} - 17.07\ \text{kN}\times 4\ \text{m} + 5\ \text{kN/m}\times 2\ \text{m}\times 3\ \text{m} = 0$$

可见 Y_A 和 m_A 计算无误。

【例 2.8】 外伸梁如图 2.20(a) 所示，求 A、B 两点的支座反力。

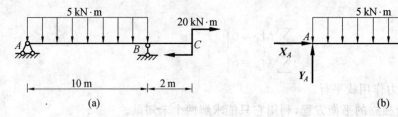

图 2.20

解 画梁的受力图，建立坐标系如图 2.20(b) 所示，用平衡方程的二矩式，由

$$\sum X = 0,\quad X_A = 0$$

$$\sum M_A = 0,\quad R_B\times 10\ \text{m} - 5\ \text{kN/m}\times 10\ \text{m}\times 5\ \text{m} - 20\ \text{kN}\cdot\text{m} = 0$$

$$R_B = 27\ \text{kN}$$

$$\sum M_B = 0,\quad -Y_A\times 10\ \text{m} + 5\ \text{kN/m}\times 10\ \text{m}\times 5\ \text{m} - 20\ \text{kN}\cdot\text{m} = 0$$

$$Y_A = 23\ \text{kN}$$

校核： $$\sum Y = Y_A + R_B - 5\ \text{kN/m}\times 10\ \text{m} = (23 + 27 - 50)\ \text{kN} = 0$$

可见计算结果正确。

【例 2.9】 一刚架，所受荷载及支承情况如图 2.21(a) 所示。求 A、B 处的支座反力。

解 画刚架的受力图，建立坐标系如图 2.21(b) 所示，用平衡方程的二矩式，由

$$\sum X = 0,\quad -X_B + 5\ \text{kN} = 0$$

$$X_B = 5 \text{ kN}$$

$$\sum M_A = 0, \quad Y_B \times 3 \text{ m} - 5 \text{ kN} \times 3 \text{ m} - 2 \text{ kN} \cdot \text{m} = 0$$

$$Y_B = 5.67 \text{ kN}$$

$$\sum M_B = 0, \quad -R_A \times 3 \text{ m} - 5 \text{ kN} \times 3 \text{ m} - 2 \text{ kN} \cdot \text{m} = 0$$

$$R_A = -5.67 \text{ kN}$$

校核从略。

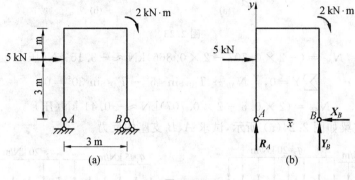

图 2.21

【例 2.10】 如图 2.22(a) 所示的三角支架,已知 $P = 10$ kN。试求杆件 CD 所受的力。

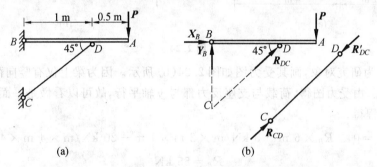

图 2.22

解 取 AB 杆为研究对象,画其受力图如图 2.22(b) 所示。根据三矩式平衡方程,由

$$\sum M_B = 0, \quad R_{DC} \times \sin 45° \times 1 \text{ m} - 10 \text{ kN} \times 1.5 \text{ m} = 0$$

$$R_{DC} \approx 21.21 \text{ kN}$$

$$\sum M_D = 0, \quad -Y_B \times 1 \text{ m} - 10 \text{ kN} \times 0.5 \text{ m} = 0$$

$$Y_B = -5 \text{ kN}$$

$$\sum M_C = 0, \quad -X_B \times 1 \text{ m} - 10 \text{ kN} \times 1.5 \text{ m} = 0$$

$$X_B = -15 \text{ kN}$$

【例 2.11】 图 2.23(a) 所示的起重装置,绕过滑轮 A 的钢索可以将重为 $G = 2$ kN 的重物吊起,滑轮 A 用 AB 及 AC 两杆支承,A、B、C 三处均为铰链连接。不考虑摩擦,不计滑轮的大小、重量及 AB、AC 杆的重量,试求 AB 和 AC 杆的受力。

解 取 A 结点为研究对象,画它的受力图如图 2.23(b) 所示。$T_{AD} = T_{AE} = G$,杆 AB 和 AC 均为二力杆,所受力都沿着各自的轴线方向。因不考虑滑轮的大小,所以 A 点的力可以看做组成了平面汇交力系。建立坐标系如图 2.23(b) 所示。由平面汇交力系的平衡方程得

$$\sum X = 0, \quad -N_{AC} - T_{AD}\cos 45° - T_{AE}\cos 30° = 0$$

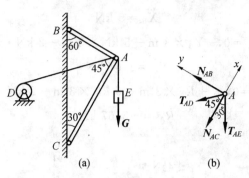

图 2.23

$$N_{AC} = (-2 \times 0.707 - 2 \times 0.866)\text{kN} \approx -3.15 \text{ kN}(\text{压})$$

$$\sum Y = 0, \quad N_{AB} + T_{AD}\sin 45° - T_{AE}\sin 30° = 0$$

$$N_{AB} = (2 \times 0.5 - 2 \times 0.707)\text{kN} \approx -0.41 \text{ kN}(\text{压})$$

【例 2.12】　简支梁如图 2.24(a)所示,试求 A、B 支座的反力。

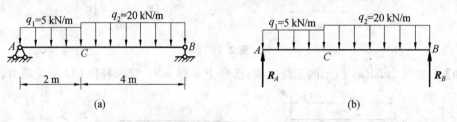

图 2.24

解　取 AB 梁为研究对象,画其受力图如图 2.24(b)所示。因为梁上仅有竖向荷载,所以可以省略 A 支座的水平反力。由受力图得,荷载与支座反力都与 y 轴平行,故可以看做是平面平行力系。由平面平行力系的平衡方程得

$$\sum M_A = 0, \quad R_B \times 6 \text{ m} - 5 \text{ kN/m} \times 2 \text{ m} \times 1 \text{ m} - 20 \text{ kN/m} \times 4 \text{ m} \times 4 \text{ m} = 0$$

$$R_B = 55 \text{ kN}$$

$$\sum M_B = 0, \quad -R_A \times 6 \text{ m} + 5 \text{ kN/m} \times 2 \text{ m} \times 5 \text{ m} + 20 \text{ kN/m} \times 4 \text{ m} \times 2 \text{ m} = 0$$

$$R_A = 35 \text{ kN}$$

平面力系平衡方程解题的步骤为:

(1) 选取研究对象。根据已知量和待求量,选择适当的研究对象。

(2) 正确画出受力图。将作用于研究对象上的所有力画出来。

(3) 列平衡方程求解。根据具体问题,选择合适的平衡方程的形式、投影轴和矩心,列出相应的平衡方程,求解未知量。应用投影方程时,投影轴最好与较多未知力的作用线垂直;应用力矩方程时,矩心往往取在两个未知力的交点上;尽可能多地用力矩方程,并使一个方程中只包含一个未知力。注意:对于同一个平面力系来说,最多只能列出三个独立的平衡方程式,只能解三个未知量。

(4) 校核。列出非独立的平衡方程以检查解题结果的正确与否。

2.4.4　物体系统的平衡

实际工程中,常常遇到由几个物体通过一定的约束联系在一起的物体系统。研究物体系统的平衡问题,不仅需要求解支座反力,而且还需要计算系统内各物体之间的相互作用力。物体系统以外的物体作用在此系统上的力叫做外力;物体系统内各物体之间的相互作用力叫做内力。例如,图 2.25(a)中的组合梁所受的荷载与 A、C 支座的反力就是外力(图 2.25(b)),而在铰 B 处左右两段梁相互作用的力就

是组合梁的内力。要暴露内力必须将物体系统拆开，将各物体在它们相互联系的地方拆开，分别分析单个物体的受力情况，画出它们的受力图。例如，将组合梁在铰 B 处拆开为两段梁，分别画出这两段梁的受力图（图2.25(c)、(d)）。应该注意，外力和内力的概念是相对的，取决于所选取的研究对象。例如，图中组合梁在铰 B 处两段梁的相互作用力，对整体梁来说，就是内力；而对左段梁或右段梁来说，就成为外力了。

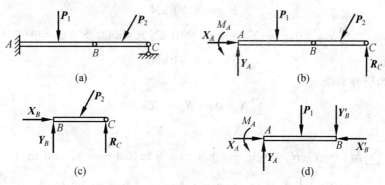

图 2.25

由于物体系统内各物体之间相互作用的内力总是成对出现的，它们大小相等、方向相反、作用线相同，所以，在研究该物体系统的整体平衡时，不必考虑内力。下面举例说明怎样求解物体系统的平衡问题。

【例 2.13】 两跨梁的支承及荷载情况如图 2.26(a) 所示。试求支座 A、B、D 及铰 C 处的约束反力。

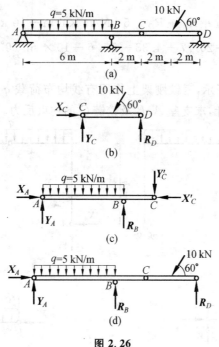

图 2.26

解 两跨梁是由梁 AC 和 CD 组成的，作用在每段梁上的力系都是平面力系，因此可列出六个独立的平衡方程，未知量也有六个。梁 CD、AC 及整体梁的受力图如图2.26(b)、(c)、(d) 所示。各约束反力的方向都是假定的。注意：约束反力 X_C、Y_C 与 X_C'、Y_C' 大小相等，方向相反，作用在同一条直线上。

由受力图可以看出，梁 CD 上只有三个未知量，而梁 AC 及整体上都各有四个未知量。因此，先取梁 CD 为研究对象，求出 X_C、Y_C、R_D，然后再考虑梁 AC 或整体梁平衡，就能解出其余未知量。

（1）取 CD 梁为研究对象

$$\sum X = 0, \quad X_C - 10 \text{ kN} \times \cos 60° = 0$$

$$X_C = 10 \text{ kN} \times \cos 60° = 5 \text{ kN}$$

$$\sum M_C = 0, \quad R_D \times 4 \text{ m} - 10 \text{ kN} \times \sin 60° \times 2 \text{ m} = 0$$

$$R_D \approx 4.33 \text{ kN}$$

$$\sum M_D = 0, \quad -Y_C \times 4 \text{ m} + 10 \text{ kN} \times \sin 60° \times 2 \text{ m} = 0$$

$$Y_C \approx 4.33 \text{ kN}$$

（2）取 AC 梁为研究对象

$$\sum X = 0, \quad X_A - X'_C = 0$$

$$X_A = X'_C = 5 \text{ kN}$$

$$\sum M_A = 0, \quad R_B \times 6 \text{ m} - 5 \text{ kN/m} \times 6 \text{ m} \times 3 \text{ m} - Y'_C \times 8 \text{ m} = 0$$

$$R_B = \frac{1}{6} \times (5 \times 6 \times 3 + 4.33 \times 8) \text{ kN} = 20.77 \text{ kN}$$

$$\sum M_B = 0, \quad -Y_A \times 6 \text{ m} + 5 \text{ kN/m} \times 6 \text{ m} \times 3 \text{ m} - Y'_C \times 2 \text{ m} = 0$$

$$Y_A = \frac{1}{6} \times (5 \times 6 \times 3 - 4.33 \times 2) \text{ kN} = 13.56 \text{ kN}$$

校核：取整体梁，受力图如图 2.26(d) 所示。列出平衡方程：

$$\sum X = 0, \quad X_A - 10 \text{ kN} \times \cos 60° = 5 \text{ kN} - 10 \text{ kN} \times \cos 60° = 0$$

$$\sum Y = 0, \quad Y_A + R_B + R_D - 5 \text{ kN/m} \times 6 \text{ m} - 10 \text{ kN} \times \sin 60° =$$

$$(13.56 + 20.77 + 4.33 - 5 \times 6 - 10 \times \sin 60°) \text{kN} = 0$$

可见解题正确。

【例 2.14】　如图 2.27(a) 所示，三铰刚架上作用有线均布荷载 $q = 10$ kN/m。已知刚架跨度 $l = 20$ m，高 $h = 15$ m，刚架自重不计，求支座 A、B 及铰链 C 的约束反力。

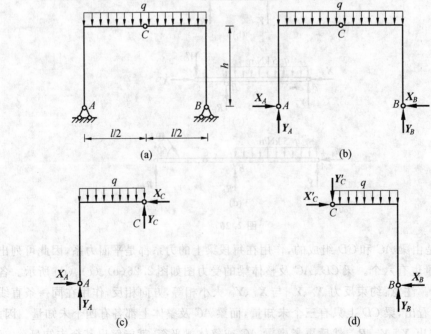

图 2.27

解 整体及左、右两半部分的受力图如图 2.27(b)、(c)、(d) 所示。无论先研究整体还是先研究半部分均有四个未知力,对于此题,先研究整体后研究半部(左半部或右半部)较为简便。

(1) 取三铰刚架整体为研究对象

$$\sum M_A = 0, \quad Y_B \times l - q \times l \times \frac{l}{2} = 0$$

$$Y_B = \frac{ql}{2} = \frac{10 \text{ kN/m} \times 20 \text{ m}}{2} = 100 \text{ kN}$$

$$\sum M_B = 0, \quad -Y_A \times l + q \times l \times \frac{l}{2} = 0$$

$$Y_A = \frac{ql}{2} = \frac{10 \text{ kN/m} \times 20 \text{ m}}{2} = 100 \text{ kN}$$

$$\sum X = 0, \quad X_A - X_B = 0$$

$$X_A = X_B$$

(2) 取左半部分为研究对象

$$\sum M_C = 0, \quad X_A \times h - Y_A \times \frac{l}{2} + q \times \frac{l}{2} \times \frac{l}{4} = 0$$

$$X_A = \frac{1}{h}\left(Y_A \times \frac{l}{2} - q \times \frac{l}{2} \times \frac{l}{4}\right) = \frac{1}{15} \times \left(100 \times 10 - 10 \times \frac{20}{2} \times \frac{20}{4}\right) \text{kN} \approx 33.33 \text{ kN}$$

$$\sum X = 0, \quad X_A - X_C = 0$$

$$X_C = X_A = 33.33 \text{ kN}$$

$$\sum M_A = 0, \quad Y_C \times \frac{l}{2} + X_C \times h - q \times \frac{l}{2} \times \frac{l}{4} = 0$$

$$Y_C = \frac{2}{l}\left(q \times \frac{l}{2} \times \frac{l}{4} - X_C \times h\right) = \frac{2}{20} \times \left(10 \times \frac{20}{2} \times \frac{20}{4} - 33.33 \times 15\right) \text{kN} = 0$$

校核:可以再取右半部分为研究对象,列它的平衡方程,并将已求出的数值代入,验算是否满足平衡条件(请读者自己完成)。

⦂⦂⦂ 2.4.5 考虑摩擦时物体的平衡

两物体的接触面间一般都存在摩擦,完全光滑的表面实际上并不存在。在某些工程问题中(例如重力式挡土墙的滑动问题和胶带运输机的传动问题等),摩擦是重要的,甚至是决定性的因素,必须加以考虑。

按照接触物体之间可能会相对滑动或相对滚动,摩擦可分为滑动摩擦和滚动摩擦,又根据物体之间是否有良好的润滑剂,滑动摩擦又可分为干摩擦和湿摩擦。本节只研究干摩擦物体的平衡问题。

1. 滑动摩擦

两物体接触表面之间有相对滑动趋势或相对滑动时,彼此间作用有阻碍相对滑动的阻力,即滑动摩擦力。摩擦力作用于相互接触处,其方向与相对滑动的趋势或相对滑动的方向相反,滑动摩擦力的大小根据主动力作用的不同,可分为三种情况,即静滑动摩擦力、最大静滑动摩擦力和动滑动摩擦力。

(1)静滑动摩擦力。在粗糙的水平面上放置一重为 **G** 的物体,该物体在重力 **G** 和法向反力 **N** 的作用下处于静止状态,如图 2.28(a) 所示。若在该物体上作用一大小可变化的水平拉力 **T**,当拉力 **T** 由零值逐渐增加但不是很大时,物体仍保持静止。可见支承面对物体除法向约束反力 **N** 外,还有一个阻碍物体沿水平面向右滑动的切向力,此力即为静滑动摩擦力,简称静摩擦力,常以 **F** 表示,方向向左,如图 2.28(b) 所示。可见,静摩擦力就是接触面对物体作用的切向约束反力,它的方向与物体相对滑动趋势相反,它的大小需要用平衡条件确定。

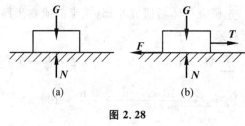

图 2.28

由

$$\sum X = 0$$

得

$$F = T$$

由上式可知,该静摩擦力的大小随水平力 T 的增大而增大。

(2)最大静滑动摩擦力。静摩擦力并不随力 T 的增大而无限度地增大。当力 T 的大小达到一定数值时,物体处于将要滑动但还未滑动的临界状态。这时,只要力 T 再增大一点,物体便开始滑动。当物体处于平衡的临界状态时,静摩擦力达到最大值,即为最大静滑动摩擦力,简称最大静摩擦力,以 F_{max} 表示。此后,如果 T 再继续增大,但静摩擦力不能再随之增大,物体将失去平衡而滑动。

综上所述可知,静摩擦力的大小随主动力的情况而改变,但介于零与最大值之间,即

$$0 \leqslant F \leqslant F_{max} \tag{2.17}$$

实验证明:最大静摩擦力的大小与两物体间的正压力(即法向反力)成正比,即

$$F_{max} = f_s N \tag{2.18}$$

式中 f_s —— 静摩擦系数,它是无量纲数。

式(2.18)称为静摩擦定律(又称库仑定律)。

静摩擦系数的大小由实验测定。它与接触物体的材料和表面情况(如粗糙度、温度和湿度等)有关,在一般情况下与接触面积的大小没有关系。现代摩擦理论表明,摩擦系数 f_s 不仅与物体的材料和接触面情况有关,而且还与承压面积的大小、作用时间的长短等因素有关。因此,对于一些重要的工程,必须通过现场测量和实验测定来确定。

(3)动滑动摩擦力。当滑动摩擦力已达到最大值时,若主动力 T 再继续加大,接触面之间将出现相对滑动。此时,接触物体之间仍作用有阻碍相对滑动的阻力,这种阻力称为动滑动摩擦力,简称动摩擦力,以 F' 表示。实验表明:动摩擦力的大小与接触物体间的正压力成正比,即

$$F' = fN \tag{2.19}$$

式中 f —— 动摩擦系数,它与接触物体的材料和表面情况有关。

动摩擦力和静摩擦力不同,没有变化范围。一般情况下,动摩擦系数小于静摩擦系数,即 $f < f_s$。多数情况下,动摩擦系数随相对滑动速度的增大而稍减小。但当相对滑动速度不大时,动摩擦系数可近似认为是个常数。

2.考虑摩擦时物体的平衡问题

考虑摩擦时的平衡问题与忽略摩擦时的平衡问题在解题方法上是相同的,也是用平衡条件来求解,只是在受力分析时必须考虑摩擦力。

由于静摩擦力的方向永远与相对滑动的趋向相反,它的大小又在一定的范围内变化,即 $0 \leqslant F \leqslant F_{max}$,这样就允许主动力在一定范围内变化,因此问题的解答具有一定的范围,称为平衡范围。求解时,通常假设物体处于平衡的临界状态,这时 $F = F_{max} = f_s N$,求出平衡范围的极值,然后再确定平衡范围。

【例 2.15】 物体重为 P,放在倾角为 α 的斜面上,它与斜面间的摩擦系数为 f_s,如图 2.29(a)所示。当物体处于平衡时,试求水平力 F_1 的大小。

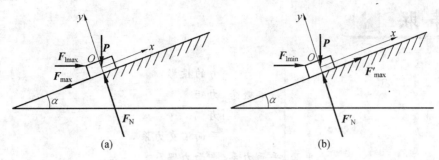

图 2.29

解 由经验可知，力 F_1 太大，物块将上滑；力 F_1 太小，物块将下滑。因此力 F_1 的数值必在一个范围内。

（1）先求 F_1 的最大值。此时，物块处于将要向上滑动的临界状态，摩擦力 F 沿斜面向下，并达到最大值 F_{max}。受力图如图 2.29(a) 所示，列平衡方程：

$$\sum X = 0, \quad F_1\cos\alpha - P\sin\alpha - F_{max} = 0$$

$$\sum Y = 0, \quad F_N - F_1\sin\alpha - P\cos\alpha = 0$$

此外，还有一个补充方程，即

$$F_{max} = f_s F_N$$

三式联立，可解得水平推力 F_1 的最大值为

$$F_{1max} = P\frac{\sin\alpha + f_s\cos\alpha}{\cos\alpha - f_s\sin\alpha}$$

（2）再求 F_1 的最小值。此时，物块处于将要向下滑动的临界状态，摩擦力 F 沿斜面向上，并达到另一最大值 F'_{max}。受力图如图 2.29(b) 所示，列平衡方程：

$$\sum X = 0, \quad F_1\cos\alpha - P\sin\alpha - F'_{max} = 0$$

$$\sum Y = 0, \quad F'_N - F_1\sin\alpha - P\cos\alpha = 0$$

列出补充方程为

$$F'_{max} = f_s F'_N$$

三式联立，可解得水平推力 F_1 的最小值为

$$F_{1min} = P\frac{\sin\alpha - f_s\cos\alpha}{\cos\alpha + f_s\sin\alpha}$$

综合上述两个结果可知，为使物块静止，力 F_1 必须满足如下条件：

$$P\frac{\sin\alpha - f_s\cos\alpha}{\cos\alpha + f_s\sin\alpha} \leqslant F_1 \leqslant P\frac{\sin\alpha + f_s\cos\alpha}{\cos\alpha - f_s\sin\alpha}$$

应该强调，在临界状态下，求解有摩擦的平衡问题时，必须根据相对滑动的趋势，正确判断摩擦力的方向。因为，解题中引用了补充方程 $F_{max} = f_s F_N$，由于 f_s 为正值，F_{max} 与 F_N 必须有相同的符号。法向约束反力 F_N 的方向总是确定的，F_N 值恒为正，因而 F_{max} 也应为正值，即 F_{max} 的方向不能假定，必须按真实方向给出。

重点串联 ▶▶▶

$$
\text{平面力系的合成与平衡}
\begin{cases}
\text{基本概念}
\begin{cases}
\text{力的投影} \\
\text{力矩} \\
\text{力偶}
\end{cases} \\
\text{平面力系}
\begin{cases}
\text{平面汇交力系} \\
\text{平面力偶系} \\
\text{平面一般力系}
\end{cases} \\
\text{平衡}
\begin{cases}
\text{单个物体} \\
\text{物体系统} \\
\text{考虑摩擦}
\end{cases} \\
\text{平衡条件} \\
\text{平衡方程}
\begin{cases}
\text{基本式} \\
\text{二矩式} \\
\text{三矩式}
\end{cases}
\end{cases}
$$

拓展与实训

▶ 基础训练 ••••••

1.填空题

(1)平面内两个力偶等效的条件是这两个力偶的_____。

(2)平面力偶平衡的充要条件是_____。

(3)平面汇交力系平衡的几何条件是_____;平衡的解析条件是_____。

(4)平面一般力系平衡方程的二矩式是_____,应满足的附加条件是_____。

(5)平面一般力系平衡方程的三矩式是_____。

(6)平面汇交力系的合力在任一坐标轴上的投影,等于它的各_____在_____上投影的_____,这就是合力投影定理。

(7)力矩在两种情况下等于零:一是_____等于零;二是力的作用线通过矩心,即_____等于零。

(8)力偶是由大小_____、方向_____、作用线_____,但_____的两个力组成的力系,其中两个力能使物体产生_____效应。

(9)平面一般力系向作用面内任一点简化的结果是_____和_____。

(10)当_____,_____时,力系为平衡力系。

2.判断题

(1)组成力偶的两个力 $F = -F$,所以力偶的合力等于零。(   )

(2)已知一刚体在五个力作用下处于平衡,如其中四个力的作用线汇交于 O 点,则第五个力的作用线必过 O 点。(   )

(3)对于同一个平面力系来说,最多只能列出两种平衡方程式,只能解三个未知量。(   )

(4)当平面一般力系对某点的主矩为零时,该力系向任一点简化的结果必为一个合力。(   )

(5) 作用于刚体上的力,可以平移到同一刚体上的任一点,不必做任何工作。(　　)

(6) 力系可简化为一个合力偶,力系也可以简化为一个合力。(　　)

(7) 平面一般力系平衡的必要和充分条件是:力系的主矢和力系对任一点的主矩都等于零。(　　)

3. 简答题

(1) 平面汇交力系与平面力偶系的区别是什么?

(2) 平衡方程有几种形式,分别如何表示?

(3) 平面力系平衡方程解题的步骤是什么?

(4) 物体系统平衡问题与单个物体平衡的区别在哪里?

(5) 求解平衡方程需要注意哪些重要事项?

(6) 考虑摩擦时的平衡问题的特点是什么?

(7) 平面力系简化的结果分析有哪些情况?

(8) 求解梁的支座反力一般要遵循的原则是什么?

4. 综合题

(1) 求图2.30所示各梁的支座反力。

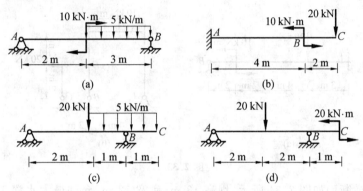

(a)   (b)

(c)   (d)

图 2.30

(2) 如图2.31所示用一组绳索挂一重 $G = 20$ kN 的重物,求绳的拉力。

(3) 铰接四连杆机构如图2.32所示,设 $m_1 = 10$ kN·m, $CD = 30$ cm, $AB = 60$ cm。试求 m_2。杆的自重不计。

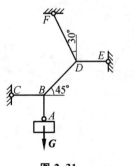

图 2.31

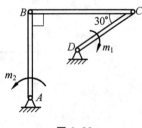

图 2.32

▶ 工程技能训练 ❖❖❖❖

1. 训练目的

(1) 培养认知和辨析能力,掌握平面力系平衡条件及平衡方程,掌握求解平衡方程的方法。

(2) 培养分析问题、解决问题的能力,既要能对单个物体及物体系统进行平衡计算,又要会解决考虑摩擦时的平衡问题。

2. 训练要求

(1) 练习中正确应用力矩、力偶、合力矩定理、力系简化等基础知识。

(2) 分析平面力系种类,列出正确的平衡条件及平衡方程。

(3) 分析物体系统平衡问题,注意物体与物体之间的作用力与反作用力的对应关系。

(4) 严格按照确定研究对象、取隔离体、作受力图、列方程、解方程的步骤进行平面力系的平衡计算。

(5) 熟练应用摩擦类型及考虑摩擦时的平衡计算的方法。

3. 训练内容及要求

(1) 求图 2.33 所示多跨静定结构的支座及中间铰处的反力。

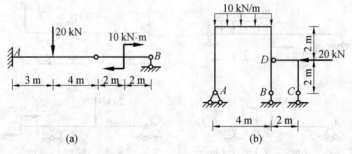

图 2.33

(2) 混凝土坝的横断面如图 2.34 所示,坝高 13 m,底宽 12 m,允许最大水深 10 m,混凝土的容重 $\gamma = 20$ kN/m³。坝体与地面的静摩擦系数 $f = 0.6$。问:此坝是否会滑动? 此坝是否会翻倒?

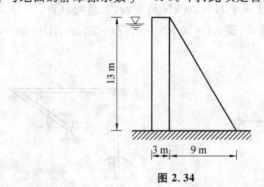

图 2.34

模块 3

空间力系

教学聚焦

在工程实际中,不仅存在大量的平面力系,还有空间力系,只是空间力系比平面力系多了个平衡条件而已,其他计算方法都与平面力系相同。

知识目标

◆掌握空间力系的简化方法;
◆掌握空间力系的平衡方程。

技能目标

◆能够简化空间力系;
◆能够根据已知条件求解空间力系的平衡问题。

课时建议

4 课时

教学重点或难点

重点是能列出力对轴之矩的解析式,难点是能根据条件列出平衡方程式。

例题导读

【例 3.1】和【例 3.2】讲解了力对轴的矩的概念和计算方法;【例 3.3】讲解了空间力系的平衡计算步骤及方法;【例 3.4】讲解了空间力系的平衡条件的应用。

知识汇总

- 力对轴之矩:$M_z(F) = M_O(F_{xy}) = \pm F_{xy}h$;
- 合力矩定理:$M_z(F_R) = \sum M_z(F)$;
- 空间一般力系的平衡方程:

$$\left.\begin{array}{ccc} \sum F_x = 0, & \sum F_y = 0, & \sum F_z = 0 \\ \sum M_x(F) = 0, & \sum M_y(F) = 0, & \sum M_z(F) = 0 \end{array}\right\}$$

本章主要介绍空间力系的简化与平衡问题。当力系中各力的作用线不在同一平面,而呈空间分布时,称为空间力系。

在工程实际中,有许多问题都属于这种情况。如图 3.1 所示车床主轴,受有切削力 F_x、F_y、F_z 和齿轮上的圆周力 F_t、径向力 F_n 以及轴承 A、B 处的约束反力,这些力构成一组空间力系。

与平面力系一样,空间力系可分为空间汇交力系、空间平行力系及空间一般力系。

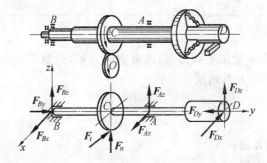

图 3.1

3.1 力对轴的矩

工程中,经常遇到刚体绕定轴转动的情形,为了度量力对绕定轴转动刚体的作用效果,必须了解力对轴的矩的概念。如图 3.2(a)所示,门上作用一力 F,使其绕固定轴 z 转动。现将力 F 分解为平行于 z 轴的分力 F_z 和垂直于 z 轴的分力 F_{xy}(此力即为力 F 在垂直于 z 轴的平面 Oxy 上的投影)。由经验可知,分力 F_z 不能使静止的门绕 z 轴转动,故力对 z 轴的矩为零;只有分力 F_{xy} 才能使静止的门绕 z 轴转动(图 3.3)。现用符号 $M_z(F)$ 表示力 F 对 z 轴的矩,点 O 为平面 Oxy 与 z 轴的交点,h 为点 O 到力 F_{xy} 作用线的距离。因此,力 F 对轴的矩就是分力 F_{xy} 对点 O 的矩,即

$$M_z(F) = M_O(F_{xy}) = \pm F_{xy}h = \pm 2S_{\triangle OAB}$$

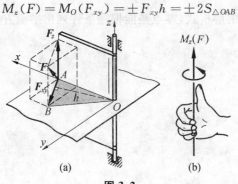

图 3.2

于是,可得力对轴的矩的定义如下:力对轴的矩是力使刚体绕该轴转动效果的度量,是一个代数量,其绝对值等于该力在垂直于此轴的平面上的投影对此轴与该平面交点的矩。

力对轴的矩的正负号确定:从轴正端来看,若力的这个投影使物体绕该轴按逆时针转则取正号;反之,则取负号。也可按右手螺旋规则确定其正负号,如图 3.2(b) 所示,拇指指向与 z 轴一致为正,反之为负。

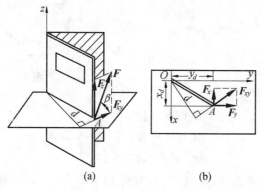

图 3.3

>>>

技术提示:

当力的作用线与转轴平行($F_{xy}=0$),或者与转轴相交时($d=0$),即当力与转轴共面时,力对该轴之矩等于零。力对轴之矩的单位是 N·m。

3.2 合力矩定理

设有一空间力系 F_1,F_2,$\cdots$,F_n,其合力为 F_R,则可证合力 F_R 对某轴之矩等于各分力对同轴力矩的代数和,可写成

$$M_z(F_R) = \sum M_z(F)$$

上式常被用来计算空间力对轴求矩。

【例 3.1】 计算图 3.4 所示手摇曲柄上 F 对 x、y、z 轴之矩。已知 F 为平行于 xz 平面的力,$F = 100 \ \text{N}$,$\alpha = 60°$,$AB = 20 \ \text{cm}$,$BC = 40 \ \text{cm}$,$CD = 15 \ \text{cm}$,A、B、C、D 处于同一水平面上。

解 力 F 在 x 和 z 轴上有投影

$$F_x = F\cos\alpha, \quad F_z = -F\sin\alpha$$

计算 F 对 x、y、z 各轴的力矩

$$M_x(F) = F_z(AB + CD) = -100 \ \text{N} \times \sin 60° \times (20 \ \text{cm} + 15 \ \text{cm}) \approx$$
$$-3\ 031 \ \text{N·cm} = -30.31 \ \text{N·m}$$

$$M_y(F) = F_z BC = -100 \ \text{N} \times \sin 60° \times 40 \ \text{cm} \approx -3\ 464 \ \text{N·cm} = -34.64 \ \text{N·m}$$

$$M_z(F) = -F_x(AB + CD) = -100 \ \text{N} \times \cos 60° \times (20 \ \text{cm} + 15 \ \text{cm}) =$$
$$-1\ 750 \ \text{N·cm} = -17.5 \ \text{N·m}$$

因此,力对轴的矩也可用解析式表示。设力 F 在三个坐标轴上的投影分别为 F_x、F_y、F_z,力作用点 A 的坐标为 x、y、z,如图 3.5 所示。根据合力矩定理,得

$$M_z(F) = M_O(F_{xy}) = M_O(F_x) + M_O(F_y)$$

即

$$M_z(F) = xF_y - yF_x$$

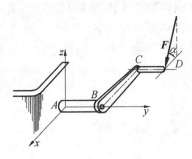

图 3.4

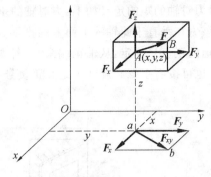

图 3.5

同理可得其余二式。将此三式合写为

$$M_z(F) = xF_y - yF_x$$
$$M_y(F) = zF_x - xF_z$$
$$M_x(F) = yF_z - zF_y$$

(3.1)

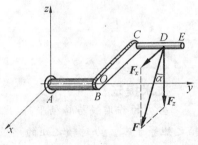

图 3.6

【例 3.2】 手柄 $ABCE$ 在平面 Axy 内,在 D 处作用一个力 F,如图 3.6 所示,它在垂直于 y 轴的平面内,偏离铅直线的角度为 α。如果 $CD = a$,杆 BC 平行于 x 轴,杆 CE 平行于 y 轴,AB 和 BC 的长度都等于 l。试求力 F 对 x、y 和 z 三轴的矩。

解 将力 F 沿坐标轴分解为 F_x 和 F_z 两个分力,其中 $F_x = F\sin\alpha$,$F_z = F\cos\alpha$。根据合力矩定理,力 F 对轴的矩等于分力 F_x 和 F_z 对同一轴的矩的代数和。注意到力与轴平行或相交时的矩为零,于是有

$$M_x(F) = M_x(F_z) = -F_z(AB + CD) = -F(l + a)\cos\alpha$$
$$M_y(F) = M_y(F_z) = -F_z BC = -Fl\cos\alpha$$
$$M_z(F) = M_z(F_x) = -F_x(AB + CD) = -F(l + a)\sin\alpha$$

本题也可用力对轴之矩的解析表达式计算。力 F 在 x、y、z 轴上的投影为

$$F_x = F\sin\alpha, \quad F_y = 0, \quad F_z = -F\cos\alpha$$

力作用点 D 的坐标为

$$x = -l, \quad y = l + a, \quad z = 0$$

按式(3.1),得

$$M_x(F) = yF_z - zF_y = (l + a)(-F\cos\alpha) - 0 = -F(l + a)\cos\alpha$$
$$M_y(F) = zF_x - xF_z = 0 - (-l)(-F\cos\alpha) = -Fl\cos\alpha$$
$$M_z(F) = xF_y - yF_x = 0 - (l + a)(F\sin\alpha) = -F(l + a)\sin\alpha$$

两种计算方法结果相同。

3.3 空间任意力系向一点的简化、主矢和主矩

设有一空间力系 $F_1, F_2, \cdots, F_n$ 分别作用于刚体上的点 A、B、C,如图 3.7(a) 所示。与平面任意力系的简化方法一样,在物体内任取一点 O 作为简化中心,依据力的平移定理,将图中各力平移到 O 点,加上相应的附加力偶。结果是原力系中任一分力 F_i 都相应地被一个作用于 O 点的力 F_i' 和一个附加的力偶 M_i' 等效替换。整个力系则被一个空间共点力系 $F_1', F_2', \cdots, F_n'$ 和一个附加的空间力偶系 $M_1, M_2, \cdots, M_n$ 等效替换,如图 3.7(b) 所示。

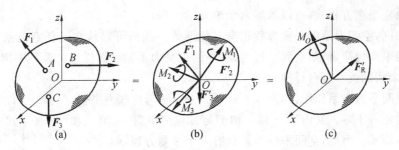

图 3.7

上述空间共点力系可进一步合成为作用线过简化中心 O 的一个力 F'_R。显然,该力的力矢等于原力系中各力矢的矢量和(图 3.7(c)),即

$$F'_R = \sum F_i \tag{a}$$

上述附加力偶系也可进一步合成为一个力偶,该力偶的矩矢等于原力系中各力对简化中心 O 之矩的矢量和(图 3.7),即

$$M_O = \sum M_O(F_i) \tag{b}$$

综上所述,空间力系向任一点简化,可得到一个力和一个力偶:这个力的作用线过简化中心,其大小和方向由式(a)确定;这个力偶的矩矢由式(b)确定。

空间力系向任一点简化后得到的这个力称为主矢,这个力偶的矩矢称为主矩。其大小可表示为

$$F'_R = \sqrt{\left(\sum F_x\right)^2 + \left(\sum F_y\right)^2 + \left(\sum F_z\right)^2}$$

$$M_O = \sqrt{\left[\sum M_x(F)\right]^2 + \left[\sum M_y(F)\right]^2 + \left[\sum M_z(F)\right]^2}$$

技术提示:
　主矢的大小和方向与简化中心的位置无关,主矩的大小和转向一般与简化中心的位置有关。

3.4 空间任意力系的平衡方程及其应用

空间任意力系处于平衡的必要和充分条件是:力系的主矢和对任一点的主矩都等于零。即

$$\left.\begin{array}{c} F'_R = 0 \\ M_O = 0 \end{array}\right\}$$

写成投影式为

$$\left\{\begin{array}{l} \sum F_x = 0 \\ \sum F_y = 0 \\ \sum F_z = 0 \\ \sum M_x(F) = 0 \\ \sum M_y(F) = 0 \\ \sum M_z(F) = 0 \end{array}\right.$$

上式称为空间力系的平衡方程。它以解析形式说明空间力系平衡的充分和必要条件是:力系中各力在三个坐标轴上投影的代数和分别为零,各力对该三轴之矩的代数和也分别等于零。

利用该六个独立平衡方程式,可以求解六个未知量。

与平面力系相同,空间力系的平衡方程也有其他形式。我们可以从空间任意力系的普遍平衡规律中导出特殊情况的平衡规律,例如空间平行力系、空间汇交力系和平面任意力系等平衡方程。现以空间平行力系为例,其余情况读者可自行推导。

设物体受一空间平行力系作用,如图 3.8 所示。令 z 轴与这些力平行,则各力对于 z 轴的矩等于零。又由于 x 和 y 轴都与方程组中第一、第二和第六个方程成了恒等式。因此,空间平行力系只有三个平衡方程,即

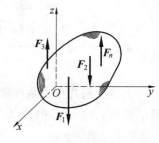

$$\sum F_z = 0$$
$$\sum M_x(F) = 0$$
$$\sum M_y(F) = 0$$

图 3.8

求解力系平衡问题的步骤是:

(1) 根据题意,选取研究对象。

(2) 对选定的研究对象进行受力分析,画出其受力图。

(3) 选取投影轴和轴距,建立平衡方程。为了求解方便,所选取的投影轴应尽量与某些未知力垂直或平行,所选取的矩轴应尽量与某些未知力共面。

(4) 解方程。若求得的未知力为负值,则说明该力的实际指向与受力图假设的指向相反。但把它代入另一方程求解别的未知值时,则应连同其负号一并代入。

【例 3.3】 传动轴如图 3.9 所示,以 A、B 两轴承支撑。圆柱直齿轮的直径 $d=17.3$ mm,压力角 $\alpha=20°$,其余尺寸如图所示,单位为 mm。在法兰盘上作用一力偶,其力偶矩 $M_n=1\,030$ N·m。如轮轴自重和摩擦不计,求传动轴匀速转动时 A、B 两轴承的反力及齿轮所受的啮合力 F。

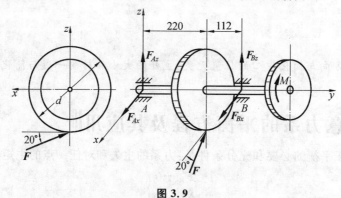

图 3.9

解 (1) 取整个轴为研究对象。设 A、B 两轴承的反力分别为 F_{Ax}、F_{Az}、F_{Bx}、F_{Bz},并沿 x、z 轴的正向,此外还有力偶 M 和齿轮所受的啮合力 F,这些力构成空间一般力系。

(2) 取坐标轴如图 3.9 所示,列平衡方程:

$$\sum M_y(F) = 0, \quad -M_n + F\cos 20° \times d/2 = 0$$

$$\sum M_x(F) = 0, \quad F\sin 20° \times 220 \text{ mm} + F_{Bz} \times 332 \text{ mm} = 0$$

$$\sum M_z(F) = 0, \quad -F_{Bx} \times 332 \text{ mm} + F\cos 20° \times 220 \text{ mm} = 0$$

$$\sum F_x = 0, \quad F_{Ax} + F_{Bx} - F\cos 20° = 0$$

$$\sum F_z = 0, \quad F_{Az} + F_{Bz} + F\sin 20° = 0$$

联立求解以上各式,得

$$F = 12.67 \text{ kN}, \quad F_{Bz} = -2.87 \text{ kN}, \quad F_{Bx} = 7.89 \text{ kN}$$
$$F_{Ax} = 4.02 \text{ kN}, \quad F_{Az} = -1.46 \text{ kN}$$

【例 3.4】 有一空间支架固定在相互垂直的墙上。支架由垂直于两墙的铰接二力杆 OA、OB 和钢绳 OC 组成。已知 $\theta = 30°$，$\varphi = 60°$，O 点吊一重量 $G = 1.2$ kN 的重物（图 3.10(a)）。试求两杆和钢绳所受的力。图中 O、A、B、D 四点都在同一水平面上，杆和绳的重量可忽略不计。

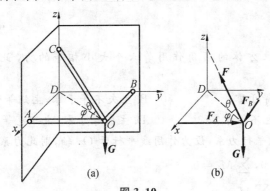

图 3.10

解 (1) 选研究对象，画受力图。取铰链 O 为研究对象，设坐标系为 $Dxyz$，受力如图 3.10(b) 所示。

(2) 列平衡方程式，求未知量，即

$$\sum F_x = 0, \quad F_B - F\cos\theta\sin\varphi = 0$$
$$\sum F_y = 0, \quad F_A - F\cos\theta\cos\varphi = 0$$
$$\sum F_z = 0, \quad F\sin\theta - G = 0$$
$$F = \frac{G}{\sin\theta} = \frac{1.2 \text{ kN}}{\sin 30°} = 2.4 \text{ kN}$$

解上述方程得

$$F_A = F\cos\theta\cos\varphi = 2.4 \text{ kN} \times \cos 30° \times \cos 60° \approx 1.04 \text{ kN}$$
$$F_B = F\cos\theta\sin\varphi = 2.4 \text{ kN} \times \cos 30° \times \sin 60° \approx 1.8 \text{ kN}$$

重点串联 ▶▶▶

$$\text{空间力系} \begin{cases} \text{力对轴的矩} \\ \text{合力矩定理} \\ \text{空间力系的简化} \\ \text{空间力系的平衡方程} \end{cases}$$

拓展与实训

▶ 基础训练 ····

1. 填空题

(1) 力对轴的矩是力使刚体绕该轴_____效果的度量，是一个_____量。

(2)当力的作用线与转轴_____,力对该轴之矩等于零。

(3)空间任意力系向一点的简化结果是_____和_____。

(4)空间任意力系处于平衡的必要和充分条件是:力系的主矢和对任一点的主矩都等于_____。

(5)空间力系平衡条件为各力在三个坐标轴上_____的代数和分别为零,各力对该_____的代数和也分别等于零。

2.单项选择题

(1)如图 3.11 所示正立方体的顶角作用着六个大小相等的力,此力系向任一点简化的结果是(　　)。

A.主矢等于零,主矩不等于零　　　　　　B.主矢不等于零,主矩等于零

C.主矢不等于零,主矩也不等于零　　　　D.主矢等于零,主矩也等于零

(2)如图 3.12 所示空间平行力系,设力作用线平行于 Oz 轴,则此力系独立的平衡方程为(　　)。

A. $\sum M_x = 0, \sum M_y = 0, \sum M_z = 0$

B. $\sum X = 0, \sum Y = 0, \sum M_x = 0$

C. $\sum Z = 0, \sum M_x = 0, \sum M_y = 0$

D. $\sum X = 0, \sum Y = 0, \sum Z = 0$

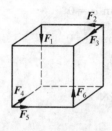

图 3.11

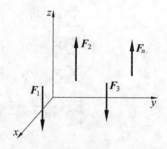

图 3.12

(3)图 3.13 所示力 F 作用在 $OABC$ 平面内,x 轴与 $OABC$ 平面成 θ 角 ($\theta \neq 90°$),则力对三轴之矩有(　　)。

A. $M_x = 0, M_y = 0, M_z \neq 0$

B. $M_x = 0, M_y \neq 0, M_z = 0$

C. $M_x \neq 0, M_y = 0, M_z = 0$

D. $M_x \neq 0, M_y = 0, M_z \neq 0$

(4)在刚体的两个点各作用一个空间共点力系(即汇交力系),刚体处于平衡。利用刚体的平衡条件,最多可以求出(　　)未知量(即最多可以列几个独立的平衡方程)。

图 3.13

A.3 个　　　　　　B.4 个　　　　　　C.5 个　　　　　　D.6 个

3.简答题

(1)力在什么情况下对轴的矩等于零?

(2)试用式子表示空间力系平衡的必要和充分条件。

(3)求解空间力系与求解平面力系的区别在哪里?

▶ 工程技能训练 ●●●●

空间力系平衡计算

1. 训练目的

(1) 培养空间图形想象能力,掌握空间力系的受力图的绘制方法。

(2) 培养应用空间平衡条件解决问题的能力,掌握空间力系平衡条件及平衡计算方法。

2. 训练要求

(1) 使用绘图工具绘制空间力系图形,训练空间图形想象能力。

(2) 空间图形观感上要有立体感。

(3) 空间平衡条件的建立。

(4) 空间平衡方程的解题思路。

3. 训练内容和条件

如图 3.14 所示结构,自重不计,已知:力 $P=10$ kN,$AB=4$ m,$AC=3$ m,且 $ABCE$ 在同一水平面内,O、A、B、C 球铰链。试求 AC、AB、AO 三杆的内力。

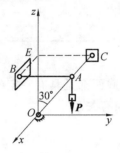

图 3.14

模块 4
平面图形的几何性质

教学聚焦

工程力学中所讨论的各种构件,其横截面都是具有一定的几何形状的平面图形,构件的强度、刚度、稳定性与这些平面图形的一些几何性质有关。

知识目标

◆ 理解重心和形心的概念;

◆ 掌握平面几何图形形心的确定方法;

◆ 领会平面几何图形的几何性质的意义;

◆ 掌握平面几何图形的几何性质中各个量值的计算方法。

技能目标

◆ 能够确定常用平面几何图形的几何性质的各量值。

课时建议

4 课时

教学重点或难点

本模块要求重点掌握组合截面形心位置的计算公式;熟记矩形、圆形和空心圆形截面形心主惯性矩的计算公式;难点是掌握组合截面图形形心主惯性矩的计算方法。

4.1 重心和形心

例题导读

【例 4.1】讲解了用分割法求平面几何图形的形心的方法；【例 4.2】讲解了用负面积法求平面几何图形的形心的方法。

知识汇总

· 重心的概念及其公式；

· 形心的概念及其公式；

· 组合平面图形的计算。

4.1.1 重心和形心的概念及其坐标公式

1. 重心的概念及其计算公式

地球表面附近的物体，都受到地球引力的作用，该引力称为物体的重力，重力的大小称为物体的重量。重力作用在物体的每一微小部分上，工程上把物体各微小部分的重力视为空间平行力系，一般所说的重力，就是这个空间平行力系的合力。

一个不变形的物体（即刚体）在地球表面无论如何放置，其平行分布的重力的合力作用线，都通过该物体上一个确定的点，这一点就称为物体的重心。所以，物体的重心就是物体重力合力的作用点。一个物体的重心，相对于物体本身来说就是一个确定的几何点，重心相对于物体的位置是固定不变的。

例如，在起吊物体时（图 4.1），为防止重物倾斜，吊钩必须位于被吊物体的重心的正上方，而起重机的重心又必须在一定的范围内才能保证起吊重物时的安全。

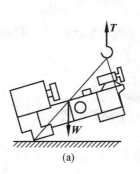
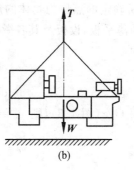

(a)   (b)

图 4.1

下面根据合力矩定理建立重心的坐标公式。如图 4.2 所示，取直角坐标系 $Oxyz$，其中 z 轴平行于物体重力的方向，将物体分割成许多微小部分，其中某一微小部分 M_i 的重力为 W_i，其作用点的坐标为 x_i、y_i、z_i，设物体的重心以 C 表示，重心的坐标为 x_C、y_C、z_C。

物体的重力为
$$W = \sum W_i$$

应用合力矩定理，分别求物体的重力对 x、y 轴的矩，有

$$-Wy_C = -\sum W_i y_i$$

$$Wx_C = \sum W_i x_i$$

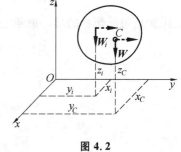

图 4.2

由上式即可求得重心的坐标 x_C、y_C。为了求坐标 z_C，可将物体固结在坐标系中，随坐标系一起绕 x 轴旋转 90°，使 y 轴铅垂向下。这时，重力 W 与 W_i 都平行于 y 轴，并与 y 轴同向，如图 4.2 中带箭头的虚线所示。然后对 x 轴应用合力矩定理，有

$$-Wz_C = -\sum W_i z_i$$

由此得到物体重心 C 的坐标公式为

$$x_C = \frac{\sum W_i x_i}{W} \left.\vphantom{\frac{\sum}{W}}\right\}$$
$$y_C = \frac{\sum W_i y_i}{W}$$
$$z_C = \frac{\sum W_i z_i}{W}$$

(4.1)

2.形心的概念及其计算公式

工程中遇到的物体通常可以认为是均质的,这时,单位体积的重量 $\gamma =$ 常量。以 ΔV_i 表示微小部分的体积,以 $V = \sum \Delta V$ 表示整个物体的体积,则有 $W_i = \gamma \Delta V_i$ 和 $W = \gamma V$,代入式(4.1),得

$$x_C = \frac{\sum \Delta V_i x_i}{W} \left.\vphantom{\frac{\sum}{W}}\right\}$$
$$y_C = \frac{\sum \Delta V_i y_i}{W}$$
$$z_C = \frac{\sum \Delta V_i z_i}{W}$$

(4.2)

这说明,均质物体重心的位置与物体的重量无关,完全取决于物体的大小和形状。物体几何形状的中心称为物体的形心。所以,均质物体的重心与形心是重合的。确切地说:由式(4.1)所确定的点称为物体的重心;由式(4.2)所确定的点称为物体的形心。

若物体是匀质等厚的薄平板,设板及其各微小部分的面积分别为 A 和 dA,板的厚度为 δ,则板及其各微小部分的体积分别为

$$V = A\delta$$
$$dV = \delta dA$$

取板的对称面为坐标平面 Oyz(图 4.3),则 $x_C = 0$。将上述关系代入式(4.2)中的后两式,可得

$$y_C = \frac{\sum dA \cdot y}{A} \left.\vphantom{\frac{\sum}{A}}\right\}$$
$$z_C = \frac{\sum dA \cdot z}{A}$$

(4.3)

上式就是匀质薄板的形心或重心计算公式。C 点是平面图形的形心或重心。

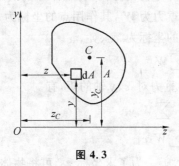

图 4.3

❖❖❖ 4.1.2　组合图形的形心计算

简单图形的形心位置可用上述公式求得,也可以从有关工程手册中查到。组合图形形心的位置在工程实际中和后续课程的学习中要经常遇到,现介绍几种主要方法。

1. 对称法

工程实际中经常可以遇到具有对称轴或对称中心的图形,用计算公式可以证明其形心一定在对称轴或对称中心上。例如,图 4.4(a) 所示平面图形的形心在其对称中心上;图 4.4(b) 的形心在铅垂对称轴 y 轴上;图 4.4(c) 的形心在两对称轴的交点上。

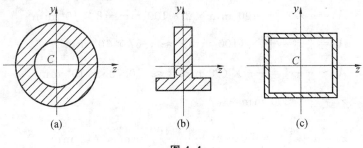

图 4.4

2. 分割法

形状比较复杂的组合图形的形心位置很难直接确定,但简单图形的形心位置很容易求出或可以通过查表得到,因此,把组合图形分割成几个简单图形,再用公式(4.3)即可求出组合图形的形心坐标。这种求形心的方法称为分割法。

【例 4.1】　不等边角钢的截面近似地简化为如图 4.5 所示图形,尺寸如图,单位为 mm。试求其形心 C 的位置。

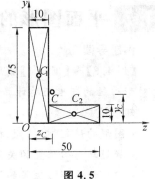

图 4.5

解　将该图形分成 I、II 两个矩形。分别用 $C_1(z_1, y_1)$、$C_2(z_2, y_2)$ 表示两个矩形形心的位置,用 A_1、A_2 表示两个矩形的面积。取坐标系如图 4.5 所示。则

$$A_1 = 10 \text{ mm} \times 75 \text{ mm} = 750 \text{ mm}^2$$
$$z_1 = 5 \text{ mm}, \quad y_1 = 37.5 \text{ mm}$$
$$A_2 = 10 \text{ mm} \times 40 \text{ mm} = 400 \text{ mm}^2$$
$$z_2 = 30 \text{ mm}, \quad y_2 = 5 \text{ mm}$$

由公式(4.3)得

$$z_C = \frac{A_1 z_1 + A_2 z_2}{A_1 + A_2} = \frac{750 \times 5 + 400 \times 30}{750 + 400} \text{ mm} \approx 13.7 \text{ mm}$$

$$y_C = \frac{A_1 y_1 + A_2 y_2}{A_1 + A_2} = \frac{750 \times 37.5 + 400 \times 5}{750 + 400} \text{ mm} \approx 26.2 \text{ mm}$$

3. 负面积法

有些组合图形,可以看做是从一个简单图形中挖去另一个简单图形而形成的。求这类组合图形的形心时,仍可采用分割法,但挖去的图形的面积要以负值代入公式。这种求形心的方法称为负面积法。

【例 4.2】　求图 4.6 所示平面图形的形心。已知 $a = 400 \text{ mm}, b = 300 \text{ mm}, r_1 = 100 \text{ mm}, r_2 = 50 \text{ mm}$。

解　取图形的对称轴为 z 轴,则图形的形心也必在 z 轴上。y 轴与图形左侧铅垂线重合,这样各形心的 z 坐标都是正值。

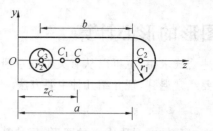

图 4.6

将平面图形看做由一个矩形和一个半圆组合后再挖去一个圆孔而成，因而圆孔的面积应为负值。各简单图形的形心分别为 C_1、C_2、C_3。各简单图形的面积和形心坐标为

$$A_1 = a \times 2r_1 = 400 \text{ mm} \times 2 \times 100 \text{ mm} = 8 \times 10^4 \text{ mm}^2$$

$$A_2 = \frac{\pi}{2} r_1^2 = \frac{\pi}{2} \times (100 \text{ mm})^2 \approx 1.57 \times 10^4 \text{ mm}^2$$

$$A_3 = -\pi r_2^2 = -\pi \times (50 \text{ mm})^2 \approx -0.785 \times 10^4 \text{ mm}^2$$

$$z_1 = \frac{a}{2} = 200 \text{ mm}$$

$$z_2 = a + \frac{4r_1}{3\pi} = 400 \text{ mm} + \frac{4 \times 100}{3\pi} \text{ mm} \approx 443 \text{ mm}$$

$$z_3 = a - b = (400 - 300) \text{ mm} = 100 \text{ mm}$$

应用式(4.3)得

$$z_c = \frac{A_1 z_1 + A_2 z_2 + A_3 z_3}{A_1 + A_2 + A_3} = \frac{8 \times 10^4 \times 200 + 1.57 \times 10^4 \times 443 + (-0.785 \times 10^4) \times 100}{8 \times 10^4 + 1.57 \times 10^4 - 0.785 \times 10^4} \text{ mm} \approx 252 \text{ mm}$$

$$y_c = 0$$

4.2 平面图形的几何性质

例题导读

【例4.3】和【例4.4】讲解了平面图形对轴的静面矩的计算方法；【例4.5】和【例4.6】讲解了平面图形对形心轴的惯性矩的计算方法；【例4.7】和【例4.8】讲解了组合截面图形形心主惯性矩的计算方法。

知识汇总

• 图形的静矩、惯性矩、极惯性矩和惯性积的概念；

• 静矩与形心位置的关系；

• 组合截面形心位置的计算公式；

• 主惯性轴、主惯性矩、形心主惯性轴和形心主惯性矩的概念；

• 矩形、圆形和空心圆形截面形心主惯性矩的计算公式；

• 惯性矩和惯性积的平行移轴公式，组合截面图形形心主惯性矩的计算方法。

4.2.1 静面矩

图4.3中，在截面中坐标为(y, z)处取面积元素 $\mathrm{d}A$，$y\mathrm{d}A$ 和 $z\mathrm{d}A$ 分别称为面积元素 $\mathrm{d}A$ 对 z 轴和 y 轴的静面矩，简称静矩。则整个平面图形对 z 轴和 y 轴的静面矩为

$$\left. \begin{array}{l} S_z = \displaystyle\int_A y\,\mathrm{d}A \\ S_y = \displaystyle\int_A z\,\mathrm{d}A \end{array} \right\}$$

(4.4)

静面矩是截面对一定坐标轴而言的。所以静面矩 S_z（或 S_y）值与截面的面积及坐标轴的位置有关。不同截面对同一坐标轴的静面矩不相同；同一截面对不同坐标轴的静面矩也不同。其值可正、可负，也可为零。常用单位为 m^3 或 mm^3。

4.2.2 形心与静面矩的关系

由上节内容可知，匀质薄板的形心或重心坐标公式为

$$y_C = \frac{\sum dA \cdot y}{A}, \quad z_C = \frac{\sum dA \cdot z}{A}$$

或

$$y_C = \frac{\int_A y dA}{A}, \quad z_C = \frac{\int_A z dA}{A} \tag{4.5}$$

由于上式中的积分 $\int_A y dA$ 和 $\int_A z dA$ 就是截面 A 对 z 轴和 y 轴的静面矩 S_z 和 S_y。因此，上式又可写成如下形式

$$\begin{cases} S_z = y_C A \\ S_y = z_C A \end{cases} \tag{4.6}$$

当 y 轴和 z 轴通过截面形心时（即 $y_C = z_C = 0$），则 $S_z = S_y = 0$；反之，当静矩 $S_z = 0$ 时，说明 z 轴通过截面形心；而当静矩 $S_y = 0$ 时，说明 y 轴通过截面形心。由于平面图形的形心必在对称轴上，故平面图形对于对称轴的静矩总是等于零。

【例 4.3】 矩形截面尺寸如图 4.7 所示，求该矩形对 z 轴和 y 轴的静面矩 S_z、S_y。

解 选参考坐标系 Oyz，设截面形心 C 的坐标为 y_C 和 z_C，由式（4.6）可得

$$S_z = A y_C = bh \frac{h}{2} = \frac{bh^2}{2}$$

$$S_y = A z_C = bh \frac{b}{2} = \frac{b^2 h}{2}$$

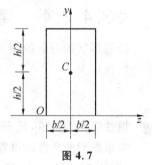

图 4.7

4.2.3 组合图形的静矩

如果一个平面图形是由几个简单平面图形组成的，称为组合平面图形。根据图形静矩的定义，组合图形对某轴的静矩等于各简单图形对同一轴静矩的代数和，即

$$\begin{cases} S_z = \sum_{i=1}^{n} A_i y_{Ci} \\ S_y = \sum_{i=1}^{n} A_i z_{Ci} \end{cases} \tag{4.7}$$

式中 z_{Ci}, y_{Ci}, A_i——分别表示各简单图形的形心坐标和面积；

     n——组合图形中简单图形的个数。

则得到组合图形形心坐标计算公式为

$$y_C = \frac{S_z}{A} = \frac{\sum\limits_{i=1}^{n} A_i y_{Ci}}{\sum\limits_{i=1}^{n} A_i}$$

$$z_C = \frac{S_y}{A} = \frac{\sum\limits_{i=1}^{n} A_i z_{Ci}}{\sum\limits_{i=1}^{n} A_i} \tag{4.8}$$

【例 4.4】 计算图 4.8 所示 T 形截面对 z 轴和 y 轴的静面矩。

解 将 T 形截面分为两个矩形,其面积分别为

$$A_1 = 50 \text{ mm} \times 270 \text{ mm} = 1.35 \times 10^4 \text{ mm}^2$$

$$A_2 = 300 \text{ mm} \times 30 \text{ mm} = 9 \times 10^3 \text{ mm}^2$$

矩形形心的 y 坐标为

$$y_{C1} = 165 \text{ mm}$$

$$y_{C2} = 15 \text{ mm}$$

则 T 形截面对 z 轴的静面矩为

$$S_z = \sum A_i y_{Ci} = A_1 y_{C1} + A_2 y_{C2} = 1.35 \times 10^4 \times 165 +$$

$$9 \times 10^3 \times 15 \approx 2.36 \times 10^6 \text{ mm}^3$$

由于 y 轴是对称轴,通过截面形心,所以 T 形截面对 y 轴的静面矩为 $S_y = 0$。

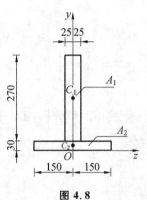

图 4.8

:·:·:· 4.2.4　简单截面图形的惯性矩

任意形状的截面如图 4.9 所示,设其面积为 A,在坐标为 (y,z) 处取一微面积 $\mathrm{d}A$,定义截面对 z 和 y 轴的惯性矩为

$$I_z = \int_A y^2 \mathrm{d}A, \quad I_y = \int_A z^2 \mathrm{d}A \tag{4.9}$$

惯性矩恒为正值,且不会为零,常用单位 m^4 或 mm^4。

简单图形的惯性矩可直接用积分法求得。

【例 4.5】 图 4.10 所示为高为 h、宽为 b 的矩形,计算矩形截面对形心轴 z 和 y 的惯性矩。

解 取平行于 z 轴的微面积 $\mathrm{d}A = b\mathrm{d}y$,则

$$I_z = \int_A y^2 \mathrm{d}A = \int_{-\frac{h}{2}}^{\frac{h}{2}} y^2 b \mathrm{d}y = \frac{bh^3}{12}$$

同理得

$$I_y = \frac{hb^3}{12}$$

因此,矩形截面对图示形心轴的惯性矩为

$$I_z = \frac{bh^3}{12}, \quad I_y = \frac{hb^3}{12} \tag{4.10}$$

【例 4.6】 求图 4.11 所示,半径为 R 的圆形截面对其形心轴的惯性矩。

解 取 Cyz 坐标系。微面积 $\mathrm{d}A = 2z\mathrm{d}y$,则

$$I_z = \int_A y^2 \mathrm{d}A = \int_{-R}^{R} 2y^2 \cdot \sqrt{R^2 - y^2} \, \mathrm{d}y = \frac{\pi R^4}{4} = \frac{\pi D^4}{64}$$

因此,由对称性知圆形截面对图示形心轴的惯性矩为

$$I_y = I_z = \frac{\pi D^4}{64} \tag{4.11}$$

由上一模块可知,截面图形对某点的极惯性矩为

$$I_p = \int_A \rho^2 \, dA$$

由几何关系:$\rho^2 = y^2 + z^2$,得

$$I_p = \int_A \rho^2 \, dA = \int_A (y^2 + z^2) \, dA = I_z + I_y$$

所以,上题中的圆截面对其形心的极惯性矩为

$$I_p = \frac{\pi D^4}{64} + \frac{\pi D^4}{64} = \frac{\pi D^4}{32}$$

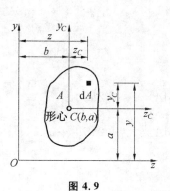

图 4.9

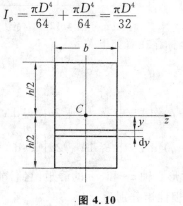

图 4.10

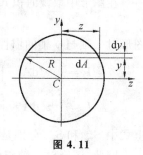

图 4.11

4.2.5 组合图形的惯性矩

根据惯性矩的定义,由积分原理可知,组合截面图形对某轴的惯性矩,等于各截面图形对同一轴的惯性矩之和。因此,计算组合截面对 y 轴和 z 轴的惯性矩的公式为

$$I_z = \sum_{i=1}^{n} I_{zi}$$

$$I_y = \sum_{i=1}^{n} I_{yi}$$

(4.12)

式中　　I_{zi}, I_{yi}——分别表示各截面对 y 轴和 z 轴的惯性矩;

n——截面的个数。

则空心圆截面的轴惯性矩为

$$I_z = I_y = \frac{\pi D^4}{64}(1 - \alpha^4)$$

(4.13)

$$\alpha = \frac{d}{D}$$

式中　　d——空心圆内径;

D——空心圆外径。

4.2.6 惯性矩的平行移轴公式

同一平面图形,对相互平行的两个坐标轴的惯性矩是不同的。如果其中一个是图形的形心轴,则二者间存在着较为简单的关系。

如图 4.12 所示,y 轴与 z 轴是任意选定的参考坐标轴。C 为图形的形心,形心坐标为 b 与 a,带有正负符号。图形的面积为 A。y_C 轴和 z_C 轴是分别平行于 y、z 轴的形心轴。

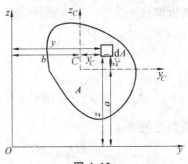

图 4.12

在图形中取微面积 $\mathrm{d}A$，其坐标存在着如下关系：

$$y = y_C + b, \quad z = z_C + a$$

图形对 z 轴与 y 轴的惯性矩为

$$I_z = \int_A y^2 \mathrm{d}A = \int_A (y_C + b)^2 \mathrm{d}A = \int_A y_C^2 \mathrm{d}A + 2b \int_A y_C \mathrm{d}A + b^2 \int_A \mathrm{d}A = I_{zC} + 2bS_{zC} + b^2 A$$

$$I_y = \int_A z^2 \mathrm{d}A = \int_A (z_C + a)^2 \mathrm{d}A = \int_A z_C^2 \mathrm{d}A + 2a \int_A z_C \mathrm{d}A + a^2 \int_A \mathrm{d}A = I_{yC} + 2aS_{yC} + a^2 A$$

上式中 S_{z_C} 和 S_{y_C} 分别是图形对形心轴 z_C 和 y_C 的静矩，它们都为零。

因此，图形对 y 轴与 z 轴的惯性矩分别为

$$I_y = I_{yC} + a^2 A$$
$$I_z = I_{zC} + b^2 A$$

(4.14)

这组公式称为惯性矩的平行移轴公式。

这表明，截面对任一轴的惯性矩，等于截面对与该轴平行的形心轴的惯性矩再加上截面的面积与两轴间距离平方的乘积。

【例 4.7】 试求图 4.13(a) 所示工字形截面对形心轴 z 的惯性矩 I_z。

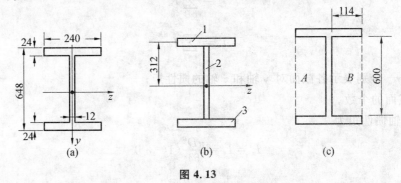

图 4.13

解法 1 用移轴公式。将截面分割为三个矩形计算（图 4.13(b)），由于矩形 1 和 3 相对 z 轴对称，故 $I_{z1} = I_{z3}$，I_z 计算公式为

$$I_z = 2I_{z1} + I_{z2} = 2 \times \left(\frac{240 \times 24^3}{12} + 240 \times 24 \times 312^2 \right) \mathrm{mm}^4 + \frac{12 \times 600^3}{12} \mathrm{mm}^4 \approx 13.38 \times 10^8 \ \mathrm{mm}^4$$

解法 2 将工字形视为一个大矩形减去两侧的两个小矩形 A 和 B（图 4.13(c)），则 I_z 计算公式为

$$I_z = \frac{240 \times 648^3}{12} \ \mathrm{mm}^4 - 2 \times \frac{114 \times 600^3}{12} \ \mathrm{mm}^4 \approx 13.38 \times 10^8 \ \mathrm{mm}^4$$

4.2.7 惯性半径

在实际应用中，会出现 $\dfrac{I_y}{A}$、$\dfrac{I_z}{A}$，分子分母都是关于截面的几何量，可以用一个几何量来代替。

令

$$i_y^2 = \frac{I_y}{A}, \quad i_z^2 = \frac{I_z}{A} \tag{4.15}$$

则

$$i_y = \sqrt{\frac{I_y}{A}}, \quad i_z = \sqrt{\frac{I_z}{A}} \tag{4.16}$$

式中 i_y、i_z——分别为截面对 y 轴、z 轴的惯性半径,单位为 m 或 mm。

❖❖❖ 4.2.8 惯性积

定义截面对正交轴 z 和 y 轴的惯性积为

$$I_{yz} = \int yz \, \mathrm{d}A \tag{4.17}$$

惯性积的量纲是长度的四次方。它可能为正、为负或为零。若 y、z 轴中有一根为对称轴则其惯性积为零。

❖❖❖ 4.2.9 形心主惯性轴和形心主惯性矩的概念

若图形对某一对正交坐标轴 y、z 的惯性积等于零,即 $I_{yz} = \int_A yz \, \mathrm{d}A = 0$,则该对坐标轴称为图形的主惯性轴。可以证明,过任意图形中的任一点,都必然存在一对主惯性轴。显然,如果一对正交坐标轴中有一个是图形的对称轴,则这对坐标轴必然就是图形的主惯性轴,如图 4.14 所示。

图形对主惯性轴的惯性矩称为主惯性矩。

若主惯性轴通过截面形心,则该轴称为图形的形心主惯性轴。因图形的对称轴必然通过形心,故图形的对称轴和通过形心并与对称轴垂直的另一个轴必然是图形的一对形心主惯性轴。

可以证明,任意图形都必然存在一对形心主惯性轴。

图形对形心主惯性轴的惯性矩称为形心主惯性矩。

如果把杆件的横截面理解为这里所讨论的图形,则形心主惯性轴与杆件轴线所确定的平面称为形心主惯性平面。形心主惯性轴、形心主惯性矩和形心主惯性平面的概念在杆件弯曲理论中有着重要的意义。

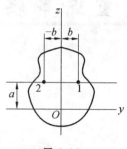

图 4.14

【例 4.8】 试计算图 4.15 所示图形对水平形心轴 x 的形心主惯性矩。

解 (1)求形心

建立参考坐标轴 x、y,形心显然在对称轴 y 上,只需求出截面形心 C 距参考轴 x_1 的距离 y_C。将该截面分解为两个矩形,各矩形截面的面积 A_i 及自身水平形心轴距参考轴 x_1 的距离 y_{Ci} 分别为

$$A_{C1} = 200 \text{ mm} \times 50 \text{ mm} = 10\,000 \text{ mm}^2, \quad y_{C1} = 150 \text{ mm}$$

$$A_{C2} = 50 \text{ mm} \times 150 \text{ mm} = 7\,500 \text{ mm}^2, \quad y_{C2} = 25 \text{ mm}$$

则

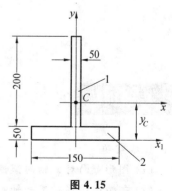

图 4.15

$$y_C = \frac{\sum A_i y_{Ci}}{\sum A_i} = \frac{1 \times 10^4 \times 150 + 7.5 \times 10^3 \times 25}{1 \times 10^4 + 7.5 \times 10^3} \text{ mm} = 96.4 \text{ mm}$$

$$Z_C = 0$$

（2）求形心主惯性矩

因 y 轴是对称轴，所以形心轴 x、y 必是形心主轴。

截面 1、2 对自身形心轴的惯性矩为

$$I_{xO1} = \frac{1}{12} \times 50 \times 200^3 \text{ mm}^4 = 3.33 \times 10^7 \text{ mm}^4$$

$$I_{xO2} = \frac{1}{12} \times 150 \times 50^3 \text{ mm}^4 = 1.56 \times 10^6 \text{ mm}^4$$

各矩形截面形心 C_i 和截面形心 C 在铅直方向的距离分别为 $a_1 = (150 - 96.4)\text{mm} = 53.6 \text{ mm}$，$a_2 = (96.4 - 25)\text{mm} = 71.4 \text{ mm}$，因而各矩形截面对形心轴 x 的惯性矩为

$$I_{x1} = I_{xO1} + a_1^2 A_1 = 3.33 \times 10^7 \text{ mm}^4 + (53.6)^2 \times 10^4 \text{ mm}^4 = 6.20 \times 10^7 \text{ mm}^4$$

$$I_{x2} = I_{xO2} + a_2^2 A_2 = 1.56 \times 10^6 \text{ mm}^4 + (71.4)^2 \times 7.5 \times 10^3 \text{ mm}^4 = 3.98 \times 10^7 \text{ mm}^4$$

整个截面对 x 轴的惯性矩为

$$I_x = \sum_{i=1}^{2} I_{xi} = I_{x1} + I_{x2} = (6.20 \times 10^7 + 3.98 \times 10^7)\text{mm}^4 = 10.18 \times 10^7 \text{ mm}^4$$

重点串联 ▶▶▶

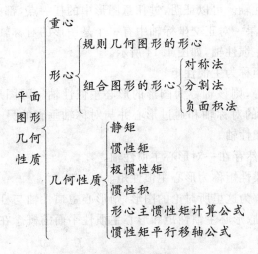

拓展与实训

▶ 基础训练 ▶▶▶

1. 填空题

（1）图形截面对 z 轴的惯性矩是：$I =$ _____

（2）若截面图形对某一轴的静矩为零，则该轴必然通过截面图形的 _____。

（3）若截面图形有对称轴，则该图形的静矩为 _____。

（4）矩形的惯性矩为 _____，圆形的惯性矩为 _____。

2. 综合题

（1）求图 4.16 所示图形中阴影部分对 z 轴的静矩。

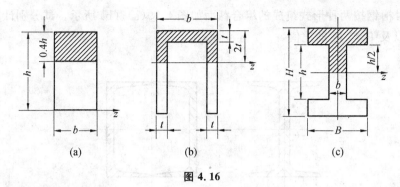

图 4.16

（2）求图 4.17 所示各图形的形心位置。

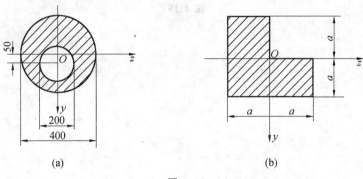

图 4.17

组合平面几何图形的惯性矩的计算

1.训练目的

（1）理解平面几何图形性质的概念,掌握平面几何图形的形心位置的确定方法。

（2）掌握平面几何图形的惯性矩的计算公式。

2.训练要求

（1）使用绘图工具绘制平面几何图形形心的位置,训练绘图能力。

（2）掌握平面几何图形的形心计算公式。

（3）会应用平面几何图形的惯性矩等性质计算公式。

3.训练内容和条件

（1）求图 4.18 所示各图形对 z、y 轴的惯性矩和惯性积。

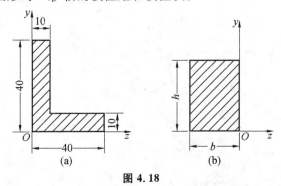

图 4.18

(2) 两个10号槽钢按两种形式组成的组合截面如图4.19(a)、(b)所示。试分别计算图(a)和(b)的惯性矩 I_z 和 I_y，以及 I_z 与 I_y 的比值。

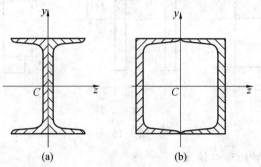

图 4.19

模块 5
轴向拉（压）构件力学分析

教学聚焦

受力分析由外力的平衡计算等转入物体内力的力学分析，不同形式杆件的受力形式和受力分析方法不同。

知识目标

◆了解材料力学基本知识：变形固体、内力与应力、变形形式；
◆掌握截面法求横截面上内力的方法；
◆掌握轴向拉伸和压缩构件的内力计算并绘制轴力图；
◆掌握轴向拉伸和压缩构件的应力计算的方法；
◆掌握轴向拉伸和压缩构件变形分析；
◆掌握材料在拉伸与压缩时的力学性能及试验方法；
◆掌握轴向拉（压）杆的强度计算的方法。

技能目标

◆能够计算轴向拉伸和压缩构件的应力；
◆能够对轴向拉（压）杆进行强度计算。

课时建议

18 课时

教学重点或难点

本模块主要介绍材料力学最基本变形——轴向拉压时的内力、应力计算、变形及强度计算等知识，是学习材料力学的基础。内力的求解方法以及内力图的绘制方法为后续材料力学部分做准备。重点掌握求内力、绘制内力图、应力及强度计算的方法，难点是熟悉轴向拉伸与压缩时的力学性能及试验方法。

5.1 轴向拉伸和压缩时的内力

例题导读

【例 5.1】讲解了截面法求轴向拉压杆件的内力的计算方法,即轴力;【例 5.2】讲解了轴力的图示法,即轴力图的绘制方法。

知识汇总

· 拉压杆件的内力概念及截面法求轴力;

· 绘制轴力图的方法。

1.轴向拉伸和压缩的概念

沿杆件轴线作用一对大小相等、方向相反的外力,杆件将发生轴向伸长(或缩短)变形,这种变形称为轴向拉伸(或压缩)(图 5.1(a)、(b))。产生轴向拉伸或压缩的杆件称为拉杆或压杆。

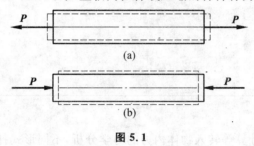

图 5.1

2.用截面法计算轴向拉(压)杆的内力

内力指杆件本身一部分与另一部分之间的相互作用力。

要确定杆件某一截面中的内力,可以假想地将杆件沿需求内力的截面截开,将杆分为两部分,并取其中一部分作为研究对象。此时,截面上的内力被显示了出来,并成为研究对象上的外力。再由静力平衡条件求出此内力。这种求内力的方法,称为截面法。

现以图 5.2(a)所示拉杆为例,确定杆件任一横截面 mm 上的内力。运用截面法,将杆沿截面 mm 截开,取左段为研究对象(图 5.2(b))。考虑左段的平衡,可知截面 mm 上的内力必是与杆轴相重合的一个力 N,且由平衡条件 $\sum X=0$ 可知 $N=P$,其指向背离截面。若取右段为研究对象(图 5.2(c)),同样可得出相同的结果。

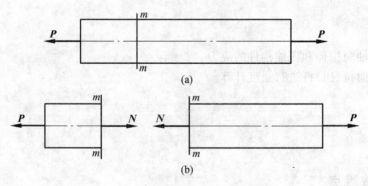

图 5.2

由此可知,轴向拉压杆件的内力是与轴线重合的力,故称它为轴力,用 N 表示。当杆件受拉时,轴力为拉力,其方向背离截面;当杆件受压时,轴力为压力,其方向指向截面。规定:拉力用正号表示,压力用负号表示。

轴力的单位为 N 或 kN。

【例 5.1】 杆件受力如图 5.3(a)所示,在力 P_1、P_2、P_3 作用下处于平衡状态。已知 $P_1 = 8$ kN,$P_2 = 10$ kN,$P_3 = 2$ kN,求杆件 AB 和 BC 段的轴力。

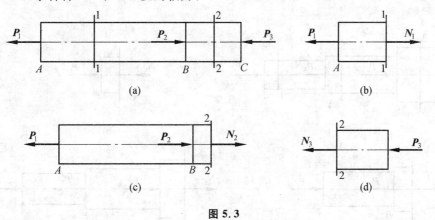

(a)　　　　　　　　　　　　　　　(b)

(c)　　　　　　　　　　　　　　　(d)

图 5.3

解 (1)求 AB 段的轴力

用 $1-1$ 截面在 AB 段内将杆截开,取左段为研究对象(图 5.3(b)),以 N_1 表示截面轴力,并假定为拉力,写出平衡方程:

$$\sum X = 0, \quad N_1 - P_1 = 0$$

所以

$$N_1 = P_1 = 8 \text{ kN}$$

结果为正号说明假定方向与实际方向相同,AB 段的轴力为拉力。

(2)求 BC 段的轴力

用 $2-2$ 截面在 BC 段内将杆截开,取左段为研究对象(图 5.3(c)),以 N_2 表示截面轴力,写出平衡方程:

$$\sum X = 0, \quad N_2 - P_1 + P_2 = 0$$

得

$$N_2 = P_1 - P_2 = (8 - 10)\text{kN} = -2 \text{ kN}$$

结果为负号说明假设方向与实际方向相反,BC 段轴力实际为压力。

若取右段为研究对象(图 5.3(d)),写出平衡方程:

$$\sum X = 0, \quad -N_3 - P_3 = 0$$

得

$$N_3 = -P_3 = -2 \text{ kN}$$

结果与取左段为研究对象一样。本例由于右段上的外力少,计算较简单,应取右段为研究对象计算。

3. 轴力图

表明轴力沿杆长各横截面变化规律的图形称为轴力图。轴力图由如下部分组成:

(1)坐标系 $x - N$:x 轴平行于杆的轴线。

(2)基线:x 轴上杆的正投影部分。当坐标轴略去不画时,基线代替 x 轴。

(3)图线:图线上点的 x 坐标表示横截面的位置;点的 N 坐标表示该截面的轴力值。

(4)纵标线:图线上的点向基线引的垂线。

(5)纵标值:标上具有代表意义的纵坐标值。

(6)符号:杆段内轴力的正、负。全图只需标一个正号,一个负号。

(7)图名、单位。

轴力图可以形象地表示轴力沿杆长变化的情况,容易找到最大轴力所在的位置和数值。

【例 5.2】 杆件受力如图 5.4(a) 所示,已知 $P_1 = 20$ kN,$P_2 = 30$ kN,$P_3 = 5$ kN,试画出杆件的轴力图。

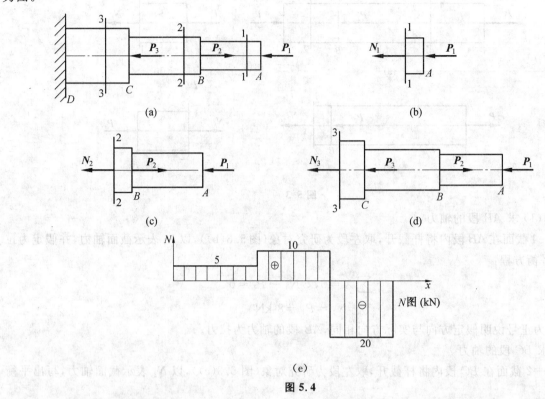

图 5.4

解 (1)计算各段杆的轴力

AB 段:用 $1-1$ 截面在 AB 段内将杆截开,取右段为研究对象(图 5.4(c)),以 N_1 表示截面上的轴力,并假设为拉力。写出平衡方程:

$$\sum X = 0, \quad -N_1 - P_1 = 0$$

得

$$N_1 = -P_1 = -20 \text{ kN}$$

BC 段:类似上述步骤(图 5.4(c)),写出平衡方程:

$$\sum X = 0, \quad -N_2 + P_2 - P_1 = 0$$

得

$$N_2 = P_2 - P_1 = (30 - 20)\text{kN} = 10 \text{ kN}$$

CD 段:同理(图 5.4(d))可得

$$N_3 = -P_1 + P_2 - P_3 = (-20 + 30 - 5)\text{kN} = 5 \text{ kN}$$

(2)画轴力图

以平行于杆轴的 x 轴为横坐标,垂直于杆轴的 N 轴为纵坐标,按一定比例将各段轴力标在坐标上,可得到轴力图如图 5.4(e) 所示。

技术提示:

1.截面法求拉压杆件的内力:将杆件沿需求内力的截面截开,将杆分为两部分,并取其中一部分作为研究对象,截面上的内力显示为研究对象上的外力,再由静力平衡条件求出此内力。

2.绘制轴力图:横坐标表示轴力发生的截面位置,纵坐标表示该截面上的轴力大小。

5.2 轴向拉伸和压缩时的应力

例题导读

【例 5.3】和【例 5.4】讲解了轴向拉压杆件横截面上正应力的求解方法。

知识汇总

· 应力概念及横截面上正应力的条件;

· 轴向拉压杆件横截面上的正应力计算公式。

当杆件内力求出后,还不能比较不同面积或形状的截面真正内力的大小,还需综合考虑内力和截面积两个因素,认为杆件是否安全工作与内力在横截面上的分布程度有关,将引入内力在横截面上一点处的集度 —— 应力的概念。

1.应力的概念

两根由同种材料制成的杆件,一根较粗,另一根较细,在相同的轴向荷载作用下,它们的轴力相等。若同时增大轴向荷载,则面积小的杆件会首先破坏。可见杆件的强度是否足够,不仅取决于内力的大小和材料的性能,同时还与杆件的横截面的大小有关。综合考虑内力和截面积两个因素,认为杆件是否安全工作,与内力在横截面上的分布程度有关,将内力在横截面上一点处的集度称为应力。与横截面垂直的应力称为正应力,用符号 σ 表示;与横截面相切的应力称为切应力,用符号 τ 表示。应力在横截面上的分布形式可以通过杆件的变形情况来进行推证。

2.横截面上的正应力公式

取一橡胶制成的等直杆,在它表面均匀地画上若干与轴线平行的纵线及与轴线垂直的横线(图5.5(a)),使杆件的表面形成许多大小相同的方格。然后在两端施加一对轴向拉力 P(图5.5(b)),可以观察到,所有的小方格都变成了长方格,所有的纵线都伸长了,但仍相互平行。所有的横线仍保持为直线,且仍垂直于杆轴,只是相对距离增大了。

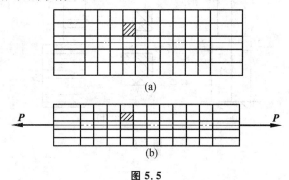

(a)

(b)

图 5.5

根据上述现象,可作如下假设:

(1)平面假设。若将各条横线看做是一个横截面,则杆件横截面在变形前是平面,变形后仍保持平面,并且仍垂直于杆轴,只是沿杆轴做相对移动。

（2）设想杆件是由许多纵向纤维组成的,根据平面假设可知,任意两横截面之间所有的纤维都伸长了相同的长度。

根据材料的均匀连续假设,当变形相同时,受力也相同,因而知道横截面上的内力是均匀分布的,且方向垂直于横截面。由上可得结论:轴向拉伸时,杆件横截面上各点处产生沿横截面法线方向的应力,称为正应力,且大小相等。若用 A 表示杆件横截面面积,N 表示该横截面的轴力,则等直杆轴向拉伸时横截面上的正应力 σ 计算公式为

$$\sigma = \frac{N}{A} \tag{5.1}$$

上式仍然适用于轴向压缩杆件,计算时需将轴力连同负号一并代入公式。

正应力的正负号规定为:拉应力为正,压应力为负。

在国际单位制中,应力的单位为帕斯卡(Pascal),代号为 Pa,且 $1\ \text{Pa} = 1\ \text{N/m}^2$。

工程实际中应力数值较大,常用 MPa 或 GPa 作为应力单位。

$$1\ \text{MPa} = 10^6\ \text{Pa} = 10^6\ \frac{\text{N}}{\text{m}^2} = 10^6 \times \frac{\text{N}}{10^6\ \text{mm}^2} = 1\ \text{N/mm}^2$$

$$1\ \text{GPa} = 10^9\ \text{Pa}$$

3.正应力公式的适用条件

从上面所述可知,正应力公式(5.1)必须符合下列两个条件,才可使用:

（1）等截面直杆;

（2）外力(或外力的合力)的作用线与杆轴线重合。

【例 5.3】 图 5.6(a)所示砖柱,上段柱边长 $a_1 = 240\ \text{mm}$,下段柱边长 $a_2 = 380\ \text{mm}$。荷载 $P_1 = 50\ \text{kN}$,$P_2 = 100\ \text{kN}$。不计自重。试画出柱的轴力图并求各段柱横截面上的正应力。

解 P_1、P_2 为轴向荷载,所以 AB 和 BC 两段柱都是轴向压缩。

（1）求轴力

AB 段：$\qquad\qquad N_1 = -P_1 = -50\ \text{kN(压)}$

BC 段：$\qquad\qquad N_2 = -P_1 - P_2 = (-50 - 100)\text{kN} = -150\ \text{kN(压)}$

（2）画轴力图

轴力图如图 5.6(b)所示。

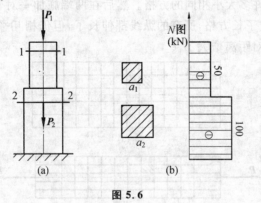

图 5.6

（3）计算正应力

AB 段：$\qquad\qquad A_1 = 240\ \text{mm} \times 240\ \text{mm} = 5.76 \times 10^4\ \text{mm}^2$

$$\sigma_1 = \frac{N_1}{A_1} = \frac{-50 \times 10^3}{5.76 \times 10^4}\ \text{N/mm}^2 \approx -0.868\ \text{N/mm}^2 = -0.868\ \text{MPa(压)}$$

BC 段：$\qquad\qquad A_2 = 380\ \text{mm} \times 380\ \text{mm} = 14.44 \times 10^4\ \text{mm}^2$

$$\sigma_2 = \frac{N_2}{A_2} = \frac{-150 \times 10^3}{14.44 \times 10^4} \text{ N/mm}^2 \approx -1.039 \text{ MPa(压)}$$

【例5.4】 图5.7(a)为一三角支架,杆 AB 为圆截面钢杆,直径 $d=16$ mm;杆 BC 为正方形木杆,边长 $a=100$ mm。已知荷载 $P=30$ kN,求各杆横截面上的正应力。

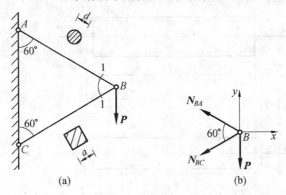

图 5.7

解 支架在 A、B、C 处为铰接,杆中间不受外力作用,所以杆 AB、BC 均为二力杆,即为轴向拉压杆。

(1)求各杆轴力

取节点 B 为研究对象,并假设各杆受拉(图5.7(b)),由平衡条件得

$$\sum X = 0, \quad -N_{AB} \cos 30° - N_{BC} \cos 30° = 0 \tag{1}$$

$$\sum Y = 0, \quad N_{AB} \sin 30° - N_{BC} \sin 30° - P = 0 \tag{2}$$

联立解得

$$N_{AB} = P = 30 \text{ kN(拉)}, \quad N_{BC} = -P = -30 \text{ kN(压)}$$

(2)求各杆正应力

AB 杆:

$$A_{AB} = \frac{\pi d^2}{4} = \frac{\pi}{4} \times (16 \text{ mm})^2 \approx 201 \text{ mm}^2$$

$$\sigma_{AB} = \frac{N_{AB}}{A_{AB}} = \frac{30 \times 10^3}{201} \text{ MPa} \approx 149.3 \text{ MPa(拉)}$$

BC 杆:

$$A_{BC} = a^2 = (100 \text{ mm})^2 = 1 \times 10^4 \text{ mm}^2$$

$$\sigma_{BC} = \frac{N_{BC}}{A_{BC}} = \frac{-30 \times 10^3}{10^4} \text{ MPa} = -3 \text{ MPa(压)}$$

技术提示:

轴向拉压的正应力计算是拉压杆件的强度计算的重点内容。只要求出拉压杆件的内力除以横截面面积就可得到拉压杆件的正应力。

5.3 轴向拉(压)杆的变形

例题导读

【例5.5】讲解了轴向拉压杆件的变形的计算方法。

知识汇总

• 纵向变形与横向变形的概念;

• 胡克定律。

拉压杆件受轴向力作用时,会产生纵向变形和横向变形,为了描述这两种变形程度,引入一些变形指标来表示。当杆件应力不超过某一限度(比例极限)时,其变形存在着一些规律。

拉(压)杆受轴向力作用时,沿杆轴方向会产生伸长(或缩短),称为纵向变形;同时杆的横向尺寸将减小(或增大),称为横向变形。如图 5.8(a)、(b) 所示。

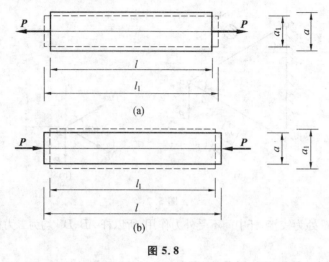

图 5.8

1. 纵向变形

假设杆件变形前长度为 l,变形后长为 l_1,则杆件的纵向变形为

$$\Delta l = l_1 - l$$

拉伸时纵向变形为正,压缩时纵向变形为负。纵向变形 Δl 的单位是 m 或 mm。

纵向变形的大小与杆的原长 l 有关,为了度量杆的变形程度,引入单位长度的变形量的概念。单位长度的变形称纵向线应变,简称线应变,以 ε 表示。对于轴力为常量的等截面直杆,其纵向变形在杆内分布均匀,故线应变为

$$\varepsilon = \frac{\Delta l}{l}$$

拉伸时 ε 为正,压缩时 ε 为负。线应变是量纲为一的量。

2. 胡克定律

实验证明,当杆的应力未超过某一限度,纵向变形 Δl 与外力 P、杆长 l 及横截面面积 A 之间存在着如下的比例关系:

$$\Delta l = \frac{Pl}{EA} \tag{5.2}$$

在内力不变的杆段中,$N = P$,可将上式改写为用内力表达的形式,即

$$\Delta l = \frac{Nl}{EA} \tag{5.3}$$

式(5.3)称胡克定律,表明当杆件应力不超过某一限度(比例极限)时,其纵向变形与轴力及杆长成正比,与横截面面积成反比。

将 $\dfrac{\Delta l}{l} = \varepsilon$ 及 $\dfrac{N}{A} = \sigma$ 代入式(5.3),可得

$$\sigma = E \times \varepsilon \tag{5.4}$$

式(5.4)是胡克定律的另一表达形式,它表明当应力不超过比例极限时,应力与应变成正比。

比例系数 E 称为材料的弹性模量,它与材料的性质有关,是衡量材料抵抗变形能力的一个指标。各种材料的 E 值由试验测定,其单位与应力的单位相同。EA 称为杆件的抗拉(压)刚度,它反映了杆件抵

抗拉（压）变形的能力，对长度相同、受力相等的杆件，EA 越大，变形 Δl 就越小；反之，EA 越小，变形 Δl 就越大。

3.横向变形

拉（压）杆产生纵向变形时，横向也产生变形。设杆件变形前的横向尺寸为 a，变形后为 a_1（图 5.8(a)、(b)），则横向变形为

$$\Delta a = a_1 - a$$

横向应变 ε' 为

$$\varepsilon' = \frac{\Delta a}{a} \tag{5.5}$$

拉伸时 Δa 为负值，ε' 也为负值；压缩时 Δa 为正值，ε' 也为正值。故拉伸和压缩时的纵向线应变与横向线应变的符号总是相反的。

试验表明，杆的横向应变与纵向应变之间存在着一定的关系，在弹性范围内，横向应变 ε' 与纵向应变 ε 的比值的绝对值是一个常数，用 μ 表示：

$$\mu = \left| \frac{\varepsilon'}{\varepsilon} \right| \tag{5.6}$$

式中　μ——泊松比或横向变形系数，其值可通过试验确定。

由于 ε 和 ε' 的符号恒为异号，故有

$$\varepsilon' = -\mu\varepsilon \tag{5.7}$$

弹性模量和泊松比都是反映材料弹性性能的常数。

【例 5.5】 一钢制阶梯杆如图 5.9 所示。已知 $P_1 = 50$ kN，$P_2 = 20$ kN，杆长 $l_1 = 120$ mm，$l_2 = l_3 = 100$ mm，横截面面积 $A_1 = A_2 = 500$ mm²，$A_3 = 250$ mm²，弹性模量为 $E = 200$ GPa。试求 B 截面的位移。

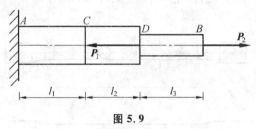

图 5.9

解 （1）计算杆各段的轴力

$$N_{BD} = 20 \text{ kN（拉力）}$$

$$N_{CD} = 20 \text{ kN（拉力）}$$

$$N_{AC} = (20 - 50)\text{kN} = -30 \text{ kN（压力）}$$

（2）计算杆各段的纵向变形

$$\Delta l_{BD} = \frac{N_{BD} l_{BD}}{EA_3} = \frac{20 \times 10^3 \times 100}{200 \times 10^3 \times 250} \text{ mm} = 0.04 \text{ mm}$$

$$\Delta l_{CD} = \frac{N_{CD} l_{CD}}{EA_2} = \frac{20 \times 10^3 \times 100}{200 \times 10^3 \times 500} \text{ mm} = 0.02 \text{ mm}$$

$$\Delta l_{AC} = \frac{N_{AC} l_{AC}}{EA_1} = \frac{-30 \times 10^3 \times 120}{200 \times 10^3 \times 500} \text{ mm} = -0.036 \text{ mm}$$

（3）B 截面的位移

B 截面的位移为杆的总变形量 Δl_{AB}，它等于杆各段变形量的代数和：

$$\Delta l_{AB} = \Delta l_{AC} + \Delta l_{CD} + \Delta l_{DB} = (-0.036 + 0.02 + 0.04)\text{mm} = 0.024 \text{ mm}$$

> **技术提示：**
>
> 胡克定律有两种表达形式：
>
> 1.胡克定律表明当杆件应力不超过某一限度（比例极限）时,其纵向变形与轴力及杆长成正比,与横截面面积成反比;
>
> 2.胡克定律表明当应力不超过比例极限时,应力与应变成正比。

5.4 材料在拉伸与压缩时的力学性能

前面的讨论中,涉及的弹性模量、泊松比等指标都属于材料的力学性质。材料的力学性质是指:材料受力时力与变形之间的关系所表现出来的性能指标。材料的力学性质是根据材料的拉伸、压缩试验来测定的。

工程中使用的材料种类很多。下面主要以常用的低碳钢和铸铁这两种最具有代表性的材料为例,研究它们在常温（一般指室温）、静载下（指在加载过程中不产生加速度）拉伸和压缩时的力学性能。

5.4.1 材料拉伸时的力学性能

试验时采用国家规定的标准试样。金属材料试样如图 5.10(a)、(b) 所示。试件中间是一段等直杆,等直部分划上两条相距为 l 的横线,横线之间的部分作为测量变形的工作段,l 称为标距;两端加粗,以便在试验机上夹紧。规定圆形截面试样,标距 l 与直径 d 的比例为 $l=10d$ 或 $l=5d$,矩形截面试样标距 l 与截面面积 A 的比例为 $l=11.3\sqrt{A}$ 或 $l=5.65\sqrt{A}$。

拉伸试验一般在万能试验机上进行,它可以对试件加载,可以测力并自动记录力与变形的关系曲线。

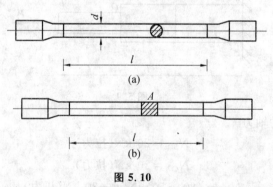

图 5.10

1.低碳钢的拉伸试验

(1)拉伸图和应力应变曲线。将低碳钢试件装在试验机上,缓慢加载,同时试样逐渐伸长。记录各时刻的拉力 P 以及标距 l 段相应的纵向伸长 Δl,直至拉断为止。将 P 和 Δl 的关系按一定比例绘制成的曲线,称为拉伸图（或 $P-\Delta l$ 曲线）,如图 5.11(a) 所示。将拉力 P 除以试件横截面的原面积 A,作为试件工作段的正应力 σ,将试件的伸长量 Δl 除以工作段的原长 l,代表试件工作段的轴向线应变 ε。按一定的比例将拉伸图转换为 σ 与 ε 关系的曲线（图 5.11(b)）称为应力－应变曲线或 $\sigma-\varepsilon$ 曲线。

从应力－应变曲线可见,在低碳钢拉伸试验的不同阶段,应力与应变关系的规律不同。下面介绍各个阶段的范围、特点、指标及量值。

① 弹性阶段（图 5.11(b) 中 Ob 段）。试样应力不超过 b 点所对应的应力时,材料的变形都是弹性变形,即卸除荷载时,试样的变形将全部消失。弹性阶段最高点 b 相对应的应力值 σ_e 称为材料的弹性极

限。在弹性阶段内,初始一段直线 Oa 表明应力与应变成正比,材料服从胡克定律。过 a 点后,应力应变图开始微弯,表示应力与应变不再成正比。a 点对应的应力值 σ_p 称为材料的比例极限。

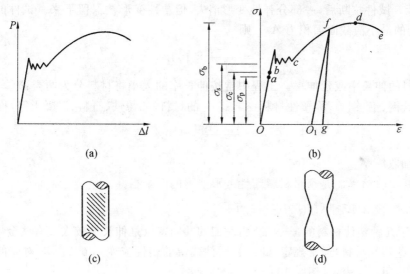

图 5.11

图中直线 Oa 与横坐标 ε 间的夹角为 α,材料的弹性模量 E 可由夹角的正切表示,即

$$E = \frac{\sigma}{\varepsilon} = \tan \alpha \tag{5.8}$$

弹性极限 σ_e 和比例极限 σ_p 两者意义虽然不同,但数值非常接近,工程上对它们不加严格区分,近似认为在弹性范围内材料服从胡克定律。

② 屈服阶段(图 5.11(b) 中 bc 段)。当应力超过 b 点,逐渐到达 c 点时,图线上将出现一段锯齿形线段 bc。此时应力基本保持不变,应变显著增加,材料暂时失去抵抗变形的能力,从而产生明显塑性变形的现象,称为屈服(或流动)。bc 段称为屈服阶段。屈服阶段中的最低应力称为屈服极限,用 σ_s 表示。

材料在屈服时,试件表面上将出现许多与轴线大致成45°的倾斜条纹(图 5.11(c)),称为滑移线。这些条纹是由于材料内部晶格发生相对错动而引起的。当应力达到屈服极限而发生明显的塑性变形,就会影响材料的正常使用。所以,屈服极限是一个重要的力学性能指标。

③ 强化阶段(图 5.11(b) 中 cd 段)。屈服阶段以后,材料重新产生了抵抗变形的能力。若要试件继续变形,必须增加应力,这一阶段称强化阶段。曲线最高点 d 所对应的应力称为强度极限,以 σ_b 表示。低碳钢的强度极限约为 400 MPa。

如果在强化阶段内任一点 f 处卸载,$\sigma - \varepsilon$ 曲线仍保持直线,且卸载直线 O_1f 基本上与弹性阶段直线 Oa 平行。f 点对应的总应变为 Og,回到 O_1 时所消失的部分 O_1g 为弹性应变,不能消失的部分 OO_1 为塑性应变。若对残留有塑性变形的试件再重新加载,$\sigma - \varepsilon$ 曲线将基本上沿卸载时的同一直线 O_1f 上升到 f 点,f 点以后的曲线与原来的 $\sigma - \varepsilon$ 曲线相同。可见卸载后再加载,材料的比例极限与屈服极限都得到了提高,而塑性将下降。这种将材料预拉到强化阶段,然后卸载,当再加载时,比例极限和屈服极限得到提高,塑性降低的现象,称为冷作硬化。

工程中常利用冷作硬化来提高钢筋的屈服极限,达到节约钢材的目的。如冷拉钢筋、冷拔钢丝等。

④ 颈缩阶段(图 5.11(b) 中 de 段)。应力达到强度极限后,在试件薄弱处横截面显著缩小,出现"颈缩"现象,如图 5.11(d) 所示。由于颈缩部分横截面面积急剧减小,试件继续伸长所需的拉力也随之迅速下降,直至试件被拉断。

上述低碳钢拉伸的四个阶段中,有三个有关强度性质的指标需要注意,即比例极限 σ_p、屈服极限 σ_s 和强度极限 σ_b。σ_p 表示了材料的弹性范围;σ_s 是衡量材料强度的一个重要指标,当应力达到 σ_s 时,杆件产生显著的塑性变形,无法正常使用;σ_b 是衡量材料强度的另一个重要指标,当应力达到 σ_b 时,杆件出现颈缩并很快被拉断。

(2)塑性指标。试件拉断后,一部分弹性变形消失,但塑性变形被保留下来。试件的标距由原来的 l 变为 l_1。断裂处的最小横截面面积为 A_1。则

$$\delta = \frac{l_1 - l}{l} \times 100\% \tag{5.9}$$

式中 δ——材料的伸长率或延伸率。工程中常按伸长率的大小将材料分为两类:$\delta \geqslant 5\%$ 的材料,如低碳钢、铝、铜等,称塑性材料;$\delta < 5\%$ 的材料,如铸铁、石料、混凝土等,称为脆性材料。

$$\psi = \frac{A - A_1}{A} \times 100\% \tag{5.10}$$

式中 ψ——断面收缩率。

伸长率 δ 和断面收缩率 ψ 是衡量材料塑性变形能力的两个指标。

2.其他塑性材料在拉伸时的力学性质

图 5.12 表示了几种塑性材料的 $\sigma-\varepsilon$ 曲线,它们的共同特点是伸长率较大。有些金属材料没有明显的屈服阶段,对这些塑性材料,通常规定:卸载后试件残留的塑性应变达 0.2% 时对应的应力值作为材料的名义屈服极限,用 $\sigma_{0.2}$ 表示(图 5.13)。

3.铸铁拉伸时的力学性质

由图 5.14 中铸铁拉伸时的 $\sigma-\varepsilon$ 曲线可知:铸铁作为一种典型的脆性材料,它的变形没有明显的直线部分,没有屈服阶段,断裂时的应力就是强度极限,是脆性材料衡量强度的唯一指标。铸铁的弹性模量 E,通常以产生 0.1% 的总应变所对应的 $\sigma-\varepsilon$ 曲线上的割线斜率来表示。铸铁的弹性模量 $E = 115 \sim 160$ GPa。

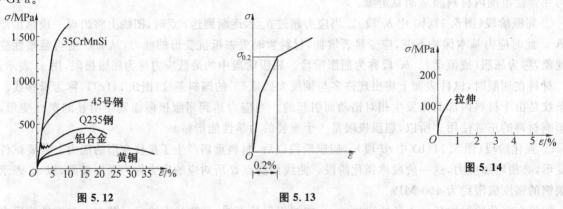

图 5.12   图 5.13   图 5.14

5.4.2 材料压缩时的力学性能

金属材料(如低碳钢、铸铁等)压缩试验的试件为圆柱形,高约为直径的 1.5 ~ 3.0 倍;非金属材料(如混凝土、石料等)试件为立方体。

1.低碳钢的压缩试验

图 5.15 绘出了低碳钢压缩试验的 $\sigma-\varepsilon$ 曲线,与拉伸试验的 $\sigma-\varepsilon$ 曲线相比较,两条曲线的主要部分基本重合。低碳钢压缩时的比例极限 σ_p、弹性模量 E、屈服极限 σ_s 都与拉伸时相同。过了屈服极限之后,试件越压越扁,压力增加,受压面积也增加,试件不会被压裂,测不出强度极限。因此,低碳钢的力学性能指标通过拉伸试验都可以测定,一般不需做压缩试验。

2.铸铁的压缩试验

图 5.16(a)表示的是铸铁压缩时的 $\sigma-\varepsilon$ 曲线,与拉伸时的 $\sigma-\varepsilon$ 曲线相比较,图线基本相似,但压缩

时的伸长率比拉伸时大,压缩时的强度极限为拉伸时的 $4\sim5$ 倍。其他脆性材料也具有类似的性质,所以脆性材料适用于受压构件。

铸铁压缩破坏时,破坏面与轴线大致成 $45°\sim55°$(图 5.16(b)),说明铸铁压缩破坏是被剪断的。

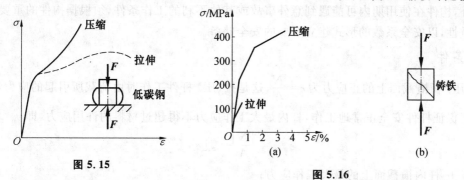

图 5.15　　　　　　　　　　　　　图 5.16

由上述试验可知,表示材料的力学性能指标一共有三种:弹性指标、塑性指标和强度指标。弹性指标有弹性模量 E 和泊松比 μ;塑性指标有伸长率 δ 和断面收缩率 ψ;强度指标有屈服极限 σ_s 和强度极限 σ_b。

5.5 轴向拉(压)杆的强度计算

例题导读

【例 5.6】讲解了利用轴向拉压杆件强度条件进行强度校核的计算方法;【例 5.7】讲解了利用轴向拉压杆件强度条件进行截面设计的方法;【例 5.8】讲解了利用轴向拉压杆件强度条件确定材料的最大承载能力的计算方法。

知识汇总

• 许用应力与安全系数;

• 轴向拉压杆件的强度条件及强度计算;

• 应力集中及对强度的影响。

1. 许用应力与安全系数

(1)材料的极限应力。任何一种构件材料都存在着一个能承受应力的固有极限,称为极限应力,用 σ° 表示。杆内的应力达到此值时,杆件即破坏。

塑性材料达到屈服极限 σ_s 时,将出现显著的塑性变形;脆性材料达到强度极限 σ_b 时会引起断裂。构件工作时发生断裂或显著塑性变形都是不容许的,所以,对塑性材料 $\sigma^\circ=\sigma_s$,对脆性材料 $\sigma^\circ=\sigma_b$。

(2)许用应力和安全系数。为了保证构件能正常地工作,必须使构件工作时产生的实际应力不超过材料的极限应力。构件在使用时又必须留有一定的安全储备,因此,将极限应力 σ° 缩小 k 倍作为衡量材料承载能力的依据,称为许用应力,以符号 $[\sigma]$ 表示:

$$[\sigma]=\frac{\sigma^\circ}{k} \tag{5.11}$$

式中　k—— 大于 1 的数,称安全系数。安全系数的选择主要考虑以下几个因素:

① 实际材料的极限应力可能低于试验的统计平均值;

② 横截面的实际尺寸可能小于规格尺寸;

③ 实际荷载可能超过标准荷载;

④ 计算简图忽略了实际结构的次要因素。

对于塑性材料:

$$[\sigma]=\frac{\sigma_s}{k_s}(k_s=1.4\sim1.7)$$

对于脆性材料：

$$[\sigma] = \frac{\sigma_b}{k_b}(k_b = 2.5 \sim 3.0)$$

除此之外，构件在使用期内可能遇到意外事故或其他不利的工作条件，须根据构件的重要性以及事故后果的严重性，以安全系数的形式建立必要的安全储备。

2. 强度条件

轴向拉（压）杆横截面上的正应力为 $\sigma = \frac{N}{A}$，这是拉（压）杆件工作时由荷载所引起的应力，故又称工作应力。为了保证杆件安全正常地工作，杆内最大工作应力不得超过材料的许用应力，即

$$\sigma_{max} = \frac{|N|}{A} \leqslant [\sigma] \tag{5.12}$$

式中　　σ_{max}——杆内横截面上的最大工作应力；

　　　　N——产生最大工作应力截面上的轴力，这个截面称危险截面；

　　　　A——危险截面的截面面积；

　　　　$[\sigma]$——材料的许用应力。

式(5.12)称为轴向拉（压）杆的强度条件。

对于等直杆件，轴力最大的截面就是危险截面；对于轴力不变而截面变化的杆，则截面积最小的截面是危险面。

3. 强度计算

根据强度条件，可以解决工程上三种不同类型的强度问题，即：

(1) 校核强度。已知杆的材料、横截面形状、尺寸和承受的荷载，直接用式(5.12)可以检查构件是否满足安全可靠的要求。在工程计算中，准许最大工作应力略大于许用应力，一般以不超过许用应力的 5% 为宜。

(2) 设计截面。已知杆的材料、承受的荷载，要求确定截面面积或尺寸。为此，将式(5.12)改写为

$$A \geqslant \frac{|N|}{[\sigma]}$$

根据上式，可以计算出必须的横截面面积。根据已知的横截面形状，就能确定横截面尺寸或查型钢表即可确定型钢的型号。

(3) 确定许用荷载。已知构件的受力形式、材料和横截面形状、尺寸，可按强度条件来确定构件能承受的最大轴力，然后计算允许承受的最大荷载。式(5.12)可改写为

$$[N] \leqslant A[\sigma]$$

【例5.6】　用绳索起吊钢筋混凝土管子，如图5.17(a)所示。如管子的重量 $W = 10$ kN，绳索的直径 $d = 40$ mm，许用应力 $[\sigma] = 10$ MPa，试校核绳索的强度。

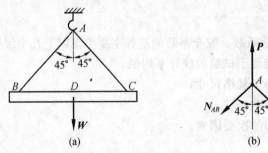

图 5.17

解 (1)计算绳子的内力

用截面法取结点 A 为研究对象(图 5.17(b)),由对称关系可设 AB、AC 两绳的轴力都是 N,写出平衡方程

$$\sum Y=0, \quad P-2N\cos\alpha=0$$

$$P=W, \quad N=\frac{P}{2\cos 45°}=\frac{10\ \text{kN}}{2\cos 45°}\approx 7.07\ \text{kN}$$

(2)校核强度

绳子的最大正应力为

$$\sigma_{max}=\frac{N}{A}=\frac{7.07\times 10^3}{\dfrac{\pi\times 40^2}{4}}\ \text{MPa}\approx 5.63\ \text{MPa}<[\sigma]=10\ \text{MPa}$$

所以绳索满足强度条件。

【**例 5.7**】 图 5.18(a)为一木构架,在 D 点承受集中荷载 $P=10\ \text{kN}$。已知斜杆 AB 为正方形截面的木杆,材料许用应力 $[\sigma]=10\ \text{MPa}$。求斜杆的截面尺寸。

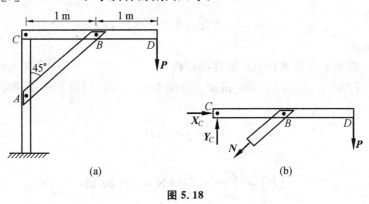

图 5.18

解 (1)计算斜杆内力

因 A、B 处为铰接,斜杆 AB 为二力杆。取 CD 杆为研究对象(图 5.18(b)),由平衡方程

$$\sum M_C=0, \quad -P\times 2\ \text{m}-N\times 1\ \text{m}\times\sin 45°=0$$

$$N=-\frac{2P}{\sin 45°}=-\frac{2\times 10\ \text{kN}}{\sin 45°}\approx -28.3\ \text{kN(压)}$$

(2)确定截面尺寸

按强度条件,斜杆的截面面积为

$$A\geqslant\frac{|N|}{[\sigma]}=\frac{28.3\times 10^3}{10}\ \text{mm}^2=2\ 830\ \text{mm}^2$$

故截面边长

$$a=\sqrt{A}\geqslant\sqrt{2\ 830}\ \text{mm}\approx 53.20\ \text{mm}$$

取 $a=60\ \text{mm}$。

【**例 5.8**】 图 5.19(a)所示三角形托架,AB 为钢杆,其横截面面积为 $A_1=400\ \text{mm}^2$,许用应力 $[\sigma]=170\ \text{MPa}$;BC 为木杆,其横截面面积为 $A_2=10\ 000\ \text{mm}^2$,许用压应力为 $[\sigma_C]=10\ \text{MPa}$。试求荷载 P 的最大值 P_{max}。

解 (1)求两杆的轴力与荷载的关系

取节点 B 为研究对象(图 5.19(b)),由平衡方程

$$\sum Y=0, \quad -N_2\sin 30°-P=0$$

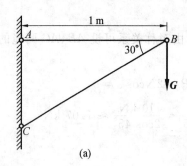
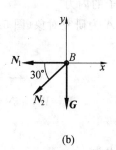

(a)　　　　　　　　　　　　(b)

图 5.19

得

$$N_2 = -\frac{P}{\sin 30°} = -2P(压)$$

$$\sum X = 0, \quad -N_2\cos 30° - N_1 = 0$$

得

$$N_1 = -N_2\cos 30° = \sqrt{3}P(拉)$$

（2）计算许用荷载

先根据杆 AB 的强度条件计算杆 AB 的许用荷载：

$$[N_1] \leqslant A_1[\sigma] = 400 \ \text{mm}^2 \times 170 \ \text{MPa} = 68 \times 10^3 \ \text{N} = 68 \ \text{kN}$$

而

$$[N_1] = \sqrt{3}P$$

所以

$$[P] = \frac{[N_1]}{\sqrt{3}} \leqslant \frac{68}{\sqrt{3}} \ \text{kN} \approx 39.26 \ \text{kN}$$

再根据杆 BC 的强度条件计算杆 BC 的许用荷载：

$$[N_2] \leqslant A_2[\sigma_C] = 10 \ 000 \ \text{mm}^2 \times 10 \ \text{MPa} = 100 \times 10^3 \ \text{kN}$$

而

$$[N_2] = 2[P]$$

所以

$$[P] = \frac{[N_2]}{2} \leqslant \frac{100}{2} \ \text{kN} = 50 \ \text{kN}$$

为了保证两杆都能安全地工作，荷载 P 的最大值为

$$P_{\max} = 39.26 \ \text{kN}$$

4．应力集中的概念

等截面直杆受轴向拉伸或压缩时，横截面上的应力是均匀分布的。如果截面尺寸有突然的变化，则在截面突变处应力就不是均匀分布了。 例如，开有圆孔的直杆受到轴向拉伸时（图5.20(a)），在圆孔附近的局部区域内，应力的数值剧烈增加，而在离开这一区域稍远的地方，应力迅速降低而趋于均匀（图5.20(b)）。 这种由于杆件外形的突然变化而引起局部应力急剧增大的现象，称为应力集中。

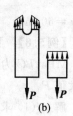

(a)　　　(b)

图 5.20

5.应力集中对构件强度的影响

应力集中对构件强度的影响随构件材料性能不同而异。塑性材料具有屈服阶段,当应力集中处的 $\sigma_{\max}$ 达到材料的屈服极限时,若继续增大外力,该点应力不会增大,只是应变增加,而其他点处的应力继续增大,外力不断加大,截面上到达屈服极限的区域也逐渐扩大,直至整个截面各点应力都达到屈服极限,构件才丧失工作能力。因此,塑性材料构件,尽管有应力集中,却并不显著降低抵抗荷载的能力,所以强度计算中可以不考虑应力集中的影响。脆性材料没有屈服阶段,当应力集中处的 $\sigma_{\max}$ 达到材料的强度极限时,将引起局部断裂,从而导致整个构件断裂,大大降低了构件的承载能力,因此,必须考虑应力集中对强度的影响。

>>>

技术提示:

1.轴向拉(压)杆强度条件 $\sigma_{\max} = \dfrac{|N|}{A} \leqslant [\sigma]$;

2.强度条件解决三种不同类型的强度问题:

(1) 校核强度;(2) 设计截面 $A \geqslant \dfrac{|N|}{[\sigma]}$;(3) 确定许用荷载 $[N] \leqslant A[\sigma]$。

重点串联 ▶▶▶

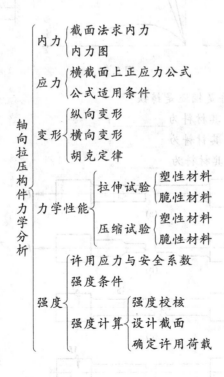

拓展与实训

▶ 基础训练 ▪▪▪

1.填空题

(1) 某材料的 $\sigma-\varepsilon$ 曲线如图 5.21 所示,则材料的屈服极限 $\sigma_s=$ _____ MPa,强度极限 $\sigma_b=$ _____ MPa,弹性模量 $E=$ _____ GPa,强度计算时,若取安全系数为 2,那么材料的许用应力 $[\sigma]=$ _____ MPa。

(2) 三根试件的尺寸相同,但材料不同,其 $\sigma-\varepsilon$ 曲线如图 5.22 所示,试说明哪一种材料:强度高 _____,塑性好 _____,刚度大 _____。

(3) 如图 5.3 所示,已知杆的横截面积 $A=10$ mm²,则 $\sigma_{max}=$ _____,当 $x=$ _____ 时,杆的长度不变。

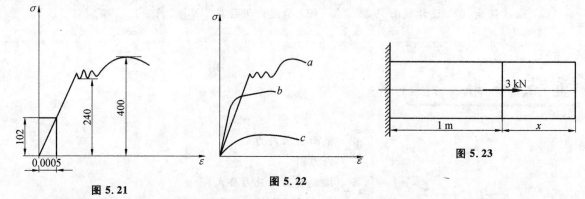

图 5.21　　　　　　图 5.22　　　　　　图 5.23

(4) 试判断图 5.24 所示试件是钢还是铸铁?

(a) 其材料为 _____ ;(b) 其材料为 _____ ;

(c) 其材料为 _____ ;(d) 其材料为 _____ ;

(e) 其材料为 _____ ;(f) 其材料为 _____ 。

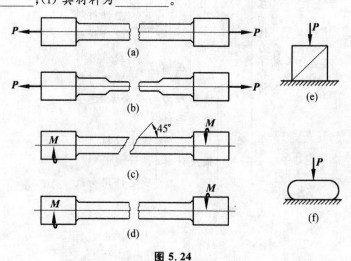

图 5.24

2.单项选择题

(1) 等截面直杆在两个外力的作用下发生压缩变形时,外力所具备的特点一定是等值( )。

A.反向、共线   B.反向过截面形心

C.方向相对,作用线与杆轴线重合   D.方向相对,沿同一直线作用

(2)图 5.25 所示一阶梯杆件受拉力 P 的作用,其截面 $1-1$、$2-2$、$3-3$ 上的内力分别为 N_1、N_2 和 N_3,三者的关系为( )。

A. $N_1 \neq N_2$,$N_2 \neq N_3$ B. $N_1 \neq N_2$,$N_2 = N_3$

C. $N_1 = N_2$,$N_2 > N_3$ D. $N_1 = N_2$,$N_2 < N_3$

(3)图 5.26 所示阶梯杆,CD 段为铝,横截面面积为 A;BC 和 DE 段为钢,横截面面积均为 $2A$,设 $1-1$、$2-2$、$3-3$ 截面上的正应力分别为 σ_1、σ_2、σ_3。则其大小次序为( )。

A. $\sigma_1 > \sigma_2 > \sigma_3$ B. $\sigma_2 > \sigma_3 > \sigma_1$

C. $\sigma_3 > \sigma_1 > \sigma_2$ D. $\sigma_2 > \sigma_1 > \sigma_3$

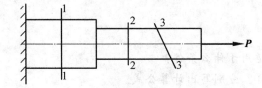 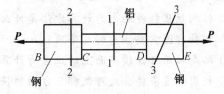

图 5.25   图 5.26

(4)轴向拉伸杆,正应力最大的截面和剪应力最大的截面( )。

A.分别是横截面、45°斜截面   B.都是横截面

C.分别是 45°斜截面、横截面   D.都是 45°斜截面

(5)设轴向拉伸杆横截面上的正应力为 σ_1,则 45°斜截面上的正应力和剪应力( )。

A.分别为 $\sigma/2$ 和 σ B.均为 σ

C.分别为 σ 和 $\sigma/2$ D.均为 $\sigma/2$

(6)材料的塑性指标有( )。

A. σ_2 和 δ B. σ_s 和 ψ

C. δ 和 ψ D. σ_3 和 ψ

(7)图 5.27 所示一等直杆在两端承受拉力作用,若其一半为钢,一半为铝,则两段的( )。

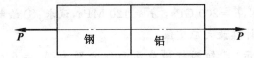

图 5.27

A.应力相同,变形相同   B.应力相同,变形不同

C.应力不同,变形相同   D.应力不同,变形不同

(8)图 5.28 所示杆件受到大小相等的四个轴向力 P 的作用,其中( )段的变形为零。

A. AB B. AC C. AD D. BC

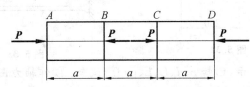

图 5.28

(9)图 5.29 所示钢梁 AB 由长度和横截面面积相等的钢杆 1 和铝杆 2 支承,在荷载 P 作用下,欲使钢梁平行下移,则荷载 P 的作用点应( )。

A.靠近 A 端   B.靠近 B 端

C. 在 AB 梁的中点　　　　　　D. 任意点

(10) 图 5.30 所示，同一种材料制成的阶梯杆，欲使 $\sigma_1 = \sigma_2$，则两杆直径 d_1 和 d_2 的关系为（　　）。

A. $d_1 = 1.414 d_2$　　　　　　B. $d_1 = 0.704 d_2$

C. $d_1 = d_2$　　　　　　　　　D. $d_1 = 2 d_2$

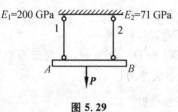

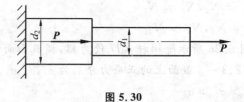

图 5.29　　　　　　　　　　　　图 5.30

3. 简答题

(1) 轴向拉压杆件的内力计算方法是什么？

(2) 作轴力图需要注意哪些事项？

(3) 轴向拉压杆件横截面上的正应力计算公式适用于什么条件？

(4) 利用强度条件公式可做哪三方面的强度计算？分别写出计算公式。

(5) 低碳钢的拉伸试验中，杆件应力应变发生哪些变化？阶段如何划分？各有何特点？

4. 综合题

(1) 正方形截面的阶梯形杆如图 5.31 所示，已知材料的 $E = 200$ GPa，$\mu = 0.25$，尺寸 $a = 20$ mm，$b = 10$ mm，$P = 2$ kN。试求：① 作杆的轴力图；② 计算杆的 $\sigma_{\max T}$ 和 $\sigma_{\max}$；③ 计算杆的绝对变形为 ΔL_{AD}；④ 计算 CD 段的横向绝对变形 Δb。

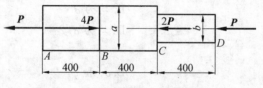

图 5.31

(2) 圆形截面的阶梯形杆如图 5.32 所示，已知两段的横截面面积分别为 $A_1 = 40$ mm²，$A_2 = 20$ mm²；$P_1 = 2$ kN，$P_2 = 1$ kN，$E = 200$ GPa，$[\sigma] = 120$ MPa，试求：① 绘制杆的轴力图；② 校核其强度；③ 计算杆的总变形 ΔL_{AD}；④ 计算最大应变值 $\varepsilon_{\max T}$。

(3) 三角架如图 5.33 所示，已知两杆横截面面积分别为 $A_1 = 6$ cm²，$A_2 = 100$ cm²，且 $[\sigma]_1 = 160$ MPa，$[\sigma]_2 = 7$ MPa，试求此三角架能承受的最大许可荷载？

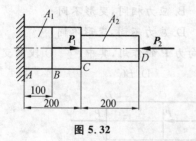

图 5.32

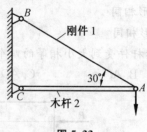

图 5.33

(4) 直杆受力如图 5.34 所示，已知 ρ、d、L、E、$[\sigma]$。试求：① 作轴力图；② 建立 AC 杆的强度条件；③ 求最大的剪应力 $\tau_{\max T}$，④ 求 AC 杆为绝对变形 ΔL_{AC}。

(5) 三角构架如图 5.35 所示，钢杆 AB 直径 $d = 30$ mm，许用应力 $[\sigma]_1 = 160$ MPa，木板 BC 的面积 $A_2 = 5\ 000$ mm²，许用应力 $[\sigma]_2 = 8$ MPa，承受荷载 $P = 80$ kN，试求：

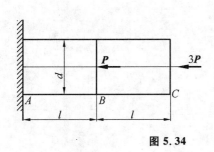

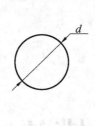

图 5.34

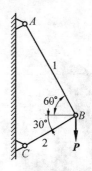

图 5.35

① 校核三角构架的强度；

② 为了节省材料，两杆横截面尺寸应取多大。

▶ 工程技能训练 ⋗⋗⋗

轴向拉压杆件横截面上正应力强度计算

1. 训练目的

(1) 熟悉截面法计算轴力，以及绘制轴力图的方法；

(2) 理解轴向拉压杆件的平衡条件；

(3) 掌握轴向拉压杆件强度计算公式。

2. 训练要求

(1) 使用绘图工具绘制轴力图，训练绘图能力；

(2) 掌握截面法计算轴向拉压杆件任意横截面上的轴力；

(3) 会应用轴向拉压杆件强度计算公式进行强度校核、设计截面、确定容许荷载。

3. 训练内容和条件

(1) 三角架如图 5.36 所示，两杆材料相同，许用正应力，$[\sigma_拉]=40$ MPa，$[\sigma_压]=120$ MPa，AB 杆横截面面积为 $A_1=100$ mm²，为充分地发挥构件的承载能力，试求 AC 杆横截面面积 A_2 的合理值和荷载 W 的许可值。

(2) 圆形截面的阶梯轴如图 5.37 所示，$A_1=8$ cm²，$A_2=4$ cm²，$E=200$ GPa，$[\sigma]=120$ MPa，试作杆的轴力图并校核其强度。

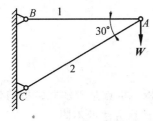

图 5.36

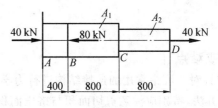

图 5.37

模块 6
剪切与挤压构件力学分析

教学聚焦

工程中连接结构使用极其广泛,对其进行力学特性分析和实用计算是很有必要的。

知识目标

◆ 理解剪切与挤压的基本概念;

◆ 掌握剪切实用计算的方法;

◆ 掌握挤压实用计算的方法;

◆ 了解切应变与剪切胡克定律。

技能目标

◆ 能够对剪切构件进行力学分析与检算;

◆ 能够对挤压构件进行力学分析与检算。

课时建议

6 课时

教学重点或难点

本模块主要针对工程中常用的连接结构进行力学特性分析。重点是理解并掌握剪切、挤压的力学分析与实用计算方法,特别应注意剪切面积与挤压面积位置与计算方法的不同。

6.1 剪切构件力学分析

例题导读

【例6.1】讲解了剪切强度的校核方法;【例6.2】讲解了通过对铰制孔螺栓的直径的计算,校核是否满足剪切强度的要求。

知识汇总

· 剪切受力和变形特点;

· 剪切内力、剪切应力、剪切强度的相关实用计算;

· 剪切胡克定律与切应变的特点及相关计算方法。

工程中通常采用螺栓、铆钉、销钉、键及焊接等方式将一些构件相互连接起来,这些起连接作用的部件,称为连接件。图6.1所示为常见的一些连接结构。

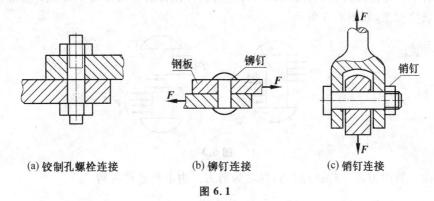

(a) 铰制孔螺栓连接　　　(b) 铆钉连接　　　(c) 销钉连接

图 6.1

连接件在工作中起着传递荷载的作用,结构虽小,却对设备运行有着关键性的作用。那么,对连接结构如何进行力学分析呢?

6.1.1 剪切受力和变形特点

图6.2(a)所示为两块钢板采用铆钉连接,钢板受轴向拉力 F 的作用。铆钉的受力简图如图6.2(b)所示,铆钉上受到被连接件上、下钢板给它的压力 F 作用,此压力是作用在铆钉半圆柱面上的分布压力的合力,并且这两个合力大小相等、方向相反、作用线相距很近而且垂直于铆钉的轴线。在这样的外力作用下,连接件铆钉将沿截面 $m-m$ 发生相对错动,如图6.2(c)所示,铆钉的这种变形称为剪切变形。发生相对错动的截面 $m-m$ 称为剪切面,剪切面与外力的作用面平行,当外力足够大时,铆钉将沿剪切面被剪断。

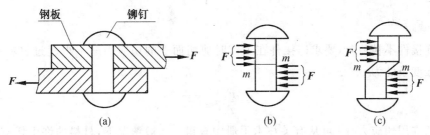

(a)　　　　　(b)　　　　　(c)

图 6.2

由以上分析不难看出:

(1)剪切受力特点为:连接件受到大小相等、方向相反、作用线相距很近并且垂直于连接件轴线的两个外力的作用。

（2）剪切变形的特点为：连接件将沿两外力作用线之间的截面发生相对错动。

6.1.2 剪切实用计算

1. 剪切内力

以图 6.2 所示铆钉连接为例，利用截面法将受剪构件铆钉沿剪切面 $m-m$ 截开分成两部分，并以其中的一部分为研究对象，如图 6.3 所示。

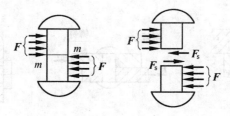

图 6.3

$m-m$ 截面上的内力 F_s 与截面相切，称之为剪力。由平衡条件可得

$$F_s = F$$

2. 剪切应力

求得剪切面上的内力还不能进行剪切强度计算，因为与剪切强度直接关联的是内力的集度，即剪切应力。那么在剪切面上的应力分布如何呢？这是一个比较复杂的问题。一般而言，铆钉在外力作用下，不仅发生剪切变形，还会有很小的拉伸变形以及弯曲变形。由于实际变形比较复杂，剪切变形不仅存在切应力，而且还有正应力，并且切应力为非均匀分布，要对其进行精确的强度计算是很困难的。但由于铆钉长度较小，横截面尺寸与之相比更小，所以，工程上采用实用计算的方法。

在剪切实用计算方法中，忽略其他变形影响，只考虑连接件的主要变形 —— 剪切变形，即假定剪切面上仅有均匀分布的剪应力。若以 A 表示剪切面面积，则剪切面上应力的大小为

$$\tau = \frac{F_s}{A}$$

3. 剪切强度条件

为了保证连接件不被剪断，要求连接件在工作时剪切面上的切应力 τ 不得超过材料的许用切应力 $[\tau]$，因此剪切强度条件为

$$\tau = \frac{F_s}{A} \leqslant [\tau]$$

各种材料的许用切应力 $[\tau]$ 可从有关技术手册中查得。一般情况下，材料的许用切应力 $[\tau]$ 与许用拉应力 $[\sigma]$ 之间有如下关系：

对脆性材料：$\qquad\qquad\qquad [\tau] = (0.6 \sim 0.8)[\sigma]$

对塑性材料：$\qquad\qquad\qquad [\tau] = (0.8 \sim 1.0)[\sigma]$

根据剪切强度条件，可以解决在工程实际中的以下三种强度计算问题：

（1）强度校核

$$\tau = \frac{F_s}{A} \leqslant [\tau]$$

（2）尺寸设计

$$A \geqslant \frac{F_s}{[\tau]}$$

（3）确定许用荷载

$$F \leqslant A[\tau]$$

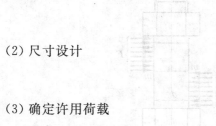

技术提示：

剪切实用计算突出了实用意义，在实际工程中，不再对复杂的理论变形状态进行深入细致的研究，只需应用简化的切应力计算公式完成强度计算即可。

【例6.1】 电机车挂钩由销钉连接，如图6.4(a)所示。已知荷载$F=188$ kN，销钉直径$d=90$ mm，吊杆端部厚度$\delta_1=110$ mm，耳板厚度$\delta_2=75$ mm，吊杆、耳板和销钉的材料相同，其许用切应力$[\tau]=90$ MPa。试校核销钉的剪切强度。

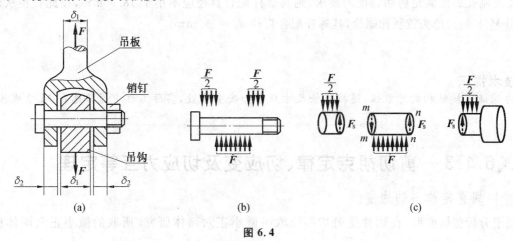

图 6.4

解 销钉受力如图6.4(b)所示。由受力情况可知，销钉中段相对于上、下两段沿$m-m$和$n-n$两个截面都有错动，这两个截面都是剪切面。这种情况称为双剪切。

沿$m-m$和$n-n$截面切开取研究对象，如图6.4(c)所示。由平衡条件可得剪切面上的剪力为

$$F_s = \frac{F}{2} = \frac{188}{2} \text{ kN} = 94 \text{ kN}$$

剪切面面积为

$$A = \frac{\pi d^2}{4} = \frac{\pi \times 90^2}{4} \text{ mm}^2 \approx 6\,358.5 \text{ mm}^2$$

则销钉横截面上的切应力为

$$\tau = \frac{F_s}{A} = \frac{94 \times 10^3}{6\,358.5} \text{ MPa} \approx 14.78 \text{ MPa} < [\tau] = 90 \text{ MPa}$$

故销钉满足强度要求。

【例6.2】 图6.5(a)所示为铰制孔螺栓连接，已知钢板的厚度$\delta=10$ mm，螺栓的许用切应力$[\tau]=100$ MPa，外力$F=28$ kN，试选择该铰制孔螺栓的直径。

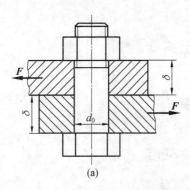 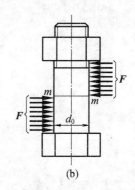

图 6.5

解 铰制孔螺栓受力如图 6.5(b) 所示,可以看出,螺栓的破坏是沿 $m-m$ 截面被切断。用截面法可求得剪切内力为

$$F_s = F = 28 \text{ kN}$$

按剪切强度条件设计铰制孔螺杆直径 d_0 为

$$d_0 \geqslant \sqrt{\frac{4F_s}{\pi[\tau]}} = \sqrt{\frac{4 \times 28 \times 10^3}{\pi \times 100}} \text{ mm} \approx 18.9 \text{ mm}$$

若要铰制孔螺栓满足剪切强度的要求,则其螺杆配合直径应不小于 18.9 mm,按此直径从设计手册中选用 M18 的六角头铰制孔螺栓,其螺杆配合直径 $d_0 = 19$ mm。

技术提示:
为保证连接结构的可靠性,连接螺栓尺寸应增加安全系数,实际工程中通常选用 M20 螺栓。

6.1.3 剪切胡克定律、切应变及切应力互等定理

1.剪切胡克定律与切应变

为便于分析剪切变形,在构件受剪切部位取一微小正六面体研究,所取的微小正六面体称为单元体。

剪切变形时,单元体截面将产生相对错动,致使正六面体变为平行六面体,如图 6.6(a) 所示。当构件发生变形后,上述正六面体除棱边的长度发生改变外,两条垂直线段 AC 和 AB 之间的夹角也将可能发生变化,不再保持为直角,这种角度的改变量 γ 称为切应变,通常用弧度(rad)度量。

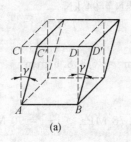 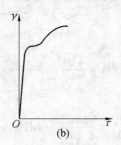

图 6.6

实验表明:当切应力不超过材料的剪切比例极限时,横截面上的切应力 τ 与切应变 γ 成正比,如图 6.6(b) 所示。即

$$\tau \propto \gamma$$

引入比例常数 G,得

$$\tau = G\gamma$$

式中 G—— 比例常数,称为材料的剪切弹性模量,其单位与剪应力的单位相同,常用单位是 GPa。当切应力 τ 不变时,G 越大,切应变 γ 就越小,所以 G 表示材料抵抗剪切变形的能力。一般钢材的剪切弹性模量 G 约为 80 GPa。

这就是剪切胡克定律的表达式。

通过试验可以证明,对于各向同性的材料,剪切弹性模量 G、材料的弹性模量 E 和泊松比 μ 三个弹性常数之间存在着一定的关系

$$G = \frac{E}{2(1+\mu)}$$

也就是说,这三个弹性常数中只有两个是独立的。

2.切应力互等定理

在单元体的左右两个侧面上只有切应力,而无正应力,此种单元体发生的变形,称为纯剪切。如图 6.7 所示,在单元体相距 dx 的两个平行平面上有一对大小相等、方向相反的切应力,由单元体的静力平衡条件可知,在单元体相距 dy 的上、下两侧面上也存在大小相等、方向相反的切应力。可以得出

$$\tau = \tau'$$

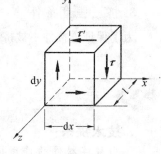

图 6.7

上式表明:在相互垂直的两个平面上,切应力必然成对存在。而且它们的大小相等,两者都垂直于两个平面的交线,方向则共同指向或共同背离这一交线。这就是切应力互等定理。

6.2 挤压构件力学分析

例题导读

【例 6.3】讲解了连接件挤压强度计算的方法;【例 6.4】讲解了连接件同时受挤压强度和剪切强度控制的强度计算方法;【例 6.5】讲解了按照挤压强度计算设计连接件截面尺寸的方法。

知识汇总

• 挤压力、挤压应力与挤压强度计算;

• 挤压面面积的计算。

实践总结发现,连接结构在外力的作用下,连接件除发生剪切破坏外,连接件与被连接件在接触面上相互压紧,使接触处的局部区域发生塑性变形或压坏,从而导致连接结构失效,因此,在对连接件进行剪切强度计算之外,还要对其进行挤压强度计算。

6.2.1 挤压实用计算

1.挤压力

挤压面上的压力称为挤压力,用 F_{bs} 表示。如图 6.8 所示,挤压力分析方法与剪力分析方法相同,其大小可根据被连接件所受的外力,由静力平衡条件求得,即

$$F_{bs} = F$$

2.挤压应力

挤压应力在挤压面上的分布情况比较复杂,它与连接件与被连接件接触的方式、接触面的形状等因

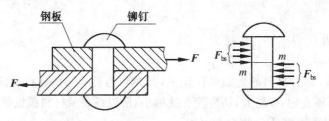

图 6.8

素有关。工程计算中也采用实用计算的方法，即假设挤压应力在挤压计算面积上均匀分布。以 A_{bs} 代表挤压面面积，可得挤压应力为

$$\sigma_{bs}=\frac{F_{bs}}{A_{bs}}$$

挤压应力 σ_{bs} 与直杆压缩时的压应力 σ 不同，压应力 σ 遍及整个杆件的内部，在横截面上是均匀分布的；而挤压应力 σ_{bs} 则只限于接触面附近的局部区域，而且在接触面上的分布情况比较复杂。

3. 挤压强度条件

为了保证连接件不被挤压破坏，相应的挤压强度条件为

$$\sigma_{bs}=\frac{F_{bs}}{A_{bs}}\leqslant [\sigma_{bs}]$$

>>>

技术提示：

　　当被连接件的许用挤压应力低于连接件的许用挤压应力时，还须用公式对被连接件进行校核。

6.2.2 挤压面面积的计算

1. 连接件与被连接件的接触面为平面

如图 6.9 所示的平键连接，连接件与被连接件的接触面为平面，接触面面积就是挤压面面积。若接触面的尺寸如图 6.9 所示，则挤压面面积 A_{bs} 为

$$A_{bs}=\frac{hl}{2}$$

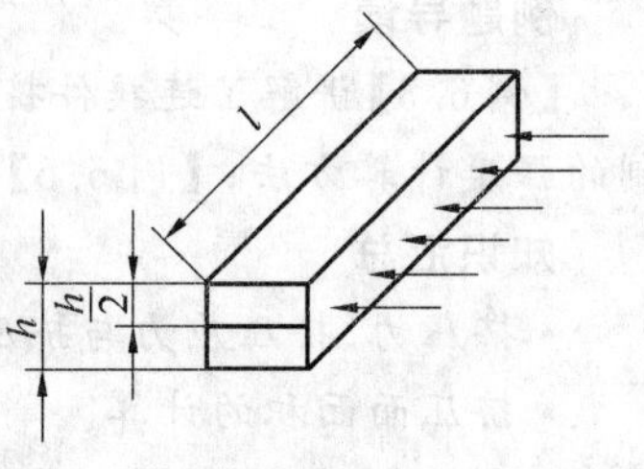

图 6.9

2. 连接件与被连接面的接触面为圆柱面

螺栓、销钉、铆钉等连接结构中，连接件与被连接件孔间的接触面为圆柱表面，挤压应力的分布情况如图 6.10 所示。最大应力在挤压面的中点处，而两侧应力为零。

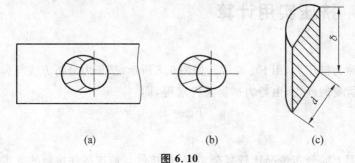

(a)　　　　　(b)　　　　　(c)

图 6.10

在实用计算中,以实际挤压面的正投影面积(直径面面积)作为挤压面的计算面积,即挤压面面积 A_{bs} 为

$$A_{bs} = \delta d$$

【例 6.3】 例 6.1 中,若销钉的挤压许用应力 $[\sigma_{bs}] = 120$ MPa,试校核销钉的挤压强度。

解 从图 6.4(b)中可以看出,销钉的左右两段受到向下的挤压力的作用,中段受到向上的挤压力的作用,大小为

$$F_{bs} = F = 188 \text{ kN}$$

由于销钉的挤压面是部分圆柱面,故在实用计算中,可以用销钉的直径面面积作为挤压面面积 A_{bs}。而中段的挤压面面积($A_{bs1} = \delta_1 d$)小于左右两段的挤压面面积之和($A_{bs2} = 2\delta_2 d$),因此,应该校核中段的挤压强度。

$$\sigma_{bs} = \frac{F_{bs}}{A_{bs}} = \frac{F}{\delta_1 d} = \frac{188 \times 10^3}{110 \times 90} \text{ MPa} \approx 19 \text{ MPa} < [\sigma_{bs}] = 120 \text{ MPa}$$

故满足强度要求。

【例 6.4】 挖掘机减速器的一轴上装有一个齿轮,齿轮与轴通过圆头平键连接,如图 6.11 所示。已知键所受的力为 $F = 12.1$ kN。平键的尺寸为:$b = 28$ mm,$h = 16$ mm,$L = 70$ mm,圆头半径 $R = 14$ mm。键的许用剪应力 $[\tau] = 87$ MPa,许用挤压应力 $[\sigma_{bs1}] = 150$ MPa,轮毂的许用挤压应力 $[\sigma_{bs2}] = 100$ MPa。试校核该平键连接的强度。

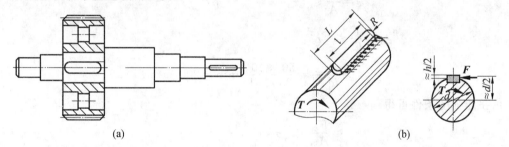

(a)   (b)

图 6.11

解 (1) 校核剪切强度

键的受力情况如图 6.11(b)所示,此时剪切面上的剪力为

$$F_s = F = 12.1 \text{ kN}$$

对于圆头平键,其圆头部分略去不计,故剪切面面积为

$$A = bl = b(L - 2R) = 28 \text{ mm} \times (70 - 2 \times 14) \text{mm} = 1\,176 \text{ mm}^2$$

则平键的工作切应力为

$$\tau = \frac{F_s}{A} = \frac{12.1 \times 10^3}{1\,176} \text{ MPa} \approx 10.29 \text{ MPa} < [\tau] = 87 \text{ MPa}$$

故该平键连接满足剪切满足强度要求。

(2) 校核挤压强度

与轴和键相比,通常轮毂抵抗挤压的能力较弱,键连接结构的挤压强度校核只需对轮毂进行校核即可。

轮毂挤压面上的挤压力为

$$F_{bs} = F = 12.1 \text{ kN}$$

轮毂挤压面的面积与键的挤压面面积相同,设键与轮毂的接触高度为 $h/2$,则挤压面面积为

$$A_{bs} = \frac{h}{2} l = \frac{h}{2}(L - 2R) = \frac{16}{2} \text{ mm} \times (70 - 2 \times 14) \text{mm} = 336 \text{ mm}^2$$

轮毂工作挤压应力为

$$\sigma_{bs} = \frac{F_{bs}}{A_{bs}} = \frac{12.1 \times 10^3}{336} \, \text{MPa} = 36 \, \text{MPa} < [\sigma_{bs2}] = 100 \, \text{MPa}$$

故该平键连接满足挤压强度要求。

由于该平键连接同时满足剪切和挤压强度要求，所以该结构工作安全。

【例 6.5】 图 6.12 所示为矩形截面木拉杆的接头结构。已知轴向拉力 $F = 50 \, \text{kN}$，截面的宽度 $b = 250 \, \text{mm}$，木材顺纹的许用挤压应力 $[\sigma_{bs}] = 10 \, \text{MPa}$，顺纹的许用切应力 $[\tau] = 1 \, \text{MPa}$。试求接头处所需的尺寸 l 和 a。

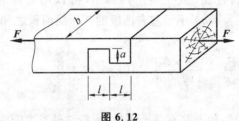

图 6.12

解 木拉杆的接头应同时满足剪切强度条件和挤压强度条件。

(1) 由剪切强度条件可得

$$\tau = \frac{F_s}{A} \leqslant [\tau]$$

$$\frac{F}{bl} \leqslant [\tau]$$

$$l \geqslant \frac{F}{b[\tau]} = \frac{50 \times 10^3}{250 \times 1} \, \text{mm} = 200 \, \text{mm}$$

(2) 由挤压强度条件可得

$$\sigma_{bs} = \frac{F_{bs}}{A_{bs}} \leqslant [\sigma_{bs}]$$

$$\frac{F}{ab} \leqslant [\sigma_{bs}]$$

$$a \geqslant \frac{F}{b[\tau]} = \frac{50 \times 10^3}{250 \times 10} \, \text{mm} = 20 \, \text{mm}$$

所以，可取 $a = 20 \, \text{mm}$，$l = 200 \, \text{mm}$。

实际工作中，受力构件同时产生剪切变形和挤压变形，它们都可能导致构件破坏。挤压变形的研究方法与剪切变形相关，它们的内力都由外力决定，但同一构件剪切面与挤压面不同，在强度计算中应加以注意。

根据挤压强度条件，可以解决在工程实际中的以下三种强度计算问题：

(1) 强度校核

$$\sigma_{bs} = \frac{F_{bs}}{A_{bs}} \leqslant [\sigma_{bs}]$$

(2) 尺寸设计

$$A_{bs} \geqslant \frac{F_{bs}}{[\sigma_{bs}]}$$

(3) 确定许可荷载

$$F \leqslant A[\sigma_{bs}]$$

重点串联 ▶▶▶

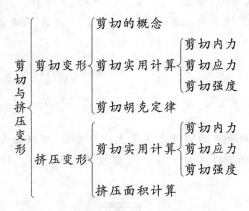

拓展与实训

▶ 基础训练 ⋙

1.填空题

(1)在承受剪切的构件中,发生_____的截面称为剪切面;构件在受剪切时,伴随着发生_____和作用。

(2)剪切面在相邻外力作用线之间,与外力_____;挤压面与外力_____。

(3)受剪切与挤压作用的构件,剪切面面积与挤压面面积_____。

(4)铆钉连接结构如图 6.13 所示,在外力作用下可能产生的破坏方式有_____。

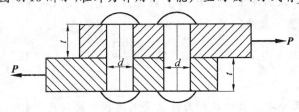

图 6.13

(5)如图 6.14 所示,轮毂与轴采用平键连接,已知轴径为 d,传递的力偶矩为 M。键材料许用剪应力为 $[\tau]$,许用挤压应力为 $[\sigma_{bs}]$,平键尺寸为 b、h、l,则该平键剪切强度条件为_____,挤压强度条件为_____。

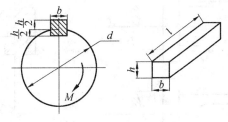

图 6.14

2.单项选择题

(1) 在连接件上,剪切面和挤压面分别( )于外力方向。

A.垂直、平行　　　　B.平行、垂直　　　　C.平行　　　　　　D.垂直

(2) 如图 6.15 所示,插销穿过水平放置的平板上的圆孔,在其下端受一拉力 P,该插销的剪切面积和挤压面积分别等于( )。

A.πdh,$\dfrac{1}{4}\pi D^2$　　　　　　　　　　　B.πdh,$\dfrac{1}{4}\pi(D^2-d^2)$

C.πDh,$\dfrac{1}{4}D^2$　　　　　　　　　　　D.πDh,$\dfrac{1}{4}(D^2-d^2)$

(3) 如图 6.16 所示,在平板和受拉螺栓之间垫上一个垫圈,可以提高( )强度。

A.螺栓的拉伸　　　B.螺栓的剪切　　　C.螺栓的挤压　　　D.平板的挤压

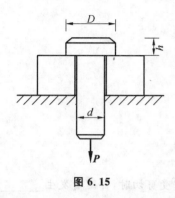
图 6.15

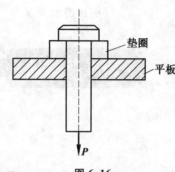
图 6.16

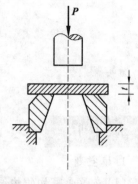
图 6.17

(4) 将构件的许用挤压应力和许用压应力的大小进行对比,可知( ),因为挤压变形发生在局部范围,而压缩变形发生在整个构件上。

A.前者要小些　　　B.前者要大些　　　C.二者大小相当　　　D.二者可大可小

(5) 如图 6.17 所示,冲床的冲压力为 P,冲头的许用应力为 $[\sigma]$,被冲钢板的剪切极限应力为 τ_b,钢板厚度为 t,被冲出的孔的直径应是( )。

A.$\dfrac{P}{\pi t\tau_p}$　　　B.$\dfrac{P}{\pi t[\sigma]}$　　　C.$\sqrt{\dfrac{4P}{\pi t\tau_p}}$　　　D.$\sqrt{\dfrac{4P}{\pi t[\sigma]}}$

3.简答题

(1) 连接件的实用计算中有什么假设?为什么要对连接件的强度进行实用计算?

(2) 挤压与压缩有何区别?挤压作用面面积与挤压计算面积是否相同?

4.综合题

(1) 试确定图 6.18 中各构件的剪切面和挤压面。

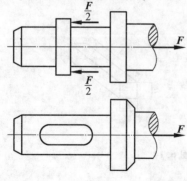

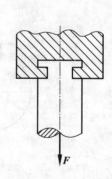

图 6.18

（2）如图 6.19 所示压环式保险器，当过载时，保险器先被剪断，以保护其他零件。若保险器以剪切的形式破坏，剪切面的高度 $h=15$ mm，材料的许用剪切应力 $[\tau]=200$ MPa，最大负载 $F=630$ kN。试确定保险器剪切部分的直径 D。

（3）如图 6.20 所示铸铁制成的皮带轮。已知皮带轮传递的力偶矩 $m=350$ N·m，轴的直径 $d=40$ mm，键的尺寸 $b=12$ mm，$l=35$ mm，$h=8$ mm。若键材料的剪切许用应力 $[\tau]=60$ MPa，铸铁的许用挤压应力 $[\sigma_{bs}]=80$ MPa。试校核键的强度。

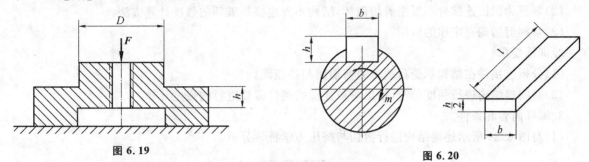

图 6.19   图 6.20

（4）图 6.21 所示凸缘联轴节传递的力偶矩为 $m=200$ N·m，凸缘之间用四只螺栓连接，螺栓内径 $d\approx10$ mm，对称地分布在 $D_0=80$ mm 的圆周上。如螺栓的许用剪应力 $[\tau]=60$ MPa，试校核螺栓的剪切强度。

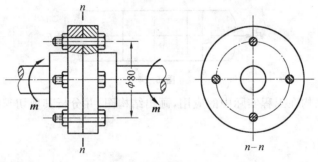

图 6.21

（5）图 6.22 所示机床花键轴有八个齿。轴与轮的配合长度 $l=60$ mm，外力偶矩 $T=4$ kN·m。轮与轴的挤压许用应力为 $[\sigma_{bs}]=140$ MPa，试校核花键轴的挤压强度。

（6）如图 6.23 所示，用夹剪剪断直径 $d_1=3$ mm 的铅丝。若铅丝的极限剪应力约为 100 MPa，试问需多大的力 P？若销钉 B 的直径为 $d_2=8$ mm，试求销钉内的剪应力。

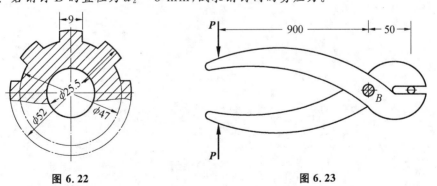

图 6.22   图 6.23

▶ 工程技能训练

连接结构剪切与挤压构件力学分析

1.训练目的

(1)确定连接件的剪切面积和挤压面积。

(2)掌握为保证连接件不发生剪切破坏,结构不发生挤压破坏的强度计算方法。

(3)掌握剪切胡克定律的应用。

2.训练要求

(1)分析连接件在结构承受荷载时的剪切面与挤压面。

(2)对间接结构进行强度分析,指出对被连接的构件需要进行的强度计算。

3.训练内容和条件

(1)对图6.24所示连接结构进行剪切与挤压力学特性分析。

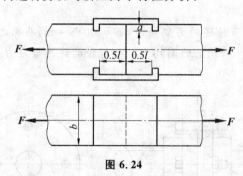

图6.24

(2)举例说明连接结构在工程实际中的应用,画出结构图,并分析其剪切与挤压力学特性。

模块 7
圆轴扭转构件力学分析

教学聚焦

圆轴扭转是构件变形的一种基本形式,实际工程中圆轴扭转的例子随处可见,掌握圆轴扭转构件的力学分析和计算方法是很有必要的。

知识目标

◆理解圆轴扭转的概念;

◆掌握扭矩计算方法和扭矩图的绘制方法;

◆掌握圆轴扭转时横截面上的应力的计算方法;

◆掌握圆轴扭转时的强度计算的方法;

◆掌握圆轴扭转时的刚度计算的方法。

技能目标

◆能够计算圆轴扭转时横截面上的应力;

◆能够进行圆轴扭转时的强度计算和刚度计算。

课时建议

12 课时

教学重点或难点

本模块主要分析圆轴扭转时的强度和刚度问题,重点是根据工程中的轴扭转受力情况,建立扭转强度和刚度条件,来解决工程实际问题。

7.1 剪切构件力学分析

例题导读

【例7.1】讲解了圆轴扭转时的扭矩计算和扭矩图的绘制方法。

知识汇总

· 圆轴扭转的概念；

· 外力偶矩和扭矩的计算，以及扭矩图的绘制。

在工程实际中，我们经常会遇到一些发生扭转变形的轴，例如图7.1所示的汽车传动轴和图7.2所示的电机轴，两个转动方向相反的力偶对轴产生了扭转作用。那么扭转时产生了怎样的内力？如何对扭转时的内力进行分析呢？

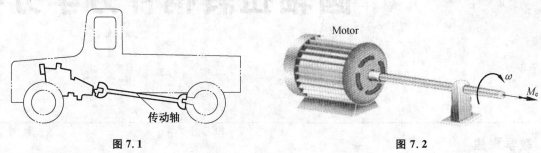

图7.1　　　　　　　　　　　　　　　　　图7.2

1. 圆轴扭转的基本概念

圆轴扭转时的受力特点是：作用在轴两端的一对力偶，大小相等、方向相反，且力偶作用面垂直于轴线。扭转变形的特征是：轴的各横截面绕轴线产生相对转动，使轴产生扭转变形。任意两横截面间相对转过的角度称为扭转角，以符号 φ 表示(图7.3)。

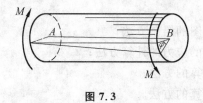

图7.3

2. 外力偶矩的计算

在工程实际中，作用在轴上的外力偶矩一般并不直接给出，通常已知轴所传递的功率 P 和轴的转速 n，因此作用在轴上的外力偶矩 M 可用下式求得：

$$M = 9\,550 \cdot \frac{P}{n} \tag{7.1}$$

式中　M—— 作用在轴上的外力偶矩，N·m；

　　　P—— 轴所传递的功率，kW；

　　　n—— 轴的转速，r/min。

确定外力偶矩的转向时应注意，输入端受到的外力偶矩是带动轴转动的主动力偶矩，它的转向应与轴的转向一致；而输出端受到的外力偶矩是阻力偶矩，它的转向应与轴的转向相反。

3. 扭矩

如图7.4所示，圆轴在外力偶矩的作用下，横截面上产生了抵抗变形和破坏的内力，可用截面法求出内力。现用假想平面 $m-m$ 将轴截开，取左段为研究对象(图7.4(b))，由平衡关系可知，横截面上的内力合成为内力偶矩，这个内力偶矩称为扭矩或转矩，用 T 表示。由平衡条件可求得 T：

$$\sum M = 0$$
$$T - M = 0$$
$$T = M$$

也可取右段为研究对象(图 7.4(c))来求 T。

扭矩的正负符号规定:按右手螺旋法则,矢量方向离开截面的扭矩为正,矢量方向指向截面的扭矩为负。

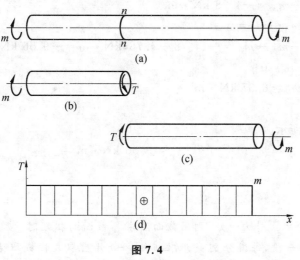

图 7.4

4. 扭矩图

工程上,为了形象地表示各截面扭矩的大小和正负,以便分析危险截面,常需画出各截面扭矩随截面位置变化的图象,这种图象称为扭矩图。其画法为:取平行于轴线的横坐标 x 表示各横截面位置,垂直于轴线的纵坐标表示相应截面上的扭矩 T,正扭矩画在 x 轴上方,负扭矩画在 x 轴下方,如图 7.4所示。

【例 7.1】 已知一传动轴如图 7.5(a)所示,$n = 300 \ \text{r/min}$,主动轮输入 $P_C = 500 \ \text{kW}$,从动轮输出 $P_A = 150 \ \text{kW}$,$P_B = 150 \ \text{kW}$,$P_D = 200 \ \text{kW}$,试绘制扭矩图。

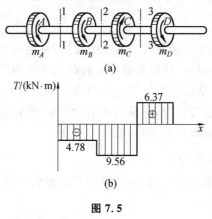

图 7.5

解 (1)计算外力偶矩

$$m_A = 9.55 \times \frac{P_A}{n} = 9.55 \times \frac{150}{300} \ \text{kN} \cdot \text{m} = 4.78 \ \text{kN} \cdot \text{m}$$

$$m_B = 9.55 \times \frac{P_B}{n} = 9.55 \times \frac{150}{300} \ \text{kN} \cdot \text{m} = 4.78 \ \text{kN} \cdot \text{m}$$

$$m_C = 9.55 \times \frac{P_C}{n} = 9.55 \times \frac{500}{300} \text{ kN} \cdot \text{m} = 15.9 \text{ kN} \cdot \text{m}$$

$$m_D = 9.55 \times \frac{P_D}{n} = 9.55 \times \frac{200}{300} \text{ kN} \cdot \text{m} = 6.37 \text{ kN} \cdot \text{m}$$

（2）求扭矩（扭矩按正方向设）

$$\sum m_x = 0, \quad T_1 + m_A = 0$$

$$T_1 = -m_A = -4.78 \text{ kN} \cdot \text{m}$$

$$T_2 + m_A + m_B = 0$$

$$T_2 = -m_A - m_B = -(4.78 + 4.78) \text{kN} \cdot \text{m} = -9.56 \text{ kN} \cdot \text{m}$$

$$T_3 - m_D = 0$$

$$T_3 = m_D = 6.37 \text{ kN} \cdot \text{m}$$

（3）绘制扭矩图

扭矩图如图 7.5（b）所示。

$$|T|_{max} = 9.56 \text{ kN} \cdot \text{m}$$

技术提示：

若轴上作用有两个以上外力偶矩，则用截面法求各截面的扭矩时，应当分段进行。自左向右，每两个外力偶矩之间为一段，每段分别截求扭矩。截开后取左段或取右段来研究，结果是一样的，但应尽量取外力偶矩个数较少的一段研究，这样可以简化计算。

7.2 圆轴扭转的应力

例题导读

【例 7.2】和【例 7.3】讲解了如何求圆轴扭转时横截面上的最大切应力。

知识汇总

· 圆轴扭转横截面的应力计算。

1. 圆轴扭转状态分析

根据上述实验现象，可得出关于圆轴扭转的基本假设：圆轴扭转变形后，轴的横截面仍保持为平面，形状和大小均不变，半径也保持为直线，这就是圆轴扭转时的平面假设。按照这一假设，在扭转变形中，圆轴的横截面就像刚性平面一样，绕轴线旋转了一个角度。由此可见，横截面上各点无轴向变形，故横截面上没有正应力。横截面上存在剪应力，各横截面半径不变，所以以剪应力方向与截面径向垂直。纵向线倾斜的角度 γ 表达了轴变形的剧烈程度，即为轴的切应变。

2. 圆轴扭转时横截面上的应力

切应力计算公式可由几何关系、力学知识等导出。圆轴扭转时横截面上任意点处的切应力计算公式为

$$\tau_\rho = \frac{T\rho}{I_p} \tag{7.2}$$

式中　τ_ρ——横截面上任意点的切应力，MPa；

　　　T——横截面上的扭矩，N·m；

　　　ρ——截面任意点到圆心的距离，mm；

　　　I_p——截面的极惯性矩，mm^4，与截面的形状和尺寸有关。

由上式可见,截面上各点切应力的大小与该点到圆心的距离成正比,并沿半径方向呈线性分布,轴圆周边缘的切应力最大,切应力分布规律如图 7.6 所示。

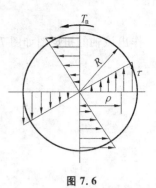

当 $\rho = R$ 时,切应力值最大

$$\tau_{\max} = \frac{TR}{I_p}$$

令 $W_p = \dfrac{I_p}{R}$,则

$$\tau_{\max} = \frac{T}{W_p} \tag{7.3}$$

图 7.6

式中　W_p——圆轴的抗扭截面模量,mm^3。

【例 7.2】 图 7.7 所示为机器中的实心圆轴,$P_1 = 14$ kW,$P_2 = P_3 = P_1/2$,$n_1 = n_2 = 120$ r/min,$z_1 = 36$,$z_3 = 12$,$d_1 = 70$ mm,$d_2 = 50$ mm,$d_3 = 35$ mm。求各轴横截面上的最大切应力。

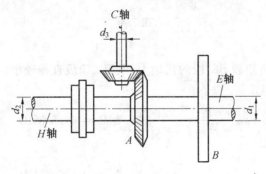

图 7.7

解　(1) 计算各轴的功率与转速

$$P_1 = 14 \text{ kW}, \quad P_2 = P_3 = P_1/2 = 7 \text{ kW}$$

$$n_1 = n_2 = 120 \text{ r/min}$$

$$n_3 = n_1 \times \frac{z_1}{z_3} = \left(120 \times \frac{36}{12}\right) \text{r/min} = 360 \text{ r/min}$$

(2) 计算各轴的扭矩

$$T_1 = M_1 = 9\,550 P_1/n_1 = 1\,114 \text{ N} \cdot \text{m}$$

$$T_2 = M_2 = 9\,550 P_2/n_2 = 557 \text{ N} \cdot \text{m}$$

$$T_3 = M_3 = 9\,550 P_3/n_3 = 185.7 \text{ N} \cdot \text{m}$$

(3) 计算各轴的横截面上的最大切应力

$$\tau_{\max}(E) = \frac{T_1}{W_{p1}} = \left(\frac{16 \times 1\,114}{\pi \times 70^3 \times 10^{-9}}\right) \text{Pa} = 16.54 \text{ MPa}$$

$$\tau_{\max}(H) = \frac{T_2}{W_{p2}} = \left(\frac{16 \times 557}{\pi \times 50^3 \times 10^{-9}}\right) \text{Pa} = 22.69 \text{ MPa}$$

$$\tau_{\max}(C) = \frac{T_3}{W_{p3}} = \left(\frac{16 \times 185.7}{\pi \times 35^3 \times 10^{-9}}\right) \text{Pa} = 21.98 \text{ MPa}$$

【例 7.3】　如图 7.8(a) 所示实心圆轴,AB 段直径 $d_1 = 120$ mm,BC 段直径 $d_2 = 100$ mm,外力偶矩 $M_{eA} = 22$ kN · m,$M_{eB} = 36$ kN · m,$M_{eC} = 14$ kN · m。试求该轴的最大切应力。

解　(1) 作扭矩图

用截面法求得 AB 段、BC 段的扭矩分别为

$$T_1 = M_{eA} = 22 \text{ kN} \cdot \text{m}$$

$$T_2 = -M_{eC} = -14 \text{ kN} \cdot \text{m}$$

作出该轴的扭矩图如图 7.8(b) 所示。

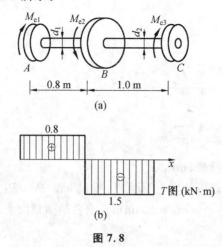

(a)

(b)

图 7.8

（2）计算最大切应力

由扭矩图可知，AB 段的扭矩较 BC 段的扭矩大，但因 BC 段直径较小，所以需分别计算各段轴横截面上的最大切应力。由公式得

AB 段：

$$\tau_{\max} = \frac{T_1}{W_{p1}} = \frac{22 \times 10^6}{\dfrac{\pi}{16} \times 120^3} \text{MPa} = 64.8 \text{ MPa}$$

BC 段：

$$\tau_{\max} = \frac{T_2}{W_{p2}} = \frac{14 \times 10^6}{\dfrac{\pi}{16} \times 100^3} \text{MPa} = 71.3 \text{ MPa}$$

比较上述结果，该轴最大切应力位于 BC 段内任一截面的边缘各点处，即该轴最大切应力为

$$\tau_{\max} = 71.3 \text{ MPa}$$

技术提示：

1. 上述应力公式只适用圆轴在弹性范围内的扭转。对于非圆截面以及超过弹性范围的扭转，横截面的剪应力均为非线性分布，因而应力计算公式因此而异，在此不作深入分析。

2. 当轴上只在两端承受外力偶时，扭矩与其大小相等；当轴上有两个以上外力偶作用时，则必须应用截面法和平衡条件确定所要求的截面上的扭矩，切不可将外力偶矩直接代入应力公式进行计算。

7.3 圆轴扭转时的强度计算

例题导读

【例 7.4】讲解了圆轴扭转时的强度计算；【例 7.5】讲解了圆轴扭转采用空心轴比实心轴合理的原因。

知识汇总

· 极惯性矩与抗扭截面模量；

· 圆轴扭转时的强度计算。

为了保证扭转圆轴的正常工作,应满足圆轴扭转时的强度条件,即轴内最大剪应力不应超过材料的许用剪应力$[\tau]$。

1. 极惯性矩与抗扭截面模量

极惯性矩与抗扭截面模量的大小与截面的形状和尺寸有关。工程上常用的实心圆轴与空心圆轴的极惯性矩与抗扭截面模量按下式计算:

实心轴:

$$I_p = \frac{\pi}{32} d^4 \approx 0.1 d^4$$

$$W_p = \frac{\pi}{16} d^3 \approx 0.2 d^3$$

式中 d—— 轴径。

空心轴:

$$I_p = \frac{\pi}{32} D_1^4 (1 - \alpha^4) \approx 0.1 D_1^4 (1 - \alpha^4)$$

$$W_p = \frac{\pi}{16} D_1^3 (1 - \alpha^4) \approx 0.2 D_1^3 (1 - \alpha^4)$$

式中 D_1—— 空心轴的外径;

    d_1—— 内径,$\alpha = d_1 / D_1$。

2. 圆轴扭转时的强度计算

圆轴扭转时,为了保证轴能正常工作,应限制轴上危险截面的最大切应力不超过材料的许用切应力,即

$$\tau_{\max} = \frac{T}{W_p} \leqslant [\tau] \tag{7.4}$$

式中 $[\tau]$—— 材料的许用切应力,可在有关手册中查得;

    T, W_p—— 分别为危险截面的扭矩和抗扭截面模量。

式(7.4)称为圆轴扭转强度条件,应用此式可以求解强度校核、截面设计和确定许可荷载三方面的实际应用问题。

【例 7.4】   汽车的主传动轴 AB 如图 7.9 所示,它传递的最大扭矩 $M_n = 2.0$ kN·m,传动轴用外径 $D = 90$ mm,壁厚 $t = 2.5$ mm 的钢管做成,材料为 20 号钢,其许用剪应力 $[\tau] = 70$ MPa。试校核轴的强度。

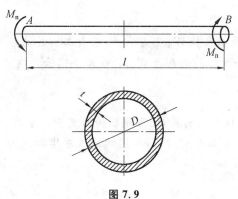

图 7.9

解   (1) 计算抗扭截面模量

$$\alpha = \frac{d}{D} = \frac{90 - 2 \times 2.5}{90} = 0.944$$

$$W_p = \frac{\pi}{16} D_1{}^3 (1 - \alpha^4) = \frac{\pi \times 90^3}{16}(1 - 0.944^4)\,\text{mm}^3 = 29\,400\,\text{mm}^3$$

（2）强度计算

由式（7.4）算出该轴的最大工作应力为

$$\tau_{max} = \frac{T}{W_p} = \frac{2\,000}{29\,400 \times 10^{-9}}\,\text{MPa} = 68\,\text{MPa} < [\tau] = 70\,\text{MPa}$$

计算结果表明，轴的强度足够。

【例 7.5】　把上例中的汽车主传动轴改为实心轴，要求与原来空心轴的强度相同。试计算其直径，并比较实心轴与空心轴的重量。

解　（1）计算实心轴的直径

因为题意要求实心轴与上例中的空心轴强度相同，因而有

$$d = \sqrt[3]{\frac{2\,000 \times 16}{\pi \times 68 \times 10^6}}\,\text{m} = 0.053\,1\,\text{m} = 53.1\,\text{mm}$$

（2）计算实心轴与空心轴的重量比

实心轴面积为

$$A_1 = \frac{\pi d^2}{4} = \frac{\pi \times 0.053\,1^2}{4}\,\text{m}^2 = 22.2 \times 10^{-4}\,\text{m}^2$$

上例中空心轴的面积为

$$A_2 = \frac{\pi}{4}(D^2 - d^2) = \frac{\pi}{4}(90^2 - 85^2)\,\text{m}^2 = 6.87 \times 10^{-4}\,\text{m}^2$$

若两轴材料相同且轴长相等，两轴的重量之比等于它们的横截面面积之比，即

$$\frac{A_2}{A_1} = \frac{6.87}{22.2} = 0.31$$

可见在荷载相同的条件下，空心轴的重量只是实心轴的 31%。因此空心轴比实心轴节约材料，就是说，空心圆轴比实心圆轴合理。

为什么采用空心轴要比实心轴合理，不难从圆轴横截面上应力分布来说明。由于剪应力在横截面上是线性分布的，圆心处为零，当圆周上有最大应力值时，中心部分的应力仍较小，材料并没有充分发挥作用。如果将这部分材料放置在离圆心比较远的地方，可明显地增大截面的极惯性矩 I_p，这样，自然就提高了轴的承载能力。

技术提示：

1. 对于阶梯轴，因为抗扭截面系数 W_p 不是常量，最大工作应力不一定发生在最大扭矩所在的截面上。要综合考虑扭矩 T 和抗扭截面系数 W_p，按这两个因素来确定最大切应力。阶梯轴强度条件为：$\tau_{max} = \left(\frac{T}{W_p}\right)_{max} \leqslant [\tau]$。

2. 用空心轴代替实心轴不仅节约材料，还可减轻轴的重量。当然，并不是说所有的轴都要做成空心，对一些直径较小的轴，如加工成空心轴，则因加工工序增加或加工困难，反而会增加成本，造成浪费。

7.4 圆轴扭转时的刚度计算

例题导读

【例 7.6】讲解了圆轴扭转时的刚度和强度计算;【例 7.7】讲解了圆轴扭转的同时,考虑强度与刚度条件如何设计截面。

知识汇总

·圆轴扭转的刚度计算。

在工程中,圆轴扭转时除了要满足强度条件外,有时还要满足刚度条件。扭转的刚度条件就是限定单位长度扭转角 θ 的最大值不得超过规定的允许值。

1. 圆轴扭转的变形

圆轴扭转变形时,任意两横截面产生相对角位移,称为扭转角,扭转角过大,轴将产生过大的扭转变形,影响机器的精度和使用寿命。由图 7.3 的圆轴扭转变形可以看出,两横截面相距越远,它的扭转角 φ 就越大。因此,扭转角的大小与轴的长度 L 和扭矩 T 成正比,并计入比例常数 G,得圆轴两端相对扭转角为

$$\varphi = \frac{TL}{GI_p} \tag{7.5}$$

式中　φ——扭转角,rad;

　　　G——材料的剪切模量,GPa。

由上式看出,当扭矩 T 和轴的长度 L 一定时,G 越大,扭转角 φ 越小。GI_p 反映了圆轴抵抗扭转变形的能力,称为轴的抗扭刚度。

2. 圆轴扭转的刚度计算

机械设计中通常限制轴的单位长度扭转角 θ,使 θ 不超过许用值 $[\theta]$。

$$\theta = \frac{\varphi}{L} = \frac{T}{GI_p} \leqslant [\theta] \tag{7.6}$$

式中　θ——单位长度扭转角,rad/m。

式(7.6)称为圆轴扭转时的刚度条件。

实际应用中,常用单位度／米(°/m)来衡量 $[\theta]$,由于 $1\ rad = 180°/\pi$,故刚度条件可写成

$$\theta_{\max} = \frac{T}{GI_p} \cdot \frac{180°}{\pi} \leqslant [\theta] \tag{7.7}$$

$[\theta]$ 的取值,可查阅有关手册,或按下列范围选取:

精度要求不高的传动轴:　　　　$[\theta] = (0 \sim 4)°/m$

一般传动轴:　　　　　　　　$[\theta] = (0.5 \sim 1)°/m$

精密机器的轴:　　　　　　　$[\theta] = (0.25 \sim 0.5)°/m$

【例 7.6】　【例 7.1】中,实心轴的各段直径均为 $d = 50\ mm$,轴材料的剪切模量 $G = 80\ GPa$,许用切应力 $[\tau] = 80\ MPa$,许用扭转角 $[\theta] = 2.5°/m$,试校核轴的强度和刚度。

解　(1)强度校核

由扭矩图 7.5(b)可知,AB 段扭矩最大,$T_{\max} = M_3 = 1\ 910\ N \cdot m$,$AB$ 段为危险截面。由式(7.4)得

$$\tau_{\max} = \frac{T}{W_p} = \frac{T_{\max}}{0.2d^3} = \frac{1\ 910 \times 10^3}{0.2 \times 50^3}\ MPa = 76.4\ MPa < [\tau] = 80\ MPa$$

满足强度条件。

(2)刚度校核

由式(7.7)得

$$\theta_{max}=\frac{T_{max}}{GI_p}\cdot\frac{180°}{\pi}=\frac{1\ 910}{80\times10^9\times0.1\times0.05^4}\times\frac{180°}{\pi}=2.2°/m<[\theta]=2.5°/m$$

满足刚度条件。

【例7.7】 传动轴如图7.10所示,齿轮1和3的输出功率分别为$P_1=0.76\ kW$和$P_3=2.9\ kW$,轴的转速为$n=180\ r/min$,材料为45号钢,$G=80\ GPa$,$[\tau]=40\ MPa$,$[\theta]=0.25\ °/m$,试确定该传动轴的直径d。

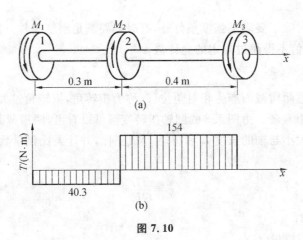

图 7.10

解 (1)求作用在齿轮1和3上的外力偶矩

$$M_1=9\ 550\cdot\frac{P_1}{n}=9\ 550\times\frac{0.76}{180}\ N\cdot m=40.3\ N\cdot m$$

$$M_3=9\ 550\cdot\frac{P_3}{n}=9\ 550\times\frac{2.9}{180}\ N\cdot m=154\ N\cdot m$$

由平衡条件可得

$$M_2=M_1+M_3=194.3\ N\cdot m$$

(2)画传动轴的扭矩图,求出T_{max}

扭矩图如图7.10(b)所示,从图中可得

$$T_{max}=154\ N\cdot m$$

(3)按强度条件计算轴径

由式(7.4)得

$$\tau_{max}=\frac{T}{W_p}=\frac{154}{0.2\times d^3}\leqslant[\tau]=40\ MPa$$

所以

$$d\geqslant\sqrt[3]{\frac{154}{0.2\times40\times10^6}}\ m=0.027\ m$$

(4)按刚度条件计算轴径

由式(7.7)得

$$\theta_{max}=\frac{T}{GI_p}\cdot\frac{180°}{\pi}=\frac{T_{max}}{0.1d^4G}\times\frac{180°}{\pi}\leqslant[\theta]=0.25°/m$$

所以

$$d\geqslant\sqrt[4]{\frac{154\times180}{0.1\times80\times10^9\times3.14\times0.25}}\ m=0.046\ m$$

根据以上结果,为同时满足强度条件和刚度条件,应选择该轴的直径$d=0.046\ m=46\ mm$。由此可见该轴的设计是由刚度条件控制的。这几种情况,在机床中是相当普遍的。

技术提示:

对于阶梯轴,因为极惯性矩不是常量,所以最大单位长度扭角不一定发生在最大扭矩所在的轴段上。要综合考虑扭矩和极惯性矩来确定最大单位长度扭转角。

重点串联 >>>

$$
圆轴扭转构件
\begin{cases}
受扭物体的受力和变形特点 \\
扭矩及扭矩图 \\
圆轴扭转时的强度条件及计算 \\
圆轴扭转时的刚度条件及计算
\end{cases}
$$

拓展与实训

基础训练 ····

1.填空题

(1)圆轴扭转时的受力特点是:一对外力偶的作用面均_____于轴的轴线,其转向_____。

(2)圆轴扭转变形的特点是:轴的横截面绕其轴线发生_____。

(3)在受扭转圆轴的横截面上,其扭矩的大小等于该截面一侧(左侧或右侧)轴段上所有外力偶矩的_____。

(4)在扭转杆上作用集中外力偶的地方,所对应的扭矩图要发生_____,_____值的大小和杆件上集中外力偶之矩相同。

(5)圆轴扭转时,横截面上任意点的剪应力与该点到圆心的距离成_____。

(6)试观察圆轴的扭转变形,位于同一截面上不同点的变形大小与到圆轴轴线的距离有关,显然截面边缘上各点的变形为最_____,而圆心的变形为_____。

(7)从观察受扭转圆轴横截面的大小、形状及相互之间的轴向间距不改变这一现象,可以看出轴的横截面上无_____。

(8)圆轴扭转时,横截面上剪应力的大小沿半径呈_____规律分布。

(9)受扭圆轴横截面内同一圆周上各点的剪应力大小是_____的。

(10)横截面面积相等的实心轴和空心轴相比,虽材料相同,但_____轴的抗扭承载能力要强些。

2.单项选择题

(1)圆轴扭转时,截面上的内力和应力分别为(   )。

A.扭矩和剪应力   B.弯矩和剪应力   C.弯矩和正应力   D.扭矩和正应力

(2)一两端受扭转力偶作用的等截面圆轴,若将轴的横截面增加1倍,则其抗扭刚度变为原来的(   )倍。

A.16   B.8   C.4   D.2

(3) 一两端受扭转力偶作用的圆轴,下列结论中正确的是(   )。

① 该圆轴中最大正应力出现在圆轴横截面上;

② 该圆轴中最大正应力出现在圆轴纵截面上;

③ 最大切应力只出现在圆轴横截面上;

④ 最大切应力只出现在圆轴纵截面上。

A. ②③   B. ②④   C. ①④   C. 全错

(4) 单位长度扭转角与(   )无关。

A. 杆的长度   B. 扭矩   C. 材料性质   D. 截面几何性质

(5) 碳钢制成的圆轴在扭转变形时,单位长度扭转角度超过了许用值。为使轴的刚度满足要求,以下方案中最有效的是(   )。

A. 改用合金钢   B. 改用铸铁   C. 减少轴的长度   D. 增加轴的直径

3. 简答题

(1) 试述绘制扭矩图的方法和步骤。

(2) 圆轴扭转时横截面上产生什么应力?怎样分布?如何计算?

(3) 为什么空心轴比实心轴能充分发挥材料的作用?

4. 综合题

(1) 如图 7.11 所示,已知圆杆横截面上的扭矩,试画出截面上与 T 对应的切应力分布图。

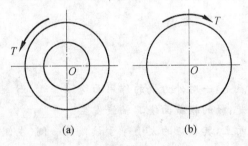

(a)   (b)

图 7.11

(2) 作出图 7.12 所示各杆的扭矩图。

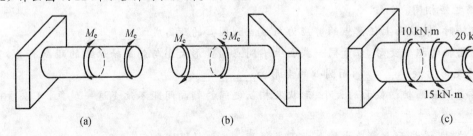

(a)   (b)   (c)

图 7.12

(3) 如图 7.13 所示,传动轴转速 $n=250$ r/min,主动轮 B 输入功率为 $P_B=7$ kW,从动轮 A、C、D 分别输出的功率为 $P_A=3$ kW,$P_C=2.5$ kW,$P_D=1.5$ kW。试画轴的扭矩图,并指出最大扭矩 T_{max} 的值。

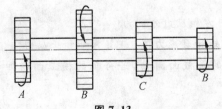

A B C B

图 7.13

（4）如图 7.14 所示，实心轴和空心轴由牙嵌式离合器相连接。已知轴的转速为 $n=100$ r/min，传递的功率 $P=7.5$ kW，材料的许用剪应力 $[\tau]=40$ MPa。试选择实心轴直径 d_1 和内外径比值为 1/2 的空心轴外径 D_2；确定两轴的重量之比。

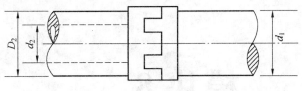

图 7.14

（5）如图 7.15 所示，一内径 $d=100$ mm 的空心圆轴，已知圆轴受扭矩 $T=5$ kN·m，许用切应力 $[\tau]=80$ MPa，试确定空心圆轴的壁厚。

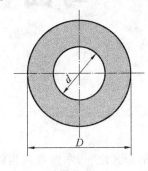

图 7.15

工程技能训练

圆轴扭转时的强度和刚度计算

1.训练目的

（1）掌握圆轴扭转时的扭矩计算和扭矩图的绘制方法，并确定最大切应力。

（2）掌握圆轴扭转时的强度条件和强度计算的方法。

（3）掌握圆轴扭转时的刚度条件和刚度计算的方法。

2.训练要求

（1）分析圆轴扭转的受力特点、扭矩计算及扭矩图的意义。

（2）对圆轴扭转进行强度、刚度分析，会对圆轴扭转时的强度条件和刚度条件进行应用。

3.训练内容和条件

如图 7.16 所示，阶梯形圆轴直径分别为 $d_1=4$ cm，$d_2=7$ cm，轴上装有三个带轮。已知由轮 3 输入的功率为 $P_3=30$ kW，轮 1 输入的功率为 $P_1=13$ kW，轴做匀速转动，$n=200$ r/min，材料的许用切应力 $[\tau]=60$ MPa，$G=80$ GPa，许用单位长度扭转角 $[\theta]=2°/m$，试校核轴的强度和刚度。

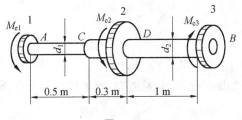

图 7.16

模块 8

弯曲构件力学分析

教学聚焦

弯曲是工程构件最为常用的基本变形形式之一,掌握弯曲构件力学分析的方法对解决工程构件弯曲问题是极其重要的。

知识目标

◆掌握弯曲构件横截面上内力的计算方法;

◆掌握弯曲构件内力图的绘制方法;

◆掌握纯弯曲构件横截面上的正应力及强度计算的方法;

◆熟悉弯曲构件正应力实验;

◆掌握弯曲构件横力弯曲时的剪应力及强度计算的方法;

◆熟悉弯曲构件变形分析和刚度校核。

技能目标

◆能够分析计算弯曲构件的最大正应力和最大剪应力;

◆能够进行弯曲构件强度校核、设计截面、确定许用荷载;

◆能够分析弯曲构件的变形、进行刚度校核。

课时建议

24 课时

教学重点或难点

本章是工程力学重点内容,也是难点,尤其是剪力、弯矩的计算与作图。

8.1 弯曲构件横截面上的内力

例题导读

【例 8.1】讲解了利用截面法求弯曲构件的弯曲内力的方法;【例 8.2】、【例 8.3】、【例 8.4】和【例 8.5】讲解了弯曲构件内力图的绘制方法;【例 8.6】讲解了用微分法求解弯曲内力和绘制内力图的方法。

知识汇总

· 常见弯曲构件、弯曲变形与平面弯曲等基本概念;

· 分析横截面受力,用截面法求弯曲内力;

· 剪力方程和弯矩方程,绘制剪力图和弯矩图。

1. 概述

杆件受到垂直于其轴线的外力或位于其轴线所在平面内的力偶作用时,杆轴线由直线变为曲线的变形称为弯曲(图 8.1)。以弯曲变形为主要变形的杆件称为梁。

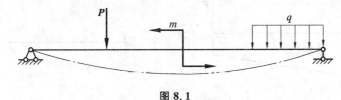

图 8.1

工程中常见的梁,其横截面往往有一根对称轴,这根对称轴与梁轴线所组成的平面,称为纵向对称平面。当作用在梁上(包括荷载和支座反力)的外力和外力偶都位于纵向对称平面内时,梁的轴线将在此纵向对称平面内弯曲,如图 8.2 所示。这种梁的弯曲平面与外力作用平面相重合的弯曲,称为平面弯曲。它是工程中的一种最简单、最常见的弯曲变形,本章将主要讨论等截面直梁的平面弯曲问题。

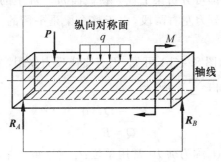

图 8.2

2. 弯曲杆件的简化

静定梁:梁的所有支座反力均可由静力平衡方程确定。

静定梁的基本形式有:

(1)简支梁:梁的一端为固定铰支座,另一端为可动铰支座(图 8.3(a))。

(2)外伸梁:梁身一端或两端伸出支座的简支梁(图 8.3(b))。

(3)悬臂梁:梁的一端为固定端,另一端为自由端(图 8.3(c))。

3. 截面法求弯曲构件的内力

梁承受荷载,同时产生变形和内力。梁某横截面上的内力是指该横截面以左、以右梁段的相互作用力,而"内力"专指分布内力的合力。当作用在梁上的外力(荷载和支反力)为已知时,用截面法即可显示和确定梁在某截面上的内力。

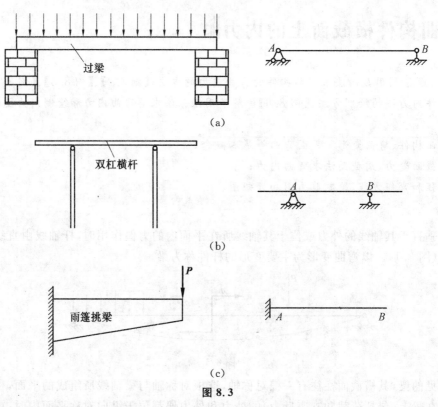

图 8.3

（1）剪力和弯矩

图 8.4(a) 所示的简支梁，其荷载 P 和支座反力 R_A、R_B 是作用在该梁纵向对称平面内的平衡力系。在求得 R_A、R_B 之后，利用截面法，即可分析梁上任一横截面 $m-m$ 上的内力。

假想沿截面 $m-m$ 将梁 AB 分为左右两段，由于整个梁是平衡的，所以它的各部分也应处于平衡状态。

现取左段梁作为研究对象，由图 8.4(b) 可见，因有支座反力作用，为使左段平衡，截面 $m-m$ 上必有与 R_A 反向的内力 Q 存在，于是由 $\sum Y=0$ 得

$$R_A - Q = 0$$
$$Q = R_A$$

我们把相切于横截面的内力 Q，称为剪力，常用单位：牛（N）或千牛（kN）。

同时，R_A 对截面 $m-m$ 的形心 O 点有一个顺时针力矩 $R_A \cdot x$，为满足左段平衡，截面 $m-m$ 也必然有一个与力矩 $R_A \cdot x$ 转向相反的内力偶矩 M 存在，于是由 $\sum M_O=0$ 得

$$R_A \cdot x - M = 0$$
$$M = R_A \cdot x$$

我们把作用面与横截面相垂直的内力偶矩 M，称为弯矩，常用单位：牛·米（N·m）、牛·毫米（N·mm）、千牛·米（kN·m）。

若取右段梁作为研究对象，同样可求得横截面 $m-m$ 上的 Q 和 M。根据作用力和反作用力的关系，右段梁在截面 $m-m$ 上的 Q、M 与左段梁在同一截面上的 Q、M 应该大小相等、方向（或转向）相反，如图 8.4(c) 所示。

（2）剪力和弯矩的正负号规定

为使不论取何段梁为研究对象，所得同一截面上的内力，不仅大小相等而且正负号也一致，就有必要根据该截面附近的变形情况来规定剪力与弯矩的正负号。

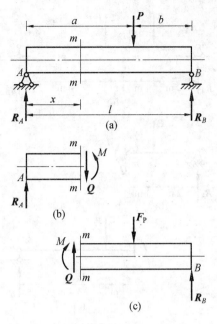

图 8.4

在以上横截面处截取微段梁 dx，凡是使该微段梁发生左边向上、右边向下相对错动时，其剪力为正（图 8.5(a)），反之为负（图 8.5(b)）。使该微段梁发生上凹下凸的弯曲变形，即梁的上部受压、下部受拉时，其弯矩为正（图 8.5(c)），反之为负（图 8.5(d)）。按此规定，图 8.4 中 $m-m$ 横截面上的剪力和弯矩都为正值。

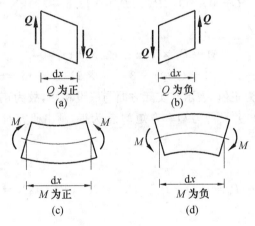

图 8.5

【例 8.1】 如图 8.6 所示简支梁，已知 $P_1 = 30$ kN、$P_2 = 20$ kN，试求截面 $m-m$ 上的剪力和弯矩。

解 （1）计算支座反力

以整梁为研究对象，假设支座反力 R_A、R_B 方向向上，列平衡方程：

由 $\sum M_A = 0$ 得

$$R_B \times 8 \text{ m} - P_1 \times 2 \text{ m} - P_2 \times 4 \text{ m} = 0$$

$$R_B = \frac{P_1 \times 2 \text{ m} + P_2 \times 4 \text{ m}}{8 \text{ m}} = \frac{30 \times 2 + 20 \times 4}{8} \text{ kN} = 17.5 \text{ kN}$$

由 $\sum Y = 0$ 得

$$R_A + R_B - P_1 - P_2 = 0$$

$$R_A = P_1 + P_2 - R_B = (30 + 20 - 17.5) \text{kN} = 32.5 \text{ kN}$$

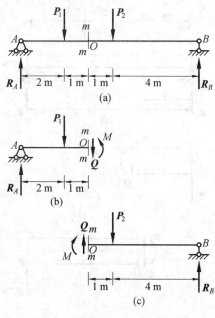

图 8.6

(2)假想在指定截面$m-m$处将梁分成两段,取左段作为研究对象,并设剪力Q和弯矩M都为正,画出研究对象的受力图(图 8.6b),列平衡方程:

由$\sum Y=0$得

$$R_A-P_1-Q=0, \quad Q=R_A-P_1=(32.5-30)\text{kN}=2.5\text{ kN}$$

由$\sum M_O=0$得

$$M+P_1\times 1\text{ m}-R_A\times 3\text{ m}=0$$
$$M=R_A\times 3-P_1\times 1=(32.5\times 3-30\times 1)\text{ kN}\cdot\text{m}=67.5\text{ kN}\cdot\text{m}$$

所得剪力Q和弯矩M都为正值,表示其实际方向与假设相同,故为正剪力、正弯矩。

假如取右段作为研究对象,并设剪力Q和弯矩M都为正,画出研究对象的受力图(图 8.6(c)),列平衡方程:

由$\sum Y=0$得

$$R_B+Q-P_1=0, Q=P_1-R_B=(20-17.5)\text{kN}=2.5\text{ kN}$$

由$\sum M_O=0$得

$$R_B\times 5-M-P_2\times 1=0$$
$$M=R_B\times 5-P_2\times 1=(17.5\times 5-20\times 1)\text{kN}\cdot\text{m}=67.5\text{ kN}\cdot\text{m}$$

可见,选取右段梁或选取左段梁为研究对象,所得截面$m-m$的内力结果相同。

由以上可见,利用截面法求解指定截面内力时,有如下规律:

①可取截面以左或以右部分作为研究对象,一般取外力比较简单的一侧进行分析。梁上任一横截面上的剪力在数值上等于该横截面左侧(或右侧)与其平行的所有外力的代数和;梁上任一横截面上的弯矩在数值上等于该截面左侧(或右侧)梁上所有外力对该截面形心的力矩的代数和。

②在集中力左右两侧无限接近的横截面上弯矩相同,而剪力不同,相差的数值等于该集中力的值。就是说在集中力的两侧截面,剪力发生了突变,突变值等于该集中力的值。在集中力偶两侧横截面上剪力相同,而弯矩发生了突变,突变值就等于集中力偶的力偶矩。

③正负号问题:在画研究对象的受力图时,截面上未知内力Q、M按其本身正负号规定,假设为正

号。在列平衡方程时,把它们作为研究对象上的外力看待。若求得结果为正号,说明所设方向与实际的方向一致;若结果为负号,说明假设方向与实际方向相反。

4. 剪力图和弯矩图

在梁的强度和刚度问题中,除要计算指定截面的剪力和弯矩外,还必须知道剪力和弯矩沿梁轴线的变化规律,从而找到梁内剪力和弯矩的最大值以及它们所在的截面位置。

(1)剪力方程和弯矩方程

从上节的讨论可以看出,梁内各截面上的剪力和弯矩一般随截面的位置而变化。若横截面的位置用沿梁轴线的坐标 x 表示。则各个横截面上的剪力和弯矩都可以表示为坐标 x 的函数,即

$$Q_x = Q(x)$$
$$M_x = M(x)$$

$Q(x)$ 和 $M(x)$ 分别称为剪力方程和弯矩方程。它们可以表明梁内剪力和弯矩沿梁轴线的变化规律。

(2)剪力图和弯矩图

为了能形象地表现剪力和弯矩沿梁轴线的变化规律,可以根据剪力方程和弯矩方程分别绘制剪力图和弯矩图。其画法与轴力图、扭矩图相似,以沿梁轴线的横坐标 x 表示梁横截面位置,以纵坐标表示相应截面的剪力或弯矩。在土建工程中,剪力 Q 坐标轴向上为正,M 坐标轴向下为正。

下面举例说明列剪力、弯矩方程以及绘剪力图、弯矩图的基本方法。

一般情况下,梁横截面上的剪力和弯矩随截面位置不同而变化,将剪力和弯矩沿梁轴线的变化情况用图形表示出来,这种图形分别称为剪力图和弯矩图。

若以横坐标 x 表示横截面在梁轴线上的位置,则各横截面上的剪力和弯矩可以表示为 x 的函数,即

$$\begin{cases} Q = Q(x) \\ M = M(x) \end{cases}$$

上述函数表达式称为梁的剪力方程和弯矩方程。根据剪力方程和弯矩方程即可画出剪力图和弯矩图。

画剪力图和弯矩图时,首先要建立 $Q-x$ 和 $M-x$ 坐标。一般取梁的左端作为 x 坐标的原点,Q 坐标和 M 坐标向上为正。然后根据荷载情况分段列出 $Q(x)$ 和 $M(x)$ 方程。由截面法和平衡条件可知,在集中力、集中力偶和分布荷载的起止点处,剪力方程和弯矩方程可能发生变化,所以这些点均为剪力方程和弯矩方程的分段点。分段点截面也称控制截面。求出分段点处横截面上剪力和弯矩的数值(包括正负号),并将这些数值标在 $Q-x$、$M-x$ 坐标中相应位置处。分段点之间的图形可根据剪力方程和弯矩方程绘出。最后注明 $|Q|_{\max}$ 和 $|M|_{\max}$ 的数值。

【例 8.2】 悬臂梁受集中力作用如图 8.7 所示,试列出剪力、弯矩方程,并绘出此梁的剪力图和弯矩图。

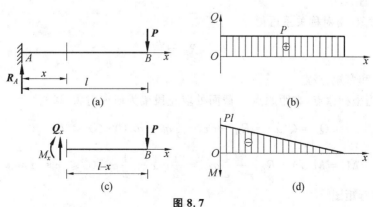

图 8.7

解 （1）列剪力、弯矩方程

把坐标原点放在梁左端点 A 上。在距原点 x 截面处取右段梁为研究对象,画其受力如图 8.7(b) 所示,由平衡条件列出剪力方程和弯矩方程:

$$Q_x = Q(x) = R_A = P \quad (0 < x < l) \tag{8.1}$$

$$M_x = M(x) = -P(l-x) = P(x-l) \quad (0 < x \leqslant l) \tag{8.2}$$

（2）绘剪力图和弯矩图

式(8.1)表明,梁内各截面的剪力都相同,其值均为 P。所以剪力图是一条位于 x 轴上方,平行于 x 轴的直线,如图 8.7(c) 所示。

式(8.2)表明,$M(x)$ 是 x 的一次函数,弯矩沿梁轴线按直线规律变化,只需确定梁内任意两截面的弯矩,就可以画出弯矩图。当 $x=0$ 时,$M_A = -Pl$;当 $x=l$ 时,$M_A = 0$,如图 8.7(d) 所示。要注意画纵标线、标值、写出正负号、图名和单位,如图 8.7(c)、(d) 所示。

从剪力图和弯矩图可以看到,在梁左端的固定端截面上,弯矩绝对值最大,剪力则在全梁各截面都相等,其值为:$|Q|_{\max} = P$,$|M|_{\max} = Pl$。

上述根据内力方程判断内力图图线的类型,确定图线位置的方法,称作静力法,它是画剪力、弯矩图的基本方法。

【例 8.3】 如图 8.8 所示,简支梁受均布荷载作用,试列出剪力和弯矩方程,并画出梁的剪力图和弯矩图。

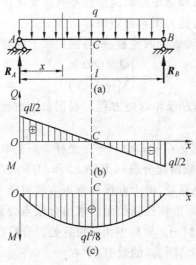

图 8.8

解 （1）计算支座反力

以整梁为研究对象,由对称关系可得

$$R_A = R_B = \frac{ql}{2}$$

（2）列剪力方程和弯矩方程

设梁左端点 A 为坐标原点,在距原点 x 截面处取左段梁为研究对象,可得

$$Q_x = Q(x) = R_A - qx = \frac{1}{2}ql - qx \quad (0 < x < l) \tag{8.3}$$

$$M_x = M(x) = R_A x - \frac{1}{2}qx^2 = \frac{1}{2}qlx - \frac{1}{2}qx^2 \quad (0 \leqslant x \leqslant l) \tag{8.4}$$

（3）绘剪力图和弯矩图

式(8.3)表明,$Q(x)$ 是 x 的一次函数,剪力方程是一直线方程,剪力图是一条斜直线。当 $x=0$ 时,

$Q_{A右} = ql/2$;当 $x = l$ 时,$Q_{A左} = -ql/2$,由这两个截面的剪力值,画出剪力图如图 8.8(b)所示。

式(8.4)表明,$M(x)$ 是 x 的二次函数,弯矩图是一条二次抛物线,至少确定三个截面的弯矩值才能绘出曲线的大概形状。当 $x = 0$ 时,$M_A = 0$;当 $x = l/2$ 时,$M_C = ql^2/8$;当 $x = l$ 时,$M_B = 0$,绘出结果如图 8.8(c)所示。

由内力图可知,受均布荷载作用的简文梁,最大剪力在梁端,其数值 $|Q|_{max} = ql/2$,最大弯矩发生在剪力为零的跨中截面其数值 $|M|_{max} = ql^2/8$。

【例 8.4】 如图 8.9 所示,简支梁受集中力作用,试列出剪力和弯矩方程,并画出梁的剪力图和弯矩图。

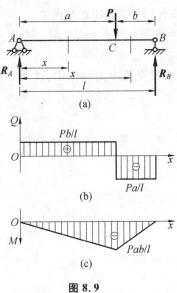

图 8.9

解 （1）计算支座反力

以整梁为研究对象,假设支座反力 R_A、R_B 方向向上,列平衡方程:

由 $\sum M_A = 0$ 得

$$R_B \times l - P \times a = 0, \quad R_B = \frac{Pa}{l}$$

由 $\sum Y = 0$ 得

$$R_A + R_B - P = 0, \quad R_A = P - R_B = P - \frac{Pa}{l} = \frac{Pb}{l}$$

（2）列剪力、弯矩方程

把坐标原点放在梁左端点 A 上。在 AC 范围内,距原点 x 截面处取左段梁为研究对象,列出剪力方程和弯矩方程:

$$Q_x = Q(x) = R_A = \frac{Pb}{l} (0 < x < a) \tag{8.5}$$

$$M_x = M(x) = R_A x = \frac{Pb}{l} x (0 \leqslant x \leqslant a) \tag{8.6}$$

在 CB 范围内,距原点 x 截面处取右段梁为研究对象,列出剪力方程和弯矩方程:

$$Q_x = Q(x) = -R_B = -\frac{Pa}{l} (a < x < l) \tag{8.7}$$

$$M_x = M(x) = R_B(l - x) = \frac{Pa}{l}(l - x) (a \leqslant x \leqslant l) \tag{8.8}$$

（3）绘剪力图和弯矩图

剪力图：在 AC 范围内，由式（8.5）可知，剪力 $Q(x)$ 为常数，剪力图是在 x 轴上方平行于 x 轴的一条直线；在 CB 范围内，由式（8.7）可知，剪力 $Q(x)$ 也为常数，剪力图是在 x 轴下方平行于 x 轴的一条直线，如图 8.9（b）所示。

弯矩图：在 AC 范围内，由式（8.6）可知，弯矩 $M(x)$ 为 x 的一次函数，弯矩图是一条斜直线，只要确定两个截面的弯矩值，就可绘出弯矩图。当 $x=0$ 时，$M_A=0$；当 $x=l/2$ 时，$M_C=Pab/l$，绘出结果如图 8.9（c）所示。在 CB 范围内，由式（8.8）可知，弯矩 $M(x)$ 为 x 的一次函数，弯矩图也是一条斜直线。当 $x=a$ 时，$M_C=Pab/l$；当 $x=l$ 时，$M_B=0$，绘出结果如图 8.9（c）所示。

当 $a>b$ 时，$|Q|_{max}=Pa/l$ 发生在 CB 段的任意截面上。$|M|_{max}=Pab/l$ 发生在集中力作用处的截面上。如集中力作用在梁的跨中，即当 $a=b=l/2$ 时，则最大弯矩发生在梁的跨中截面上，其值为 $M_{max}=Pl/4$。

【例 8.5】 如图 8.10 所示，简支梁受集中力偶作用，试列出剪力和弯矩方程，并画出梁的剪力图和弯矩图。

解 （1）计算支座反力

以整梁为研究对象，假设支座反力 R_A、R_B 方向向上，列平衡方程：

由 $\sum M_A=0$ 得

$$R_B \times l - m = 0, \quad R_B = \frac{m}{l}$$

由 $\sum Y=0$ 得

$$R_A + R_B = 0, \quad R_A = -R_B = -\frac{m}{l}$$

（2）列剪力、弯矩方程

把坐标原点放在梁左端点 A 上。在 AC 范围内，距原点 x 截面处取左段梁为研究对象，列出剪力方程和弯矩方程：

$$Q_x = Q(x) = R_A = -\frac{m}{l}(0 < x < a) \tag{8.9}$$

$$M_x = M(x) = R_A x = -\frac{m}{l}x(0 \leqslant x < a) \tag{8.10}$$

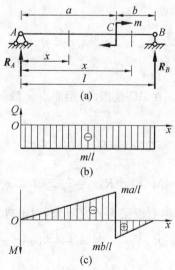

图 8.10

在 CB 范围内,距原点 x 截面处取右段梁为研究对象,列出剪力方程和弯矩方程:

$$Q_x = Q(x) = -R_B = -\frac{m}{l} \quad (a \leqslant x < l) \tag{8.11}$$

$$M_x = M(x) = R_B(l-x) = \frac{m}{l}(l-x) \quad (a < x \leqslant l) \tag{8.12}$$

(3) 绘剪力图和弯矩图

剪力图:在 AC 和 CB 范围内,由式(8.9)和(8.10)可知,剪力 $Q(x)$ 为常数,剪力图是在 x 轴下方平行于 x 轴的一条直线,如图 8.10(b)所示。

弯矩图:在 AC 范围内,由式(8.9)可知,弯矩 $M(x)$ 为 x 的一次函数,弯矩图是一条斜直线,只要确定两个截面的弯矩值,就可绘出弯矩图。当 $x=0$ 时,$M_A=0$;当 $x=a$ 时,$M_{C左}=-ma/l$,如图 8.10(c)所示。在 CB 范围内,由式(8.12)可知,弯矩 $M(x)$ 为 x 的一次函数,弯矩图也是一条斜直线。当 $x=a$ 时,$M_{C右}=mb/l$;当 $x=l$ 时,$M_B=0$,如图 8.9(c)所示。

全梁所有截面的剪力都相等,$|Q|_{max}=-m/l$;当 $a>b$ 时,$|M|_{max}=ma/l$ 发生在集中力偶作用点 O 的左侧截面上。

5. 荷载集度、剪力和弯矩间的微分关系

如图 8.11 所示,梁上作用一分布荷载,荷载集度 $q(x)$ 为 x 的连续函数,并规定 $q(x)$ 以向上为正。取 A 为坐标原点,x 轴向右为正。

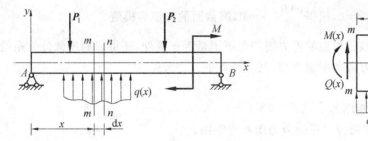

图 8.11

无荷载的梁段,有 $q(x)=0$。假想用截面 $m-m$ 和 $n-n$ 截取长为 dx 的微段作为分离体(图 8.11(b)),其上荷载集度视为均布。设距离坐标原点 x 处的截面 $m-m$ 的内力为 $Q(x)$ 和 $M(x)$,距坐标原点 $x+dx$ 的 $n-n$ 截面的内力则为 $Q(x)+dQ(x)$ 和 $M(x)+dM(x)$。因为整梁平衡,因此微段也平衡。由 $\sum Y=0$ 得

$$Q(x) + q(x)dx - [Q(x) + dQ(x)] = 0$$

$$\frac{dQ(x)}{dx} = q(x) \tag{8.13}$$

由此得到结论一:梁上任一横截面上的剪力对 x 的一阶导数等于作用在该截面处的分布荷载集度。此微分关系的几何意义是,剪力图上某点切线的斜率等于相应截面处的分布荷载集度。

对微段右侧截面 $n-n$ 的形心取矩,由 $\sum M_C=0$ 得

$$M(x) + dM(x) - q(x)dx \cdot \frac{dx}{2} - M(x) - Q(x)dx = 0$$

略去二阶微量 $q(x)dx \cdot \dfrac{dx}{2}$,得

$$\frac{dM(x)}{dx} = Q(x) \tag{8.14}$$

由此得到结论二:梁上任一横截面上的弯矩对 x 的一阶导数等于该截面处的剪力。此微分关系的

几何意义是,弯矩图上某点切线的斜率等于相应截面处的剪力。

对式(8.14)两边求导,得

$$\frac{d^2 M(x)}{dx^2} = q(x) \tag{8.15}$$

由此得到结论三:梁上任一横截面上的弯矩对 x 的二阶导数等于该截面处的分布荷载集度。此微分关系的几何意义是:弯矩图上某点的曲率等于相应截面处的分布荷载集度。由分布荷载集度的正负可以判断弯矩图的凸凹方向。

式(8.13)、(8.14)和(8.15)是剪力、弯矩和分布载荷集度 q 之间的平衡微分关系,它表明:

(1)剪力图上某处的斜率等于梁在该处的分布荷载集度 q。

(2)弯矩图上某处的斜率等于梁在该处的剪力。

(3)弯矩图上某处的斜率变化率等于梁在该处的分布荷载集度 q。

根据上述微分关系,由梁上荷载的变化即可推知剪力图和弯矩图的形状。例如:

(1)若某段梁上无分布荷载,即 $q(x)=0$,则该段梁的剪力 $Q(x)$ 为常量,剪力图为平行于 x 轴的直线;而弯矩 $M(x)$ 为 x 的一次函数,弯矩图为斜直线。

(2)若某段梁上的分布荷载 $q(x)=q$(常量),则该段梁的剪力 $Q(x)$ 为 x 的一次函数,剪力图为斜直线;而 $M(x)$ 为 x 的二次函数,弯矩图为抛物线。在本书规定的 $M-x$ 坐标中,当 $q>0$(q 向上)时,弯矩图为向下凸的曲线;当 $q<0$(q 向下)时,弯矩图为向上凸的曲线。

(3)若某截面的剪力 $Q(x)=0$,根据 $\dfrac{dM(x)}{dx}=0$,该截面的弯矩为极值。

利用以上各点,除可以校核已作出的剪力图和弯矩图是否正确外,还可以利用微分关系绘制剪力图和弯矩图,而不必再建立剪力方程和弯矩方程,其步骤如下:

(1)求支座反力;

(2)分段确定剪力图和弯矩图的形状;

(3)求控制截面内力,根据微分关系绘剪力图和弯矩图;

(4)确定 $|Q|_{max}$ 和 $|M|_{max}$。

利用荷载集度 $q(x)$、剪力 $Q(x)$、弯矩 $M(x)$ 之间的微分关系和几何意义,可得到绘制梁的剪力图和弯矩图的规律,见表8.1。

表8.1 荷载、剪力图和弯矩图之间的关系

各种荷载情况	内力图 剪力图	弯矩图
1　$q=0$ 无分布荷载	$Q=0$ ；$Q>0$ ；$Q<0$ 剪力图为水平直线	$M<0$ $M=0$ $M>0$ ；下斜直线 ；上斜直线 弯矩图为斜直线
2　$q>0$ 均布荷载向上	上斜直线	上凸曲线

续表 8.1

各种荷载情况 \ 内力图	剪力图	弯矩图
3 $q<0$ 均布荷载向下	下斜直线	下凸曲线
4 P C	C 截面有突变	C 截面有转折
5 m C	C 截面无变化	C 截面有突变
6	$Q=0$ 截面	M 有极值

【例 8.6】 如图 8.12 所示,简支梁受力偶作用,试画出梁的剪力图和弯矩图。

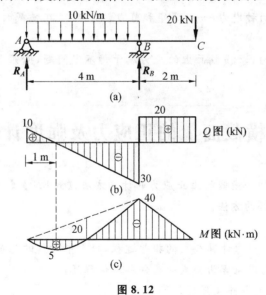

图 8.12

解 （1）计算支座反力

以整梁为研究对象,假设支座反力 R_A、R_B 方向向上,列平衡方程

由 $\sum M_A = 0$ 得

$$R_B \times 4 \text{ m} - 10 \text{ kN/m} \times 4 \text{ m} \times 2 \text{ m} - 20 \text{ kN} \times 6 \text{ m} = 0, \quad R_B = 50 \text{ kN}$$

由 $\sum Y = 0$ 得

$$R_A + R_B - 20 \text{ kN} - 10 \text{ kN/m} \times 4 \text{ m} = 0, \quad R_A = (60-50) \text{kN} = 10 \text{ kN}$$

（2）分段

根据梁上荷载情况，分 AB、BC 两段作内力图。

（3）剪力图，如图 8.12(b) 所示（表 8.2）。

表 8.2　剪力图

区段	荷载情况	Q 图线类型	控制截面值 /kN
AB	$q < 0$	下斜直线	$Q_{A右} = 10$ $Q_{B左} = 20 - 50 = -30$
BC	$q = 0$	水平直线	$Q_{B右} = 20$

（4）弯矩图，如图 8.12(c) 所示（表 8.3）。

表 8.3　弯矩图

区段	荷载情况	剪力 Q	M 图线类型	控制截面值 /(kN·m)
AB	$q < 0$	正→负	下凸曲线	$M_A = 0, M_{B左} = -10 \times 4 \times 2 + 10 \times 4 = -40$
BC	$q = 0$	$Q > 0$	下斜直线	$M_{B右} = -20 \times 2 = -40$
		$Q = 0$	M 有极值	$M = 10 \times 1 - 10 \times 1 \times 0.5 = 5$

>>>

技术提示：

1. 弯构件横截面上有两种内力——弯矩和剪力。弯矩 M 在横截面上产生正应力 σ；剪力 Q 在横截面上产生剪应力 τ。

2. 已知横截面上的内力，求横截面上的应力属于静不定问题，必须利用变形关系、物理关系和静力平衡关系。

8.2 纯弯曲构件横截面上的正应力及强度计算

例题导读

【例 8.7】讲解了纯弯曲构件横截面上正应力的计算方法；【例 8.8】、【例 8.9】和【例 8.10】讲解了横力弯曲正应力计算及强度计算的方法。

知识汇总

·梁纯弯曲时横截面上正应力计算公式的推导过程，推导中所作的基本假设；

·横力弯曲正应力计算仍用纯弯曲公式的条件和近似程度；

·最大正应力、正应力强度条件及强度计算。

1. 纯弯曲时的正应力

如图 8.13(a) 所示的简支梁，荷载与支座反力都作用在梁的纵向对称平面内，其剪力图和弯矩图加图 8.13(b)、(c) 所示。在梁的 AC 和 DB 段内，各横截面上同时有剪力和弯矩，这种弯曲称为剪力弯曲或横力弯曲。在 CD 段中，各横截面上只有弯矩而无剪力，这种弯曲称为纯弯曲。

为了使问题简单，现以矩形截面梁为例，推导梁在纯弯曲时横截面上的正应力。其方法和推导圆轴在扭转时的剪应力公式的方法相同，从几何变形、物理关系和静力学关系等三方面考虑。

（1）几何变形

为观察梁纯弯曲时的表面变形情况，在矩形截面梁的表面画上一些纵向直线和横向直线，形成许多小矩形,然后在梁两端对称位置上加集中荷载 **P**,梁受力后产生对称变形,在两个集中荷载之间的区段产生纯弯曲变形,如图 8.14 所示。从实验中观察到如下现象:

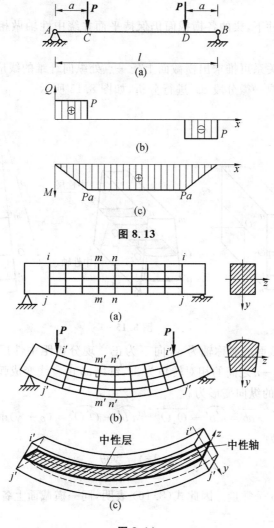

图 8.13

图 8.14

① 所有纵向直线均变为曲线,靠近顶面(凹边)的纵向线缩短,靠近底面(凸边)的纵向线伸长,如图 8.14(b) 中的 $i'-i'$ 和 $j'-j'$。

② 所有横向直线仍为直线,只是各横向线之间做了相对转动,但仍与变形后的纵向线正交,如图 8.14(b) 中的 $m'-m'$。

③ 变形后横截面的高度不变,而宽度在纵向线伸长区减小,在纵向线缩短区增大,如图 8.14(b) 所示。

根据以上观察到的现象,并将表面横向直线看做梁的横截面,可作如下假设:

① 平面假设:变形前为平面的横截面,变形后仍为平面,它像刚性平面一样绕某轴旋转了一个角度,但仍垂直于梁变形后的轴线。

② 单向受力假设:认为梁由无数微纵向纤维组成。各纵向纤维的变形只是简单的拉伸或压缩,各纵向纤维无挤压现象。

根据平面假设,梁变形后的横截面转动,使得梁的凸边纤维伸长,凹边纤维缩短。由变形的连续性可知,中间必有一层纤维既不伸长也不缩短,此层纤维称为中性层,如图 8.14(c) 所示。中性层与横截面的交线称为中性轴(图 8.14(c))。它将横截面分为受拉和受压两个区域。在图示平面弯曲情况下的梁,由于外力作用在梁的纵向对称平面内,故梁的变形也对称于此平面,因此,中性轴应垂直于截面的对称轴。

简而言之,在纯弯曲条件下,梁的各横截面仍保持平面并绕中性轴做相对转动,各纵向纤维处于纵向拉伸(压缩)状态。

根据上述假设,由几何关系可推求出横截面上任一点处纵向纤维的线应变,从而找出纵向线应变的变化规律。为此,在梁上截取一微分段 dx 进行分析,如图 8.15 所示。

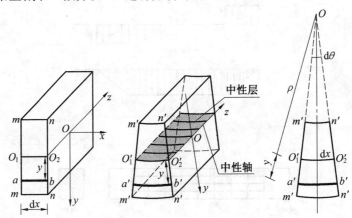

图 8.15

设中性轴为坐标轴 z,截面的对称轴为 y,向下为正。现分析距中性层 y 处的纵向纤维 ab 的线应变。梁变形后截面 $m-m$、$n-n$ 之间的相对转角为 $d\theta$,纤维 ab 由直线变成弧线,O 为中性层的曲线中心,ρ 为其曲率半径,则纤维 ab 的纵向变形为

$$\Delta(dx) = \widehat{a'b'} - \overline{ab} = \widehat{a'b'} - \overline{O_1 O_2} = \widehat{a'b'} - \widehat{O_1' O_2'} = (\rho + y)d\theta - \rho d\theta = y d\theta$$

纤维 ab 的纵向线应变为

$$\varepsilon = \frac{\Delta(dx)}{dx} = \frac{y d\theta}{\rho d\theta} = \frac{y}{\rho} \tag{8.16}$$

对于确定的截面来说,ρ 是常量。因此式(8.16)表明,同一横截面上各点处的纵向线应变与该点到中性轴的距离 y 成正比。

(2)物理关系

由于假设纵向纤维只受单向拉伸或压缩,若正应力未超过材料的比例极限,由胡克定律可得

$$\sigma = E\varepsilon = E\frac{y}{\rho} \tag{8.17}$$

这就是横截面上正应力变化规律的表达式。对于确定的截面来说,E 和 ρ 是均为常量。式(8.17)表明,横截面上任一点处的正应力与该点到中性轴的距离成正比,并以中性轴为界,一侧为拉应力,另一侧为压应力。在距中性轴等远的各点处(同一层)的正应力相等。中性轴上各点处的正应力等于零。距中性轴最远点处,将产生正应力的最大值或最小值,这一变化规律如图 8.16 所示。

(3)静力学关系

式(8.17)只给出了正应力的分布规律,还不能用来计算正应力的数值。因为中性轴的位置尚未确定,曲率半径 ρ 的大小也未知。为此我们利用静力学关系来解决这些问题。

纯弯曲的梁,其横截面上的内力只有弯矩 M,如图 8.17 所示。在横截面上坐标 y、z 处取微面积 dA,其上微内力为 σdA。由于横截面上的内力是所有微内力的合成,因此有

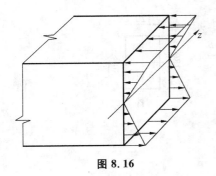

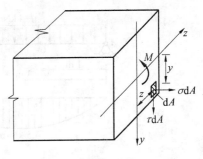

图 8.16   图 8.17

$$\int_A \sigma \mathrm{d}A = N = 0 \tag{8.18}$$

$$\int_A y\sigma \mathrm{d}A = M \tag{8.19}$$

把式 (8.17) 代入式 (8.18) 得

$$\int_A E\frac{y}{\rho}\mathrm{d}A = 0$$

因为 $\dfrac{E}{\rho} \neq 0$，所以一定有

$$\int_A y\mathrm{d}A = 0$$

上式表明横截面对中性轴的静矩必须等于零。因此，直梁弯曲时中性轴必定通过截面的形心。把式 (8.17) 代入式 (8.19) 得

$$\int_A E\frac{y^2}{\rho}\mathrm{d}A = M$$

$$\frac{E}{\rho}\int_A y^2\mathrm{d}A = \frac{E}{\rho}I_z = M$$

$$\frac{1}{\rho} = \frac{M}{EI_z} \tag{8.20}$$

式 (8.20) 为中性层的曲率表达式，是弯曲理论中的一个重要公式，它反映了梁的变形程度。式中 EI_z 称为梁的抗弯刚度。在弯矩相同的情况下，EI_z 越大，曲率就越小。EI_z 反映了梁截面抵抗弯曲变形的能力。

将式 (8.20) 代回到式 (8.17)，便可得到梁纯弯曲时的正应力计算公式：

$$\sigma = \frac{M}{I_z}y \tag{8.21}$$

式 (8.21) 表明，梁在纯弯曲时横截面上任一点的正应力，与截面上的弯矩 M 和该点到中性轴的距离 y 成正比，而与截面对中性轴的惯性矩 I_z 成反比。

应用式 (8.21) 时，将弯矩 M 和坐标 y 的数值和正负号一并代入，若计算结果 σ 为正值，即为拉应力；若 σ 为负值，则为压应力。但在工程计算中，常以 M 和 y 的绝对值代入计算公式，而根据梁的变形情况直接判断 σ 的符号：即以中性轴为界，在纤维伸长区的 σ 为正（拉应力）；在纤维压缩区的 σ 为负（压应力），并将正负号写在计算式的前面。

【例 8.7】 如图 8.18 所示的简支梁受均布荷载 q 作用。已知 $q = 4 \text{ kN/m}$，梁的跨度为 3 m，截面为矩形，$b = 120 \text{ mm}$，$h = 180 \text{ mm}$。试求：

(1) C 截面上 a、b、c 三点处的正应力；

(2) 梁的最大正应力 $\sigma_{\max}$ 及其位置。

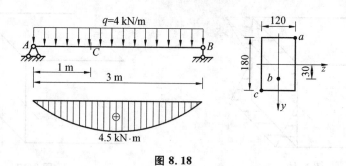

图 8.18

解 （1）求解 C 截面上 a、b、c 三点处的正应力

以整梁为研究对象，由对称关系可得

$$R_A = R_B = \frac{ql}{2} = \frac{4 \times 3}{2} \text{ kN} = 6 \text{ kN}$$

计算 C 截面的弯矩：

$$M_C = R_A \times 1 \text{ m} - q \times 1 \text{ m} \times \frac{1}{2} \text{ m} = \left(6 \times 1 - 4 \times 1 \times \frac{1}{2}\right) \text{ kN} \cdot \text{m} = 4 \text{ kN} \cdot \text{m}$$

计算截面对中性轴 z 的惯性矩：

$$I_z = \frac{1}{12}bh^3 = \left(\frac{1}{12} \times 120 \times 180^3\right) \text{ mm}^4 = 5.832 \times 10^7 \text{ mm}^4$$

$$\sigma_a = \frac{M}{I_z}y = \left(\frac{4 \times 10^6}{5.832 \times 10^7} \times 90\right) \text{ N/mm}^2 = 6.17 \text{ N/mm}^2 = 6.17 \text{ MPa}（压）$$

$$\sigma_b = \frac{M}{I_z}y = \left(\frac{4 \times 10^6}{5.832 \times 10^7} \times 30\right) \text{ N/mm}^2 = 2.06 \text{ N/mm}^2 = 2.06 \text{ MPa}（拉）$$

$$\sigma_c = \frac{M}{I_z}y = \left(\frac{4 \times 10^6}{5.832 \times 10^7} \times 90\right) \text{ N/mm}^2 = 6.17 \text{ N/mm}^2 = 6.17 \text{ MPa}（拉）$$

（2）梁的最大正应力 σ_{max} 及其位置

最大弯矩发生在跨中截面：

$$M_C = \frac{1}{8}ql^2 = \left(\frac{1}{8} \times 4 \times 3^2\right) \text{ kN} \cdot \text{m} = 4.5 \text{ kN} \cdot \text{m}$$

梁的最大正应力发生在跨中截面的上、下边缘处。由梁的变形情况可以判断：最大拉应力发生在跨中截面的下边缘处；最大压应力发生在跨中截面的上边缘处。最大正应力的值为

$$\sigma_{max} = \frac{M_{max}}{I_z}y_{max} = \left(\frac{4.5 \times 10^6}{5.832 \times 10^7} \times 90\right) \text{ N/mm}^2 = 6.94 \text{ N/mm}^2 = 6.94 \text{ MPa}$$

2. 横弯曲正应力

前面所述式（8.21）是梁在纯弯曲条件下建立的，此时截面上只有弯矩而没有剪力。但常见的情况是，梁在横向力的作用下，截面上既有弯矩又有剪力。因此，杆件的横截面上不仅存在正应力，而且还有剪应力。由于剪应力的存在，杆件的横截面将发生翘曲。此外，在与中性层平行的纵向截面上，还有横向力引起的相互挤压应力。这样，杆件在纯弯曲时所作的平面假设和纵向纤维之间互不挤压的假设将不能成立。但精确分析证明，当梁的跨度与截面高度之比 $l/h > 5$ 时，剪力的影响很小，例如：均布荷载作用下的简支梁，当 $l/h > 5$ 时，横截面上的最大正应力按式（8.21）计算，其误差不超过 1%，符合工程中对精度要求。工程中梁的跨度远远大于横截面的高度，因此仍可以用式（8.21）计算横力弯曲时横截面上的正应力。

此外，式（8.21）是以矩形截面梁在纯弯曲情况下推导出的，由于在推导过程中并未用到矩形的几何特征，故该公式也适用于具有纵向对称轴的其他形状截面的杆件，如圆形、工字形和 T 形截面。

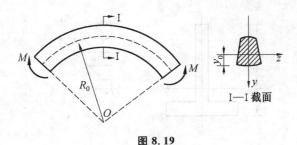

图 8.19

式(8.21)是在直杆条件下推导的,一般不能用于曲杆。但对 $R_0/y_0 \geqslant 10$ 的小曲率曲杆(图 8.19),其弯曲正应力也可近似地用式(8.21)计算。这里 R_0 为曲杆轴线的原始曲率半径,y_0 为截面形心到截面内侧边缘的距离。

3. 最大正应力

在强度计算时,必须算出梁的最大正应力。产生最大正应力的截面,称为危险截面。对于等直梁,弯矩最大的截面就是危险截面。危险截面上的最大应力处称为危险点,它发生在距中性轴最远的上、下边缘处。

对于中性轴是截面对称轴的梁,最大正应力的值为

$$\sigma_{\max} = \frac{M_{\max}}{I_z} y_{\max}$$

令 $W_z = \dfrac{I_z}{y_{\max}}$,则

$$\sigma_{\max} = \frac{M_{\max}}{W_z}$$

式中　W_z——抗弯截面系数,是一个与截面形状和尺寸有关的几何量。常用单位是 m^3 或 mm^3。W_z 值越大,$\sigma_{\max}$ 就越小,它也反映了截面形状及尺寸对梁的强度的影响。

对高为 h、宽为 b 的矩形截面,其抗弯截面系数为

$$W_z = \frac{I_z}{y_{\max}} = \frac{bh^3/12}{h/2} = \frac{bh^2}{6}$$

对直径为 d 的圆形截面,其抗弯截面系数为

$$W_z = \frac{I_z}{y_{\max}} = \frac{\pi d^4/64}{d/2} = \frac{\pi d^3}{32}$$

对于中性轴不是截面对称轴的梁,例如图 8.20 所示的 T 形截面梁,在正弯矩 M 作用下梁下边缘处产生最大拉应力,上边缘处产生最大压应力,其值分别为

$$\sigma_{\max}^+ = \frac{M y_1}{I_z}$$

$$\sigma_{\max}^- = \frac{M y_2}{I_z}$$

令 $W_1 = \dfrac{I_z}{y_1}$、$W_2 = \dfrac{I_z}{y_2}$,则有

$$\sigma_{\max}^+ = \frac{M}{W_1}$$

$$\sigma_{\max}^- = \frac{M}{W_2}$$

4. 正应力强度条件

为了保证梁能安全地工作,必须使梁截面上的最大正应力 $\sigma_{\max}$ 不超过材料的许用应力,这就是梁的

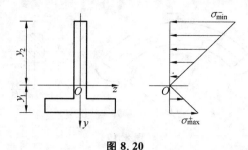

图 8.20

正应力强度条件。现分两种情况表达如下：

(1) 材料的抗拉和抗压能力相同，其正应力强度条件为

$$\sigma_{\max} = \frac{M_{\max}}{W_z} \leqslant [\sigma]$$

(2) 材料的抗拉和抗压能力不同，应分别对拉应力和压应力建立强度条件为

$$\sigma_{\max}^+ = \frac{M_{\max}}{W_1} \leqslant [\sigma^+]$$

$$\sigma_{\max}^- = \frac{M_{\max}}{W_2} \leqslant [\sigma^-]$$

根据强度条件可解决有关强度方面的三类问题：

① 强度校核：在已知梁的材料和横截面的形状、尺寸（即已知 $[\sigma]$、W_z）以及所受荷载（即已知 $M_{\max}$）的情况下，可以检查梁是否满足正应力强度条件。

② 设计截面：当已知荷载和所用材料时（即已知 $M_{\max}$、$[\sigma]$），可根据强度条件，计算所需的抗弯截面系数：

$$W_z \geqslant \frac{M_{\max}}{[\sigma]}$$

然后根据梁的截面形状进一步确定截面的具体尺寸。

③ 确定许用荷载：如已知梁的材料和截面形状尺寸（即已知 $[\sigma]$、W_z），则先根据强度条件算出梁所能承受的最大弯矩，即

$$M_{\max} \leqslant W_z[\sigma]$$

然后由 $M_{\max}$ 与荷载间的关系计算许用荷载。

【例 8.8】 如图 8.21 所示 T 形截面外伸梁。已知材料的许用拉应力 $[\sigma^+] = 32$ MPa，许用压应力 $[\sigma^-] = 70$ MPa。试校核梁的正应力强度。

解 (1) 绘出弯矩图（图 8.21(b)），可见 B 截面有最大负弯矩，C 截面有最大正弯矩。

(2) 确定中性轴位置及计算截面对中性轴的惯性矩

$$y_C = \frac{\sum A_i \cdot y_{iC}}{\sum A_i} = \frac{30 \times 170 \times 85 + 200 \times 30 \times 185}{30 \times 170 + 200 \times 30} \text{ mm} = 139 \text{ mm}$$

$$I_C = \sum (I_{Ci} + a_i^2 A_i) = \left(\frac{30 \times 170^3}{12} + 30 \times 170 \times 54^2 + \frac{200 \times 30^3}{12} + 200 \times 300 \times 46^2 \right) \text{ mm}^4 = 40.3 \times 10^6 \text{ mm}^4$$

(3) 强度校核

B 截面的最大拉应力在上边缘点处，最大压应力在下边缘点处，其值为

$$\sigma_{\max}^+ = \frac{M_B}{I_z} y_{上} = \left(\frac{16 \times 10^6}{40.3 \times 10^6} \times 61 \right) \text{ MPa} = 24.2 \text{ MPa} < [\sigma^+]$$

$$\sigma_{\max}^- = \frac{M_B}{I_z} y_{下} = \left(\frac{16 \times 10^6}{40.3 \times 10^6} \times 139 \right) \text{ MPa} = 55.2 \text{ MPa} < [\sigma^-]$$

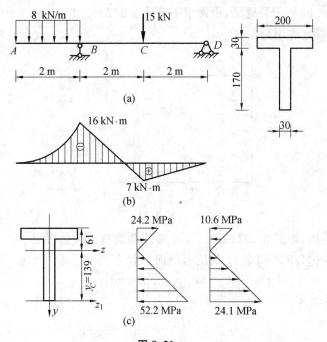

图 8.21

C 截面的最大压应力在上边缘点处,最大拉应力在下边缘点处,其值为

$$\sigma_{\max}^{-} = \frac{M_C}{I_z} y_{\text{上}} = \left(\frac{7 \times 10^6}{40.3 \times 10^6} \times 61 \right) \text{MPa} = 10.6 \text{ MPa} < [\sigma^-]$$

$$\sigma_{\max}^{+} = \frac{M_C}{I_z} y_{\text{下}} = \left(\frac{7 \times 10^6}{40.3 \times 10^6} \times 139 \right) \text{MPa} = 24.1 \text{ MPa} < [\sigma^+]$$

正应力分布图如图 8.21(c) 所示。

由此例可见,对于中性轴不是对称轴的截面,最大正应力不是发生在弯矩绝对值最大的截面上,这类梁的校核应同时考虑梁的最大正弯矩和最大负弯矩所在截面的强度。

【例 8.9】 如图 8.22 所示,某简支梁承受两个集中荷载:$P_1 = 60$ kN,$P_2 = 20$ kN。梁的许用应力 $[\sigma] = 170$ MPa。试选用工字钢的型号。

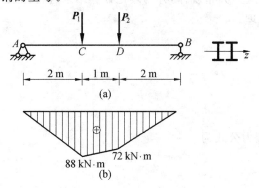

图 8.22

解 (1)绘出弯矩图,如图 8.22(b) 所示,可见 C 截面有最大正弯矩。

(2)计算每根工字梁所需的抗弯截面系数为

$$W_z \geqslant \frac{M_{\max}}{2[\sigma]} = \frac{88 \times 10^6}{2 \times 170} \text{mm}^3 = 259 \times 10^3 \text{ mm}^3 = 259 \text{ cm}^3$$

由型钢表查得 No22a 工字钢的 $W_z = 309$ cm³ > 259 cm³,采用两根 No22a 工字钢。

【例8.10】 如图8.23所示悬臂梁，由两根不等边角钢$2 \times \angle 125 \times 80 \times 10$组成，已知材料的许用应力$[\sigma] = 160$ MPa。试确定许用荷载$[P]$。

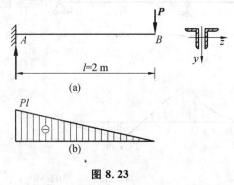

图8.23

解 (1)绘出弯矩图，如图8.23(b)所示，可见A截面有最大负弯矩。

(2)由型钢表查得$\angle 125 \times 80 \times 10$的抗弯截面系数为

$$W'_z = 37.33 \text{ cm}^3$$

(3)计算许用荷载

$$\sigma_{max} = \frac{M_{max}}{W_z} = \frac{Pl}{2W'_z} \leqslant [\sigma]$$

$$P \leqslant \frac{2W'_z[\sigma]}{l} = \frac{2 \times 37.33 \times 10^3 \times 160}{2 \times 10^3} \text{ N} = 5\ 973 \text{ N} = 5.97 \text{ kN}$$

8.3 梁的弯曲正应力实验

知识汇总

• 梁的弯曲正应力实验。

在材料力学教学中我们引入梁弯曲正应力实验，对提高理论教学的质量，培养学生实验研究能力有着积极作用，还可以推导梁弯曲实验计算公式。

1. 实验目的

(1)测定梁纯弯曲时的正应力分布规律，并与理论计算结果进行比较，验证弯曲正应力公式。

(2)掌握电测法的基本原理。

2. 实验设备

(1)纯弯曲梁实验装置。

(2)静态电阻应变仪。

3. 实验原理

已知梁受纯弯曲时的正应力公式为

$$\sigma = \frac{M \cdot y}{I_z}$$

式中 M——纯弯曲梁横截面上的弯矩；

I_z——横截面对中性轴z的惯性矩；

y——横截面中性轴到欲测点的距离。

本实验采用铝制的箱形梁，在梁承受纯弯曲段的侧面，沿轴向贴上五个电阻变应片，如图8.24所示，R_1和R_5分别贴在梁的顶部和低部，R_2、R_4贴在$y = \pm \frac{H}{4}$的位置，R_3在中性层处。当梁受弯曲时，即可测出各点处的轴向应变$\varepsilon_{i测}(i = 1、2、3、4、5)$。由于梁的各层纤维之间无挤压，根据单向应力状态的胡

克定律,求出各点的实验应力为

$$\sigma_{i实} = E \cdot \varepsilon_{i实}(i = 1,2,3,4,5)$$

式中　E——梁材料的弹性模量。

这里采用的增量法加载,每增加等量的荷载 ΔP,测得各点相应的应变增量为 $\Delta\varepsilon_{i实}$,求出 $\Delta\varepsilon_{i实}$ 的平均值 $\overline{\Delta\varepsilon_{i实}}$,依次求出各点的应力增量 $\Delta\sigma_{i实}$ 为

$$\Delta\sigma_{i实} = E \cdot \overline{\Delta\varepsilon_{i实}}$$

理论公式算出的应力增量为

$$\Delta\sigma_{i理} = \frac{\Delta M \cdot y_i}{I_z}$$

把 $\Delta\sigma_{i实}$ 与理论公式算出的应力增量加以比较从而验证理论公式的正确性。从图 8.24 的实验装置可知,ΔM 应为

$$\Delta M = \frac{1}{2}\Delta P \cdot \alpha$$

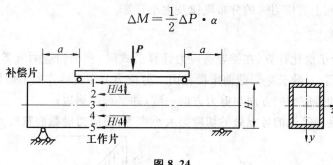

图 8.24

4. 实验步骤

(1)拟定加载方案。在 $0 \sim 20$ kg 的范围内分四级进行加载,每级的荷载增量 $\Delta P = 5$ kg。

(2)接通应变仪电源,把测点 1 的应变片和温度补偿片按半桥接线法接通应变仪,具体做法是:将测点 1 的应变片接在应变仪的 A、B 接线柱上,将温度补偿片接在 B、C 接线柱上。调整应变仪零点(或记录应变仪的初读数)。

(3)每增加一级荷载($\Delta P = 5$ kg),记录应变仪读数一次,直至加到 20 kg。注意观察各级应变增量情况。

(4)按步骤(3)再做一次,以获得具有重复性的可靠实验结果。

(5)按测点 1 的测试方法对其余各点逐点进行测试。

技术提示:

1. 测量梁的尺寸时要小心,不要碰应变片的引出线。

2. 要严格遵守电阻应变仪的操作规程。

5. 实验结果的处理

(1)根据测得的各点应变值,逐点算出应变增量平均值 $\overline{\Delta\varepsilon_{i实}}$ 求出 $\Delta\sigma_{i实}$。

(2)计算各点的理论弯曲正应力值 $\Delta\sigma_{i理}$。

(3)将各点的 $\Delta\sigma_{实}$ 与 $\Delta\sigma_{理}$ 绘在以截面高度为纵坐标、应力大小为横坐标的平面内,即可得到梁横截面上的实验应力与理论应力的分布曲线,将两者进行比较,即可验证理论公式。

(4)对误差最大的实验值与理论值进行比较,求出百分误差。

8.4 横力弯曲构件的剪应力及强度计算

例题导读

【例 8.11】讲解了矩形截面梁横截面上切应力的计算方法和弯曲正应力和剪应力相应的计算方法。

知识汇总

· 各种形状截面梁(矩形、圆形、圆环形、工字形)横截面上切应力的分布和计算;

· 弯曲正应力和剪应力强度条件的建立和相应的计算;

· 需要对梁的弯曲切应力进行强度校核的情况熟悉。

在横力弯曲情况下,梁的横截面上同时有弯矩 M 和剪力 Q 存在,因此,横截面上不仅有与弯矩 M 对应的正应力 σ,还有与剪力 Q 对应的剪应力 τ,但在一般情况下,剪应力是影响梁的强度的次要因素,本节主要是研究直梁横截面上剪应力 τ 的分布规律及大小计算。

1. 矩形截面梁的剪应力

在梁的横截面上,为了简化计算,在推导剪应力计算公式时,根据切应力互等定理和截面上剪力是由切向分布内力合成所得,对狭长矩形截面梁横截面上剪应力分布规律作如下假设(图 8.25)。

(1) 截面上各点处的剪应力的方向与剪力方向一致,并平行两侧边;

(2) 横截面上距中性轴等远的各点处的切应力大小相等,剪应力沿截面宽度方向均匀分布。

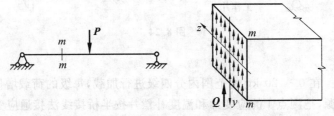

图 8.25

利用静力平衡条件可得到剪应力的大小为(推导过程略)

$$\tau = \frac{QS_z^*}{I_z b} \tag{8.22}$$

式中　Q——横截面上的剪力;

　　　S_z^*——横截面上需求剪应力处的水平线以下(或以上)部分面积 A^* 对中性轴的静矩;

　　　I_z——横截面对中性轴的惯性矩;

　　　b——矩形截面宽度。

计算时 Q、S_z^* 均为绝对值代入公式。

当横截面给定时,Q、I_z、b 均为确定值,只有静矩 S_z^* 随剪应力计算点在截面上的位置而变化。如图 8.26(a) 所示,对于矩形截面中的任意一点 K 有

$$S_z^* = A^* \cdot y_C^* = b(\frac{h}{2} - y) \cdot [y + \frac{1}{2}(\frac{h}{2} - y)] = \frac{b}{2}(\frac{h^2}{4} - y^2) = \frac{bh^2}{8}(1 - \frac{4y^2}{h^2})$$

把上式及 $I_z = \dfrac{bh^3}{12}$ 代入式(8.22) 得

$$\tau = \frac{3Q}{2bh}(1 - \frac{4y^2}{h^2})$$

可见,剪应力的大小沿横截面的高度按二次抛物线规律分布,如图 8.26(b) 所示。在截面上、下边缘处($y = \pm h/2$),剪应力为零;在中性轴处($y = 0$),剪应力最大,其值为

$$\tau_{max} = \frac{3}{2} \cdot \frac{Q}{bh} = \frac{3}{2} \cdot \frac{Q}{A}$$

可见,矩形截面梁横截面上的最大剪应力值是平均剪应力的 1.5 倍,发生在中性轴上。

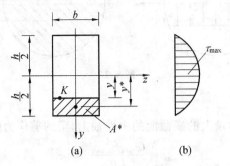

图 8.26

2. 工字形截面梁的剪应力

工字形截面由上下翼缘和腹板组成,如图 8.27(a)所示。由于腹板是一狭长矩形,对矩形截面剪应力所作的假设仍然适用,所以腹板上任一点 K(距中性轴 y 处)处剪应力可用公式(8.22)计算,即

$$\tau_f = \frac{QS_z^*}{I_z b_1}$$

式中　b_1—— 腹板的宽度;

　　　S_z^*—— 图 8.27(a)中阴影部分面积对中性轴的静矩。

在腹板的范围内,S_z^* 是 y 的二次函数,故腹板部分的剪应力 τ_f 沿腹板高度仍按二次抛物线规律变化,剪应力分布图如图 8.27(b)所示,腹板上的最大切应力仍产生在中性轴的各点上。工字形截面翼缘上剪应力的情况较为复杂,且数值较小,一般不予计算。

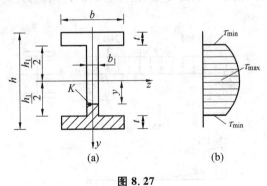

图 8.27

可以证明,工字形截面梁的最大剪应力仍发生在截面的中性轴处,其值为

$$\tau_{max} = \frac{QS_{zmax}^*}{I_z b_1}$$

式中　S_{zmax}^*—— 半个截面(包括翼缘部分)对中性轴的静矩。

3. 圆形截面梁的剪应力

圆形截面的最大竖向剪应力也发生在中性轴上,并沿中性轴均匀分布,如图 8.28 所示,其值为

$$\tau_{max} = \frac{QS_{zmax}^*}{I_z b} = \frac{4}{3} \cdot \frac{Q}{A}$$

可见,在圆形截面梁横截面上的最大剪应力值是平均剪应力的 1.33 倍。

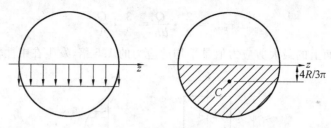

图 8.28

4. 梁的剪应力强度计算

梁的最大剪应力发生在剪力最大的横截面的中性轴上,梁的剪应力强度条件为

$$\tau_{max} = \frac{Q_{max} S^*_{zmax}}{I_z b} \leqslant [\tau]$$

式中 $[\tau]$ —— 材料许用剪应力。

在梁的强度计算中,必须同时满足正应力和剪应力两个强度条件。由于梁的强度多由正应力控制,所以通常是先按正应力强度条件选择截面的尺寸或确定许用荷载,再用剪应力强度条件进行校核。一般情况下,当正应力强度满足时,剪应力强度也同时满足,不必进行剪应力强度校校。但当梁出现下列情况之一时,必须校核剪应力强度:

① 当梁的跨度较小或者在支座附近作用有较大荷载时,梁内可能出现弯矩较小而剪力很大的情况;

② 对于某些组合截面梁(如焊接的工字形钢板梁),当腹板厚度与其高度之比小于相应型钢的相应比值时;

③ 木梁或玻璃钢等复合材料梁,由于材料的抗剪能力差,在横力弯曲时可能发生剪切破坏。

【例 8.11】 如图 8.29 所示的工字钢简支梁,已知材料的许用应力$[\sigma]=160$ MPa,$[\tau]=100$ MPa,试选择工字钢的型号。

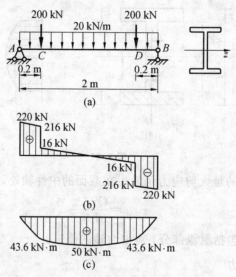

图 8.29

解 (1)绘剪力、弯矩图,如图 8.29 所示,可见 $M_{max}=50$ kN·m,$Q_{max}=220$ kN。

(2)根据正应力强度条件,计算工字梁所需的抗弯截面系数为

$$W_z \geqslant \frac{M_{max}}{[\sigma]} = \frac{50 \times 10^6}{160} \text{ mm}^3 = 312.5 \times 10^3 \text{ mm}^3 = 312.5 \text{ cm}^3$$

查型钢表,选用 No22b 工字钢,$W_z = 325$ cm³。

(3) 因为支座附近有较大的集中力作用,故应对剪应力强度进行校核。由表查得 №22b 工字钢的 $I/S = 18.7$ cm,$b = 9.5$ mm,则

$$\tau_{max} = \frac{Q_{max}}{b(I/S)} = \frac{220 \times 10^3}{9.5 \times 187} \text{ MPa} = 123.8 \text{ MPa} > [\tau]$$

梁的剪应力不满足强度要求,应加大截面尺寸。现以 №25b 工字钢进行试校核。由型钢表查得

$$I/S = 21.27 \text{ cm}, \quad b = 10 \text{ mm}$$

$$\tau_{max} = \frac{Q_{max}}{b(I/S)} = \frac{220 \times 10^3}{10 \times 21.27} \text{ MPa} = 103.4 \text{ MPa} > [\tau]$$

因 $\frac{\tau_{max} - [\tau]}{[\tau]} \times 100\% = \frac{103.4 - 100}{100} \times 100\% = 3.4\% < 5\%$,故该梁可采用 №25b 工字钢。

8.5 弯曲构件的变形与刚度

例题导读

【例 8.12】、【例 8.13】、【例 8.14】讲解了梁的指定截面的挠度与转角的计算方法;【例 8.15】讲解了梁刚度的计算方法。

知识汇总

- 明确梁的变形分析和挠曲的连续、光滑的特点;
- 在小变形情况下,挠度与转角之间的关系;
- 挠曲线微分方程为近似微分方程;
- 正确利用边界条件和连续条件;
- 刚度条件与刚度校核。

1. 变形和位移

荷载作用、温度变化、支座位移或制造误差等因素,都会使结构产生变形。变形除了指结构中各杆件的变形外,还包括结构几何形状的改变。变形时,结构中各杆横截面的位置也随之改变,这种位置的改变称为位移。结构的位移有两种,即截面移动和截面转动。截面移动称线位移,用截面形心处的移动表示;截面的转动称角位移,用杆轴线上截面处一点切线方向的变化表示。图 8.30 所示悬臂梁,在荷载作用下,产生的变形如图 8.30 中虚线所示。截面 B 的形心由 B 移至 B',BB' 即为 B 点的线位移。同时 AB 杆轴线上 B 点切线产生转角 θ_B 即为 B 截面的角位移。

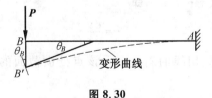

图 8.30

2. 位移计算的目的

计算结构位移的一个目的是为了校核结构的刚度。如果结构强度能保证,但没有足够的刚度,在荷载作用下变形过大,也是不能正常工作的。例如,行车在安置于吊车梁上的轨道上运行时,如果吊车梁的变形过大,行车轨道不平顺,就会引起较大的冲击和振动,影响正常的运行。在工程上,结构的刚度条件通常是用位移来衡量。校核结构的刚度,一般就是检验结构中某一位移是否超过规定的允许值,以防止结构因产生过大的变形而影响其正常的使用。例如,有关规范规定,上述吊车梁跨中的最大竖向位移不得超过梁跨度的 $1/500 \sim 1/600$。

位移计算的另外一个目的是为了分析超静定结构。在计算超静定结构的内力时,除了平衡条件外

还必须考虑结构的变形和位移条件。因此，超静定结构的受力分析，必定要涉及结构的位移计算，位移计算可以说是计算超静定结构的基础。

本章讨论线性弹性变形体系的位移计算。

3.平面弯曲梁的位移计算

（1）梁位移的概念

如图 8.31 所示，观察梁在平面弯曲时的变形，可以看出梁的横截面产生了两种位移：

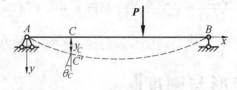

图 8.31

① 挠度：指梁任一横截面的形心沿 y 轴方向的线位移 CC'，通常用 y 表示，并以向下为正，单位为 m 或 mm。

横截面形心沿 x 轴方向的线位移，因为很小，可忽略不计。

② 转角：指梁任一横截面相对于原来位置所转动的角度，即角位移，用 θ 表示，并以顺时针转动为正。转角的单位为 rad。

（2）梁的位移计算

① 梁的挠曲线

梁发生弯曲变形后，梁轴线变成一条连续光滑的曲线，弯曲后的梁轴线，称为梁的挠曲线或弹性曲线。

梁的挠曲线可用以下方程来表示：

$$y = f(x) \tag{8.23a}$$

方程（8.23a）称为梁的挠曲线方程，它表示梁的挠度沿梁的长度的变化规律。

根据平面假设，梁的横截面在梁弯曲前垂直于轴线，弯曲后仍将垂直于挠曲线在该处的切线，因此，截面转角 θ 就等于挠曲线在该处的切线与 x 轴的夹角。挠曲线上任意一点处的斜率为

$$\tan \theta = \frac{\mathrm{d}y}{\mathrm{d}x}$$

由于实际变形中 θ 很小，所以 $\tan \theta \approx \theta$，即

$$\theta = \frac{\mathrm{d}y}{\mathrm{d}x} \tag{8.23b}$$

上式表明，挠曲线上任一点处切线的斜率表示该点处横截面的转角 θ。方程（8.23b）称为转角方程。

由上可知，计算梁的挠度和转角，关键在于确定挠曲线方程。

② 挠曲线近似微分方程

在模块 7 中，我们已经求得梁在纯弯曲时的曲率公式为

$$\frac{1}{\rho} = \frac{M}{EI}$$

对于剪切弯曲的梁，由于梁的跨度通常较横截面高度大得多，剪力对梁的变形影响很小，可以忽略不计，所以上列关系仍可应用。但应注意，这时的 M 和 ρ 都不再是常量，它们随截面位置而不同，因此，上式应改写为

$$\frac{1}{\rho(x)} = \frac{M(x)}{EI} \tag{a}$$

另一方面,由高等数学可知,平面曲线的曲率与曲线方程之间存在下列关系:

$$\frac{1}{\rho(x)} = \pm \frac{\dfrac{\mathrm{d}^2 y}{\mathrm{d}x^2}}{\left[1 + \left(\dfrac{\mathrm{d}y}{\mathrm{d}x}\right)^2\right]^{3/2}}$$

因为是小变形,$\dfrac{\mathrm{d}y}{\mathrm{d}x}$ 是一个很小的量,$\left(\dfrac{\mathrm{d}y}{\mathrm{d}x}\right)^2$ 与 1 相比十分微小,可忽略不计。所以上式可近似写成

$$\frac{1}{\rho(x)} = \pm \frac{\mathrm{d}^2 y}{\mathrm{d}x^2} \tag{b}$$

由式(a)和(b)可得
$$\frac{\mathrm{d}^2 y}{\mathrm{d}x^2} = \pm \frac{M(x)}{EI} \tag{c}$$

考虑土建工程中坐标系的选择和弯矩正负的规定。式中的右边应取负号,故上式应该写成

$$\frac{\mathrm{d}^2 y}{\mathrm{d}x^2} = -\frac{M(x)}{EI} \tag{8.24}$$

上式称为梁的挠曲线近似微分方程,它只适用于弹性范围内的小变形情况。

式(8.24)是计算梁变形的基本公式。求解这微分方程,就可以得到梁的挠曲线方程,从而可求得梁任一截面的挠度和转角。

（3）积分法计算梁的位移

建立了挠曲线的近似微分方程后,要求挠曲线方程 $y = f(x)$,只需将方程(8.24)积分。对于等截面梁,抗弯刚度 EI 为常量,$M(x)$ 是 x 的函数,对式(8.24)积分一次便得到转角方程:

$$\theta = \frac{\mathrm{d}y}{\mathrm{d}x} = -\frac{1}{EI}\left[\int M(x)\,\mathrm{d}x + C\right] \tag{8.25}$$

再积分一次就得到挠曲线方程

$$y = -\frac{1}{EI}\left\{\int\left[\int M(x)\,\mathrm{d}x\right]\mathrm{d}x + Cx + D\right\} \tag{8.26}$$

以上两式中的 C、D 为积分常数,这两个值可以根据梁挠曲线上已知条件确定。这种已知的条件称为边界条件和连续条件,如图 8.32 所示。

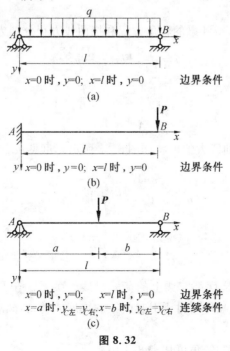

图 8.32

求出积分常数 C、D 后,得到梁的转角方程和挠曲线方程,进而可求指定截面挠度和转角。

【例8.12】 悬臂梁在自由端受力 $\boldsymbol{F}$ 作用,如图8.33所示。EI 为常数,试求该梁的最大转角和最大挠度。

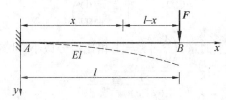

图 8.33

解 ① 建立坐标系如图8.33所示。列弯矩方程:

$$M(x) = -F(l-x)$$

② 列出挠曲线近似微分方程

$$\frac{d^2 y}{dx^2} = -\frac{M(x)}{EI} = \frac{F}{EI}(l-x)$$

积分一次,得

$$\theta = \frac{dy}{dx} = \frac{1}{EI}\left[\int F(l-x)\,dx + C\right] = \frac{1}{EI}\left[Flx - \frac{F}{2}x^2 + C\right] \tag{a}$$

再积分一次,得

$$y = \frac{1}{EI}\left[\frac{Fl}{2}x^2 - \frac{F}{6}x^3 + Cx + D\right] \tag{b}$$

③ 确定积分常数

悬臂梁的边界条件是固定端处的挠度和转角都为零。即 $x=0$ 处,$\theta=0$,代入式(a)得

$$C = 0$$

$x=0$ 处,$y=0$,代入式(b)得

$$D = 0$$

④ 列出转角和挠曲线方程

将 C、D 值代入式(a)和(b),得到梁的转角方程和挠曲线方程分别为

$$\theta = \frac{1}{EI}\left[Flx - \frac{F}{2}x^2\right] \tag{c}$$

$$y = \frac{1}{EI}\left[\frac{Fl}{2}x^2 - \frac{F}{6}x^3\right] \tag{d}$$

⑤ 求 θ_{max} 和 y_{max}

根据梁的受力情况,梁的挠曲线大致形状如图8.33所示。可见 θ_{max} 和 y_{max} 都在自由端处。将 $x=l$ 代入式(c)和(d),即得

$$\theta_{max} = \theta_B = \frac{Fl^2}{2EI} \text{(顺时针)}$$

$$y_{max} = y_B = \frac{Fl^3}{3EI}(\downarrow)$$

(4)叠加法计算梁的位移

从积分法可知,梁的转角和挠度都与梁上的荷载呈线性关系。于是,可以用叠加法来计算梁的变形。即先分别计算每一种荷载单独作用时所引起的梁的挠度或转角,然后再把它们代数相加,就得到这些荷载共同作用下的挠度或转角。

梁在简单荷载作用下的挠度和转角可从表8.4中查得。

表 8.4　梁在简单荷载作用下的变形

序号	梁的简图	挠曲线方程	梁端转角	最大挠度
1		$y = \dfrac{Px^2}{6EI}(3l - x)$	$\theta_B = \dfrac{Pl^2}{2EI}$	$y_B = \dfrac{Pl^3}{3EI}$
2		$y = \dfrac{Px^2}{6EI}(3a - x)\,(0 \leqslant x \leqslant a)$ $y = \dfrac{Pa^2}{6EI}(3x - a)\,(a \leqslant x \leqslant l)$	$\theta_B = \dfrac{Pa^2}{2EI}$	$y_B = \dfrac{Pa^2}{6EI}(3l - a)$
3		$y = \dfrac{qx^2}{24EI}(x^2 - 4xl + 6l^2)$	$\theta_B = \dfrac{ql^3}{6EI}$	$y_B = \dfrac{ql^4}{8EI}$
4		$y = \dfrac{mx^2}{2EI}$	$\theta_B = \dfrac{ml}{EI}$	$y_B = \dfrac{ml^2}{2EI}$
5		$y = \dfrac{Px}{48EI}(3l^2 - 4x^2)$ $\left(0 \leqslant x \leqslant \dfrac{l}{2}\right)$	$\theta_A = -\theta_B =$ $\dfrac{Pl^2}{16EI}$	$y_C = \dfrac{Pl^3}{48EI}$
6		$y = \dfrac{Pbx}{6lEI}(l^2 - x^2 - b^2)$ $(0 \leqslant x \leqslant a)$ $y = \dfrac{Pa(l-x)}{6lEI}(2lx - x^2 - a^2)$ $(a \leqslant x \leqslant l)$	$\theta_A = \dfrac{Pab(l+b)}{6lEI}$ $\theta_B = -\dfrac{Pab(l+a)}{6lEI}$	设 $a > b$ 在 $x = \sqrt{\dfrac{l^2 - b^2}{3}}$ 处 $y_{max} = \dfrac{\sqrt{3}\,Pb}{27lEI}(l^2 - b^2)^{3/2}$ 在 $x = \dfrac{l}{2}$ 处 $y_{l/2} = \dfrac{Pb}{48EI}(3l^2 - 4b^2)$
7		$y = \dfrac{qx}{24EI}(l^3 - 2lx^2 + x^3)$	$\theta_A = -\theta_B$ $= \dfrac{ql^3}{24EI}$	在 $x = \dfrac{l}{2}$ 处 $y_{max} = \dfrac{5ql^4}{384EI}$
8		$y = \dfrac{mx}{6lEI}(l - x)(2l - x)$	$\theta_A = \dfrac{ml}{3EI}$ $\theta_B = -\dfrac{ml}{6EI}$	在 $x = \left(1 - \dfrac{1}{\sqrt{3}}\right)l$ 处 $y_{max} = \dfrac{ml^2}{9\sqrt{3}\,EI}$ 在 $x = \dfrac{l}{2}$ 处 $y_{l/2} = \dfrac{ml^2}{16EI}$

续表 8.4

序号	梁的简图	挠曲线方程	梁端转角	最大挠度
9		$y = \dfrac{mx}{6lEI}(l^2 - x^2)$	$\theta_A = \dfrac{ml}{6EI}$ $\theta_B = -\dfrac{ml}{3EI}$	在 $x = l/\sqrt{3}$ 处 $y_{max} = \dfrac{ml^2}{9\sqrt{3}\,EI}$ 在 $x = \dfrac{l}{2}$ 处 $y_{l/2} = \dfrac{ml^2}{16EI}$
10		$y = -\dfrac{Pax}{6lEI}(l^2 - x^2)$ $(0 \leqslant x \leqslant l)$ $y = \dfrac{P(l-x)}{6EI}[(x-l)^2 - 3ax + al]$ $[l \leqslant x \leqslant (l+a)]$	$\theta_A = -\dfrac{Pal}{6EI}$ $\theta_B = \dfrac{Pal}{3EI}$ $\theta_C = \dfrac{Pa(3l+3a)}{6EI}$	$y_C = \dfrac{Pa^2}{3EI}(l+a)$
11		$y = -\dfrac{qa^2 x}{12lEI}(l^2 - x^2)$ $(0 \leqslant x \leqslant l)$ $y = \dfrac{q(x-l)}{24EI}[2a^2(3x-l) + (x-l)^2 \cdot (x-l-4a)]$ $[l \leqslant x \leqslant (l+a)]$	$\theta_A = -\dfrac{qa^2 l}{12EI}$ $\theta_B = \dfrac{qa^2 l}{6EI}$ $\theta_C = \dfrac{qa^2(l+a)}{6EI}$	$y_C = \dfrac{qa^3}{24EI}(4l+3a)$
12		$y = -\dfrac{mx}{6lEI}(l^2 - x^2)$ $(0 \leqslant x \leqslant l)$ $y = \dfrac{m}{6EI}(3x^2 - 4xl + l^2)$ $[l \leqslant x \leqslant (l+a)]$	$\theta_A = -\dfrac{ml}{6EI}$ $\theta_B = \dfrac{ml}{3EI}$ $\theta_C = \dfrac{m(l+3a)}{3EI}$	$y_C = \dfrac{ma}{6EI}(2l+3a)$

叠加法利用上表计算位移的步骤是：

① 分解荷载。把荷载分解成简单荷载单独作用在结构上。

② 查表 8.1 得出每一种简单荷载单独作用时要求截面处的位移（注意正负号）。

③ 叠加求位移。代数相加表中查出的相应位移，便得到几种荷载共同作用时引起的位移。

【例 8.13】 简支梁受荷载作用如图 8.34 所示。EI 为常数,试用叠加法计算跨中的最大挠度 y_{max} 和支座处截面的转角 θ_A、θ_B。

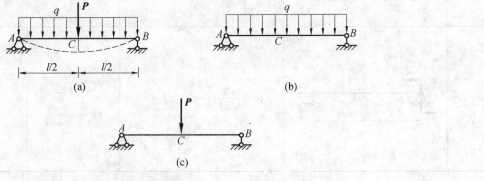

图 8.34

解 将作用于梁上的荷载分为两种简单的荷载,如图 8.34(b)、(c)所示。

在均布荷载 q 作用下,梁跨中点 C 的挠度 y_{Cq} 及支座处截面的转角 θ_{Aq}、θ_{Bq} 可由表 8.1 查得

$$y_{Cq}=\frac{5ql^4}{384EI}, \qquad \theta_{Aq}=\frac{ql^3}{24EI}, \qquad \theta_{Bq}=-\frac{ql^3}{24EI}$$

在图 8.34(c) 集中力 P 作用下,梁跨中点 C 的挠度 y_{CP} 及支座处截面的转角 θ_{AP}、θ_{BP} 由表 8.1 查得

$$y_{CP}=\frac{Pl^3}{48EI}, \qquad \theta_{AP}=\frac{Pl^2}{16EI}, \qquad \theta_{BP}=-\frac{Pl^2}{16EI}$$

两种荷载共同作用时,跨中的最大挠度 $y_{\max}$ 和支座处截面的转角 θ_A、θ_B 为

$$y_{\max}=y_C=y_{Cq}+y_{CP}=\frac{5ql^4}{384EI}+\frac{Pl^3}{48EI}$$

$$\theta_A=\theta_{Aq}+\theta_{AP}=\frac{ql^3}{24EI}+\frac{Pl^2}{16EI}$$

$$\theta_B=\theta_{Bq}+\theta_{BP}=-\frac{ql^3}{24EI}-\frac{Pl^2}{16EI}$$

【例 8.14】 利用叠加法计算图 8.35(a) 所示悬臂梁 B 截面的挠度和转角。EI 为常数。

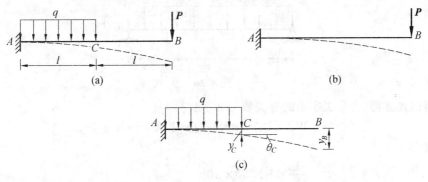

图 8.35

解 将梁上的荷载分解成简单荷载,如图 8.35(b)、(c)所示。

对于图 8.35(b),查表 8.1 得

$$y_{BP}=\frac{P(2l)^3}{3EI}=\frac{8Pl^3}{3EI}, \qquad \theta_{BP}=\frac{P(2l)^2}{2EI}=\frac{2Pl^2}{EI}$$

对于图 8.35(c),只能从表 8.1 中查得 C 截面的挠度和转角,即

$$y_{Cq}=\frac{ql^4}{8EI}, \qquad \theta_{Cq}=\frac{ql^3}{6EI}$$

由于 CB 段上没有荷载,在这一段上梁的弯矩为零,因而这一段梁不会发生弯曲变形,但它受 AC 段变形的影响而发生位移(图 8.35(c)),由图可见,B 截面的挠度和转角为

$$y_{Bq}=y_{Cq}+\theta_{Cq}\cdot l=\frac{ql^4}{8EI}+\frac{ql^3}{6EI}l=\frac{7ql^4}{24EI}, \qquad \theta_{Bq}=\theta_{Cq}=\frac{ql^3}{6EI}$$

在两种荷载共同作用下,即得到原梁 B 截面的挠度和转角为

$$y_B=\frac{8Pl^3}{3EI}+\frac{7ql^4}{24EI}, \qquad \theta_B=\frac{2Pl^2}{EI}+\frac{ql^3}{6EI}$$

工程中计算梁截面转角和挠度的方法很多。本教材将在下节中专门介绍简便、实用的"单位荷载法"。

4. 梁的刚度条件和刚度校核

在土建工程中,对梁的刚度要求就是把梁的最大挠度与跨度的比值限制在许可的范围之内,以 f 表示最大挠度,则

$$\frac{y_{\max}}{l} = \frac{f}{l} \leqslant \left[\frac{f}{l}\right] \tag{8.27}$$

此式即为梁应满足的刚度条件。$\left[\dfrac{f}{l}\right]$ 的值一般限制在 $\dfrac{1}{200} \sim \dfrac{1}{1\,000}$ 范围内,根据构件的不同用途在有关规范中有具体规定。

和强度条件的应用一样,利用刚度条件也可以解决以下三方面的问题:

(1)刚度校核;

(2)设计截面尺寸;

(3)确定许用荷载。

但是,对于一般土建工程中的梁,强度要求如能满足,刚度要求一般也能满足。也就是说,强度条件是起控制作用的。因此,在设计梁时,习惯上先以强度条件来确定梁的截面尺寸,然后进行刚度校核。

【例 8.15】 图 8.36 所示简支梁由 18 号工字钢制成,承受均布荷载。已知:$[\sigma] = 160$ MPa,$E = 210$ GPa,$\left[\dfrac{f}{l}\right] = \dfrac{1}{250}$,试校核该梁的强度和刚度。

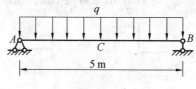

图 8.36

解 由型钢表查得 18 号工字钢的有关数据如下:

$$W_z = 185 \text{ cm}^3, \quad I_z = 1\,660 \text{ cm}^4$$

(1)强度校核

$$\sigma_{\max} = \frac{M_{\max}}{W_z} = \frac{\frac{1}{8}ql^2}{W_z} = \frac{\frac{1}{8} \times 8 \times 5^2 \times 10^6}{185 \times 10^3} \text{ MPa} = 135 \text{ MPa} < [\sigma] = 160 \text{ MPa}$$

此梁满足强度要求。

(2)刚度校核

简支梁在均布荷载作用下最大挠度在跨中截面,其值为

$$f = y_C = \frac{5ql^4}{384EI} = \frac{5 \times 8 \times 5^4 \times 10^{12}}{384 \times 2.1 \times 10^5 \times 1\,660 \times 10^4} \text{ mm} = 18.7 \text{ mm}$$

$$\frac{f}{l} = \frac{18.7}{5 \times 10^3} = \frac{1}{268} < \left[\frac{f}{l}\right] = \frac{1}{250}$$

此梁刚度也满足要求。

重点串联 ▶▶▶

受弯构件力学分析
{
弯曲构件内力计算 —— 截面法
弯曲构件内力图绘制 —— 剪力图、弯矩图
弯曲构件横截面正应力及强度计算
弯曲构件横截面剪应力及强度计算
弯曲构件变形分析
弯曲构件刚度校核
}

拓展与实训

▶ 基础训练

1.单项选择题

(1)设计刚梁时,宜采用中性轴为( )的截面;设计铸铁梁时,宜采用中性轴为( )的截面。

A.对称轴   B.偏于受拉边的非对称轴

C.偏于受压边的非对称轴   D.对称或非对称轴

(2)非对称的薄壁截面梁承受横向力时,若要求梁只产生平面弯曲而不发生扭转,则横向力作用的条件是( )。

A.作用面与形心主惯性平面重合   B.作用面与形心主惯性平面平行

C.通过弯曲中心的任意平面   D.通过弯曲中心,且平行于形心主惯性平面

(3)以下说法正确的是( )。

A.集中力作用处,剪力和弯矩值都有突变

B.集中力作用处,剪力有突变,弯矩图不光滑

C.集中力偶作用处,剪力和弯矩值都有突变

D.集中力偶作用处,剪力图不光滑,弯矩值有突变

(4)对剪力和弯矩的关系,以下说法正确的是( )。

A.同一段梁上,剪力为正,弯矩也必为正

B.同一段梁上,剪力为正,弯矩必为负

C.同一段梁上,弯矩的正负不能由剪力唯一确定

D.剪力为零处,弯矩也必为零

(5)用内力方程计算剪力和弯矩时,横向外力和外力矩的正负判断正确的是( )。

A.截面左边梁内向上的横向外力计算的剪力及其对截面形心计算的弯矩都为正

B.截面右边梁内向上的横向外力计算的剪力及其对截面形心计算的弯矩都为正

C.截面左边梁内向上的横向外力计算的剪力为正,向下的横向外力对截面形心计算的弯矩为正

D.截面右边梁内向上的横向外力计算的剪力为正,该力对截面形心计算的弯矩也为正

2.判断题

(1)梁在纯弯曲时,变形后横截面保持为平面,且其形状、大小均保持不变。( )

(2)梁在横力弯曲时,横截面上的最大剪应力不一定发生在截面的中性轴上。( )

(3)设梁的横截面为正方形,为增加抗弯截面系数,提高梁的强度,应使中性轴通过正方形的对角线。( )

(4)杆件弯曲中心的位置只与截面的几何形状和尺寸有关,而与载荷无关。( )

(5)按力学等效原则,将梁上的集中力平移不会改变梁的内力分布。( )

3.综合题

(1)列出图 8.37 中各梁的剪力方程及弯矩方程,绘制剪力图和弯矩图,求 $|Q|_{max}$ 和 $|M|_{max}$。

(2)用简易作图法作图 8.38 所示各梁的内力图,并求解指定截面上的内力。

(3)矩形截面梁受均布荷载如图 8.39 所示,若材料的许用应力 $[\sigma]=10$ MPa,试求梁的许可荷载 q。

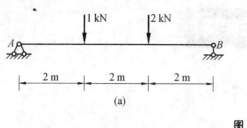
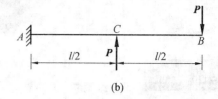

图 8.37

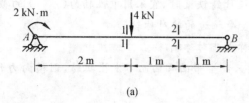
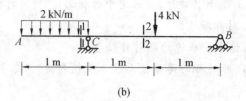

图 8.38

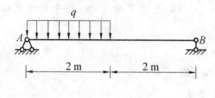

图 8.39

► 工程技能训练

绘制剪力图和弯矩图并进行强度校核

1.训练目的

(1)培养认知和辨析能力,掌握各种约束及约束反力的画法,掌握常用支座的简化方法。

(2)培养分析问题、解决问题的能力,既要能对单个物体及物体系统进行受力分析,又要能绘制单个物体及物体系统的受力图。

(3)建立强度条件,进行强度校核。

2.训练要求

(1)使用铅笔、三角板或者直尺绘图,养成良好的绘图习惯。

(2)简图虽然是示意图,但也要图线粗细分明,图面整洁清楚。

(3)荷载、约束反力或者支座反力要按照统一规定做到力的三要素———到位。

(4)作完的受力图要真正意义上反映物体或物体系统的实际受力状态,不能缺少一个力,也不能多出一个力;要确保每个力的作用点定位和方向准确、标注正确。

(5)会计算正应力与剪应力,能够进行强度校核。

3.训练习题

如图 8.40 所示的矩形截面木梁的许用应力 $[\sigma]=10$ MPa,$[\tau]=2$ MPa,试校核梁的正应力强度和剪应力强度。

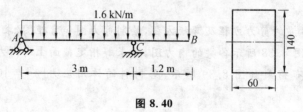

图 8.40

模块 9
组合变形构件力学分析

教学聚焦

在基本变形结构力学分析的基础上,更深一步解决实际中的组合结构的力学分析与计算。

知识目标

◆熟悉应力状态分析和强度理论;

◆掌握拉(压)弯组合构件的设计与计算方法;

◆掌握弯扭组合构件的设计与计算方法。

技能目标

◆能够对拉(压)弯组合构件进行设计和计算;

◆能够对弯扭组合构件进行设计和计算。

课时建议

14 课时

教学重点或难点

本模块主要针对工程中组合变形构件进行力学特性分析。重点是了解四种常用强度理论的内容及应用条件;要求会应用经典的强度理论进行组合变形强度计算。难点在于对材料机械性能与强度理论之间内在联系的理解。

9.1 应力状态分析

例题导读

【例 9.1】讲解了构件受扭时,表面任意点所受应力的分析和求解方法,并讨论了各种材料在扭转实验中出现的现象;【例 9.2】主要讲解了如何运用第三强度和第四强度理论校核圆筒强度。

知识汇总

· 点应力和平面应力的分析及计算方法;

· 四种强度理论的介绍及其应用。

构件在发生轴向拉伸(压缩)、剪切与挤压、扭转和弯曲四种基本变形时,横截面的危险点是在正应力或切应力的单独作用下发生破坏的,而构件在复杂的组合变形中,横截面上的危险点既有正应力作用又有切应力作用,这就有必要对应力状态进行分析和研究。

9.1.1 点应力状态

1.点应力状态概念

直杆轴向拉伸或压缩时,横截面上各点处的应力相同,但在通过同一点而方位不同的斜截面上的应力将不再相同,即应力随所取的斜截面的方位不同而变化。至于圆轴扭转及弯曲变形,横截面上的应力不再是均匀分布,更不要说斜截面上的应力了。所以,杆件内一点处的应力既是该点坐标的函数,又是所取截面方位的函数。受力构件内任意一点在不同方位各个截面上的应力情况,称为该点处的点应力状态。

应力状态分析采用平衡的方法研究过一点不同方位截面上应力的变化规律,从而找出哪个点、哪个面上正应力最大或切应力最大,为解决复杂应力状态下的强度计算提供依据,这就是研究应力状态的目的。

2.单元体

为了便于研究受力构件内某一点处的应力状态,通常是围绕该点截取一个三个方向尺寸均为无穷小的正六面体,称为该点的单元体。由于单元体三方向的尺寸均为无穷小,可以认为:单元体每个面上的应力都是均匀分布的,且单元体相互平行的面上的应力都是相等的,它们就是该点在这个方位截面上的应力。所以,单元体的应力状态就代表了构件上一点处的应力状态。

3.点应力状态分析

(1)直杆轴向拉伸时的应力状态。如图 9.1(a) 所示,直杆轴向拉伸时,围绕杆内任一点 A 截取单元体,如图 9.1(b) 所示,其平面图表示在图 9.1(c) 中,单元体的左右两侧面是杆件横截面的一部分,其面上的应力皆为 $\sigma = P/A$。单元体的上、下、前、后四个面都是平行于轴线的纵向面,面上皆无任何应力。但如果围绕 A 点与杆轴线成 $\pm 45°$ 的截面和纵向面截取单元体,前、后面为纵向面,面上无任何应力,而在单元体的外法线与杆轴线成 $\pm 45°$ 的斜面上既有正应力又有切应力,如图 9.1(d) 所示。

(2)圆轴扭转时的应力状态。如图 9.2(a) 所示,圆轴扭转时,围绕圆轴表面上任一点 A 截取单元体,如图 9.2(b) 所示。单元体的左、右两侧面为横截面的一部分,正应力为零,而切应力为 $\tau = T/W_t$,由切应力互等定理可知,在单元体的上、下两面,有 $\tau' = \tau$。因为单元体的前面为圆轴的自由面,故单元体的前、后面上无任何应力。单元体平面受力如图 9.2(c) 所示。由此可见,圆轴受扭时,A 点的应力状态为纯剪切应力状态。

若围绕着 A 点沿与轴线成 $\pm 45°$ 的截面截取单元体,则其 $\pm 45°$ 斜截面上的切应力皆为零。在外法线与轴线成 $45°$ 的截面上,有压应力,其值为 $-\tau$。在外法线与轴线成 $-45°$ 的截面上有拉应力,其值为 $+\tau$,前、后面两侧面无任何应力,如图 9.1(d) 所示。

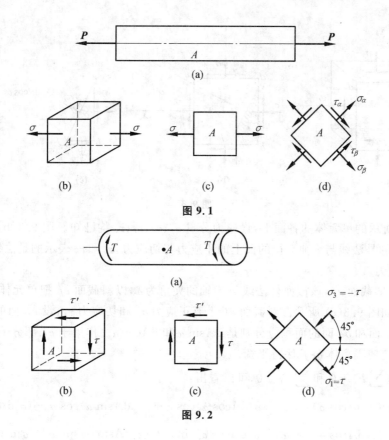

图 9.1

图 9.2

9.1.2 应力状态分类

1. 主应力与主平面

受力构件内的某点所截取出的单元体,一般来说,各个面上既有正应力,又有切应力。如果单元体的某个面上只有正应力,而无切应力,则此平面称为主平面。主平面上的正应力称为主应力。若单元体三个相互垂直的面皆为主平面,则这样的单元体称为主单元体。

可以证明:从受力构件某点处以不同方位截取的诸单元体中,必有一个单元体为主单元体。

2. 应力状态的类型

若在一个点的三个主应力中,只有一个主应力不等于零,则这样的应力状态称为单向应力状态。若三个主应力中有两个不等于零,则称为二向应力状态或平面应力状态。若三个主应力皆不为零,则称为三向应力状态或空间应力状态。

单向应力状态也称为简单应力状态,二向和三向应力状态统称为复杂应力状态。

9.1.3 平面应力状态分析

平面应力状态是工程中常见的应力状态,工程中许多受力构件的危险点都处于平面应力状态。对这类构件进行强度计算时,通常需要了解危险点处应力的大小及方位,因此必须首先确定单元体任一截面上的应力,也就是了解该点的应力状态,进而进行强度计算。

1. 解析法计算任意斜截面上的应力

从构件内某点截取的单元体如图 9.3(a) 所示。单元体前、后两个面上无任何应力,故前、后两个面为主平面,且这个面上的主应力为零,所以,它是二向应力状态。

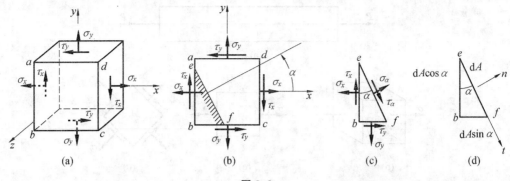

图 9.3

在图 9.3(a) 所示的单元体的各面上，设应力分量 σ_x、σ_y、τ_x、τ_y 均已知。图 9.3(b) 为单元体的正投影图，σ_x 和 τ_x 表示的是法线与 x 轴平行的面上的正应力与切应力，σ_y 和 τ_y 表示的是法线与 y 轴平行的面上的正应力与切应力。

取单元体任意斜截面 ef，该截面外法线与 x 轴的夹角为 α，以斜截面 ef 把单元体假想截开，取 bef 部分为研究对象，如图 9.3(c) 所示。斜截面 ef 上有正应力 σ_α 和切应力 τ_α，设 ef 面的面积为 dA，如图 9.3(d) 所示，则 bf 面和 be 面的面积应分别是 $dA\sin\alpha$ 和 $dA\cos\alpha$。作用于 ef 部分上的力及作用于 bf 和 be 部分上的力应使隔离体 bef 保持平衡。

根据平衡方程 $\sum F_n = 0$ 和 $\sum F_t = 0$，可以看出：

$$\sum F_n = \sigma_\alpha dA + (\tau_x dA\cos\alpha)\sin\alpha - (\sigma_x dA\cos\alpha)\cos\alpha + (\tau_y dA\sin\alpha)\cos\alpha - (\sigma_y dA\sin\alpha)\sin\alpha = 0$$

$$\sum F_t = \tau_\alpha dA - (\tau_x dA\cos\alpha)\cos\alpha - (\sigma_x dA\cos\alpha)\sin\alpha + (\tau_y dA\sin\alpha)\sin\alpha + (\sigma_y dA\sin\alpha)\cos\alpha = 0$$

由切应力互等定理可知：$\tau_x = \tau_y$，并利用 $2\sin\alpha\cos\alpha = \sin 2\alpha$，$\cos^2\alpha = \dfrac{1 + \cos 2\alpha}{2}$ 和 $\sin^2\alpha = \dfrac{1 - \cos 2\alpha}{2}$，简化以上平衡方程，得到

$$\sigma_\alpha = \frac{\sigma_x + \sigma_y}{2} + \frac{\sigma_x - \sigma_y}{2}\cos 2\alpha - \tau_x\sin 2\alpha$$

$$\tau_\alpha = \frac{\sigma_x - \sigma_y}{2}\sin 2\alpha + \tau_x\cos 2\alpha$$

上式表明：正应力 σ_α 和切应力 τ_α 都是方位角 α 的函数，即任意斜截面上的正应力 σ_α 和切应力 τ_α 都随截面方位的改变而变化。

正应力 σ_α 以拉应力为正，压应力为负；切应力 τ_α 以使单元体顺时针方向转动为正，逆时针方向转动为负；方位角 α 是从 x 轴到斜截面外法线为逆时针方向转动为正，顺时针方向转动为负。

2. 图解法计算任意斜截面上的应力

(1) 应力圆。将平面应力状态分析解析法得到的任一斜截面上的应力计算公式两边平方，然后再相加，得

$$\left(\sigma_\alpha - \frac{\sigma_x + \sigma_y}{2}\right)^2 + \tau_\alpha^2 = \left(\frac{\sigma_x - \sigma_y}{2}\right)^2 + \tau_x^2$$

上式中，σ_x、σ_y、τ_x 皆为已知量，若以 σ 轴为横坐标，τ 轴为纵坐标建立一个坐标系，则上式是一个以 σ_α 和 τ_α 为变量的圆周方程。圆心的横坐标为 $\dfrac{\sigma_x + \sigma_y}{2}$，纵坐标为零，圆周的半径为 $\sqrt{\left(\dfrac{\sigma_x + \sigma_y}{2}\right)^2 + \tau_x^2}$。这个圆称为应力圆，也称为莫尔(Mohr)圆。

应力圆上任意一点的坐标值，代表了所研究单元体任一截面上的正应力和切应力。

(2) 应力圆画法。如图 9.4 所示，应力圆的作法如下：

根据所研究单元体上已知应力 σ_x、σ_y、τ_x、τ_y，在直角坐标系 $\sigma - \tau$ 中，按选定的比例尺量取 $OA_1 = \sigma_x$，$A_1D = \tau_x$，得到点 D；量取 $OB_1 = \sigma_y$ 和 $B_1C = \tau_y$，得到点 D'。连接 D 和 D' 两点的直线与 σ 轴交与 C 点，以 C 为圆心，线段 CD 或 CD' 为半径作圆，即得所求的应力圆，如图 9.4(b) 所示。

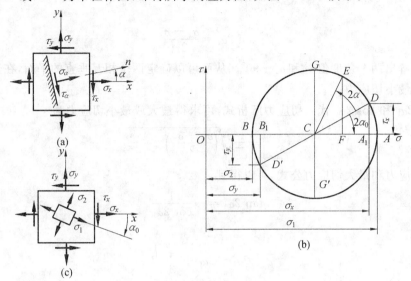

图 9.4

3. 最大正应力与最大切应力

(1) 最大正应力。为求正应力 σ_α 的最大值，可将正应力 σ_α 的解析式对 α 取导数，得

$$\frac{\mathrm{d}\sigma_\alpha}{\mathrm{d}\alpha} = -2\left(\frac{\sigma_x - \sigma_y}{2}\sin 2\alpha + \tau_x \cos 2\alpha\right)$$

若 $\alpha = \alpha_0$ 时，导数 $\dfrac{\mathrm{d}\sigma_\alpha}{\mathrm{d}\alpha} = 0$，则在 α_0 所确定的截面上，正应力最大。以 α_0 代入上式，并令其等于零，则

$$\frac{\sigma_x - \sigma_y}{2}\sin 2\alpha_0 + \tau_x \cos 2\alpha_0 = 0$$

可得

$$\tan 2\alpha_0 = -\frac{2\tau_x}{\sigma_x - \sigma_y}$$

上式有两个解：α_0 和 $\alpha_0 \pm 90°$。因此，在它们所确定的两个互相垂直的平面上，正应力取得极值。在这两个互相垂直的平面中，一个是最大正应力所在的平面，另一个是最小正应力所在的平面。

将求出 $\sin 2\alpha_0$ 和 $\cos 2\alpha_0$ 代入正应力解析式，可求得最大或最小正应力为

$$\left.\begin{array}{l}\sigma_{\max}\\\sigma_{\min}\end{array}\right\} = \frac{\sigma_x + \sigma_y}{2} \pm \sqrt{\left(\frac{\sigma_x - \sigma_y}{2}\right)^2 + \tau_x^2}$$

至于 α_0 确定的两个平面中哪一个对应着最大正应力，可按下述方法确定：若 σ_x 为两个正应力中代数值较大的一个，则确定的两个角度 α_0 和 $\alpha_0 \pm 90°$ 中，绝对值较小的一个对应着最大正应力 $\sigma_{\max}$ 所在的平面；反之，绝对值较大的一个对应着最小正应力 $\sigma_{\min}$ 所在的平面。

最大和最小正应力所在平面上的切应力均为零，这就是说，正应力为最大或最小的平面是主平面，最大或最小正应力就是主应力，两个主应力是互相垂直的。

(2) 最大切应力。为求切应力 τ_α 的最大值，可将切应力 τ_α 的解析式对 α 取导数，得

$$\frac{\mathrm{d}\tau_\alpha}{\mathrm{d}\alpha} = (\sigma_x - \sigma_y)\cos 2\alpha - 2\tau_x \sin 2\alpha$$

若 $\alpha = \alpha_1$ 时,导数 $\dfrac{\mathrm{d}\tau_\alpha}{\mathrm{d}\alpha} = 0$,则在 α_1 所确定的截面上,切应力最大。以 α_1 代入上式,并令其等于零,则

$$(\sigma_x - \sigma_y)\cos 2\alpha_1 - 2\tau_x \sin 2\alpha_1 = 0$$

可得

$$\tan 2\alpha_1 = \frac{\sigma_x - \sigma_y}{2\tau_x}$$

上式也可以解出两个角度值 α_1 和 $\alpha_1 \pm 90°$。从而可以确定两个相互垂直的平面,在这两个平面上分别作用着最大或最小切应力。

将求出 $\sin 2\alpha_1$ 和 $\cos 2\alpha_1$ 代入切应力解析式,可求得最大或最小切应力为

$$\left.\begin{array}{c}\tau_{\max}\\\tau_{\min}\end{array}\right\} = \pm\sqrt{\left(\frac{\sigma_x - \sigma_y}{2}\right)^2 + \tau_x^2}$$

比较最大正应力和最大切应力公式,可以得到

$$\tan 2\alpha_0 = -\frac{1}{\cot 2\alpha_1}$$

所以有

$$2\alpha_1 = 2\alpha_0 + \frac{\pi}{2}$$

$$\alpha_1 = \alpha_0 + \frac{\pi}{4}$$

即:最大和最小切应力所在的平面的外法线与主平面的外法线之间的夹角为45°。

【例9.1】 受扭圆轴如图9.5(a)所示,试分析圆轴表面任一点的应力状态,并讨论试件受扭时的破坏现象。

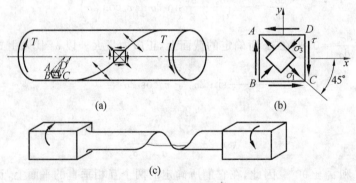

图9.5

解 (1)求主应力和主平面位置

圆轴扭转时,在横截面边缘处切应力最大,其值为

$$\tau = \frac{T}{W_n}$$

在受扭圆轴沿纵横截面截取的单元体为纯剪切应力状态,如图9.5(b)所示,单元体各面上的应力为

$$\sigma_x = \sigma_y = 0$$

$$\tau_x = -\tau_y = \tau = \frac{T}{W_n}$$

则纯剪切应力状态任意斜截面上的应力为

$$\sigma_\alpha = -\tau_x \sin 2\alpha = -\tau \sin 2\alpha$$

$$\tau_\alpha = \tau_x \cos 2\alpha = \tau \cos 2\alpha$$

则主应力的最大值为

$$\left.\begin{array}{c}\sigma_{max}\\\sigma_{min}\end{array}\right\} = \frac{\sigma_x + \sigma_y}{2} \pm \sqrt{\left(\frac{\sigma_x - \sigma_y}{2}\right)^2 + \tau_x^2} = \pm\tau$$

$$\tan 2\alpha_0 = -\frac{2\tau_x}{\sigma_x - \sigma_y} = -\infty$$

$$\alpha_0 = -45° \text{ 或 } \alpha_0 = 45°$$

三个主应力分别为

$$\sigma_1 = \tau, \quad \sigma_2 = 0, \quad \sigma_3 = -\tau$$

由此可见,圆轴扭转时,圆轴表面上各点处于二向应力状态,两个主应力中一为最大拉应力,一为最大压应力,它们对应的两对斜截面与轴线成 45° 角,绝对值都等于切应力。

(2) 求最大切应力

$$\left.\begin{array}{c}\tau_{max}\\\tau_{min}\end{array}\right\} = \pm\sqrt{\left(\frac{\sigma_x - \sigma_y}{2}\right)^2 + \tau_x^2} = \pm\tau$$

$$\tan 2\alpha_1 = \frac{\sigma_x - \sigma_y}{2\tau_x} = 0$$

$$\alpha_1 = 0° \text{ 或 } \alpha_1 = 90°$$

由此表明,圆周扭转时,最大切应力发生在圆轴表面各点的横截面或纵截面上。主平面与最大切应力作用面的夹角为 45°。

根据上述讨论,可以很好地解释材料在扭转实验中出现的现象。例如,低碳钢试件扭转时的屈服现象是材料沿横截面产生滑移的结果,最后沿横截面断开,这说明低碳钢扭转破坏是横截面上最大切应力作用的结果。即对于低碳钢这种塑性材料来说,其抗剪能力小于抗拉或抗压能力。铸铁试件扭转时,大约沿与轴线成 45° 螺旋线断裂,说明是最大拉应力作用的结果。即对于铸铁这种脆性材料,其抗拉能力小于抗剪或抗压能力。

⁘⁘⁘ 9.1.4 强度理论

1.强度理论概述

材料在变形试验中的破坏现象各不相同,但基本上可以归纳为两种基本类型:一类是脆性断裂,材料在发生这种断裂时没有明显的塑性变形。例如,铸铁在轴向拉伸时沿横截面拉断,铸铁圆轴扭转时在大致 45° 方向的螺旋线拉断,塑性材料如低碳钢,如果承受三向等值拉力时,也会在无明显塑性变形的情况下发生断裂等等。另一类是塑性屈服,材料因产生显著的塑性变形而使构件丧失正常工作的能力。例如,低碳钢在拉伸或扭转时都会发生显著的塑性变形,有的还会出现屈服现象。因此,不同材料在相同的应力状态下有不同的破坏形式,而同一材料在不同的应力状态下,也可能有不同的破坏形式。可见,材料的破坏形式与应力状态相关。

工程实际中,构件危险点应力状态多是复杂应力状态,而复杂应力状态下的强度条件,是难以直接通过试验建立的。这是因为复杂应力状态下的主应力有无限多种组合,同时进行复杂应力状态试验的设备和试件加工都比较复杂。虽然不同材料在不同应力状态下破坏形式是多样的,但它们的破坏还是有规律可循的,因此,可以进一步研究材料在复杂应力状态下发生破坏的原因,根据一定的试验资料和实践经验,提出材料在复杂应力状态下发生破坏的假说。这类假说认为,材料之所以按某种形式破坏,是应力、应变或比能等因素中某一因素引起的。按照这类假说,无论是简单应力状态还是复杂应力状态,引起破坏的因素是相同的,这类假说称为强度理论。利用强度理论,可以根据简单应力状态的试验结果,建立复杂应力状态的强度条件。

2.工程中常用的四种强度理论

材料破坏有两种基本类型,因此强度理论也分为两类:一类是解释材料脆性断裂的强度理论,其中有最大拉应力理论和最大拉应变理论;另一类是解释屈服破坏的理论,包括最大切应力理论和形状改变比能理论。

(1)最大拉应力理论(第一强度理论)。这一理论认为最大拉应力 σ_1 是引起材料脆性破坏的主要原因。即无论是在什么样的应力状态下,只要最大拉应力 σ_1 达到材料在单向应力状态下发生脆性破坏时的极限应力 σ_b,材料就发生脆性断裂。因此,发生脆性断裂的条件为

$$\sigma_1 = \sigma_b$$

将极限应力 σ_b 除以安全系数,得到材料许用应力 $[\sigma]$,于是按照第一强度理论建立的强度条件为

$$\sigma_{xd1} = \sigma_1 \leqslant [\sigma]$$

这一理论与铸铁、混凝土等脆性材料拉断破坏现象比较符合。例如,铸铁等脆性材料制成的构件在轴向拉伸、扭转或双向受拉应力状态下,其脆性破坏都是发生在最大拉应力截面上。但这一理论没有考虑其他两个主应力对材料破坏的影响,且对于没有拉应力的应力状态也不适用。

(2)最大拉应变理论(第二强度理论)。这一理论认为最大伸长线应变 ε_1 是引起材料脆性断裂的主要因素,即无论在什么样的应力状态下,只要构件内一点处的最大伸长线应变 ε_1 达到了材料在单向应力状态下发生脆性断裂破坏时伸长线应变的极限值 ε_u,材料就会发生脆断破坏。

材料的极限值可以通过单轴拉伸试样发生脆性断裂的试验来确定。如果这种材料直到发生脆性断裂时都可近似地看做线弹性,即服从胡克定律,则 $\varepsilon_u = \dfrac{\sigma_b}{E}$,其中 σ_b 就是单轴拉伸试样在拉断时其横截面上的正应力。则发生脆性断裂的条件是

$$\varepsilon_1 = \varepsilon_u = \frac{\sigma_b}{E}$$

由广义胡克定律知

$$\varepsilon_1 = \frac{1}{E} [\sigma_1 - v(\sigma_2 + \sigma_3)]$$

得到脆性断裂的条件为

$$\sigma_1 - v(\sigma_2 + \sigma_3) = \sigma_b$$

将上式中 σ_b 除以安全系数,得到根据第二强度建立的强度条件

$$\sigma_{xd2} = \sigma_1 - v(\sigma_2 + \sigma_3) \leqslant [\sigma]$$

试验证明,这一理论与石料、混凝土等脆性材料在压缩时纵向开裂的现象是一致的。铸铁在拉—压二向应力,且压应力较大的情况下,试验结果与这一理论较为接近。因此,这一理论适用于脆性材料以压应力为主的情况。

(3)最大切应力理论(第三强度理论)。这一理论认为,最大切应力 τ_{max} 是引起材料塑性屈服破坏的主要因素,无论在什么样的应力状态下,只要构件内一点处的最大切应力 τ_{max} 达到材料在单向拉伸下发生塑性屈服破坏时的极限应力值 τ_s,材料就将发生屈服破坏。按照这一强度理论,发生屈服破坏条件为

$$\tau_{max} = \tau_s = \frac{\sigma_s}{2}$$

在复杂应力状态下一点处的最大切应力为

$$\tau_{max} = \frac{1}{2}(\sigma_1 - \sigma_3)$$

则屈服破坏条件可改写为

$$\sigma_1 - \sigma_3 = \sigma_s$$

将上式中 σ_s 除以安全因数即得材料的许用拉应力 $[\sigma]$，则得按第三强度理论所建立的强度条件为

$$\sigma_{xd3} = \sigma_1 - \sigma_3 \leqslant [\sigma]$$

这一理论能够较为满意地解释塑性材料的屈服现象，例如低碳钢拉伸时，在与轴线成 45° 的斜截面上出现滑移线，是材料内部沿最大切应力截面发生滑移的痕迹。它的不足是没有考虑中间应力 σ_2 的影响，并且只适用于拉压屈服极限相同的材料。

（4）形状改变比能理论（第四强度理论）。这一理论认为，形状改变比能是引起材料屈服的主要因素，无论在什么样的应力状态下，只要构件内一点处的形状改变比能达到了材料单向拉伸屈服时的形状改变比能极限值，材料就会发生塑性屈服。按照这一强度理论导出的强度条件为

$$\sigma_{xd4} = \sqrt{\frac{1}{2}\left[(\sigma_1-\sigma_2)^2+(\sigma_2-\sigma_3)^2+(\sigma_3-\sigma_1)^2\right]} \leqslant [\sigma]$$

试验表明，在平面应力状态下，形状改变比能理论比最大切应力理论更符合试验结果。但由于最大切应力理论物理概念较为直观，计算简便，计算结果偏于安全，在工程实践中应用较为广泛。

3. 强度理论的应用

工程实际中，对以上四种强度理论，可根据材料和破坏情况的不同选择应用。铸铁、石料和混凝土等脆性材料，一般发生脆性破坏，通常采用第一或第二强度理论。钢材、铜和铝等塑性材料，一般发生塑性屈服，通常采用第三或第四强度理论。但应注意的是，材料的塑性和脆性不是绝对的。例如，低碳钢在单向拉伸时发生塑性屈服，但应力集中可能会使材料处于三向受拉状态，从而发生脆断。同时，脆性材料在三向受压时，却可以有较好的塑性。

应用强度理论解决实际问题的步骤是：

（1）从构件危险点处截取单元体，计算出主应力 σ_1、σ_2、σ_3；

（2）选用适当的强度理论，计算其相当应力，把复杂应力状态转换为等效的单向应力状态；

（3）确定材料许用应力，应用强度条件进行强度计算。

【例 9.2】 如图 9.6 所示，一两端密封的压力容器由 Q235 的钢材制成，其许用应力 $[\sigma]=170$ MPa，圆筒平均直径 $D=1\,100$ mm，钢板厚度 $\delta=10$ mm，内压力 $p=3$ MPa。试用第三和第四强度理论校核圆筒强度。

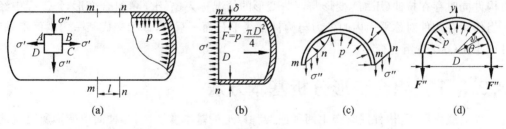

（a）　　　　　　　（b）　　　　　　　（c）　　　　　　　（d）

图 9.6

解 压力容器圆筒上任意一点处于平面应力状态，其主应力值分别为

$$\sigma_1 = \frac{pD}{2\delta} = \frac{3\times1\,100}{2\times10}\ \text{MPa} = 165\ \text{MPa}$$

$$\sigma_2 = \frac{pD}{4\delta} = \frac{3\times1100}{4\times10}\ \text{MPa} = 82.5\ \text{MPa}$$

$$\sigma_3 = 0$$

按照第三强度理论校核：

$$\sigma_{xd3} = \sigma_1 - \sigma_3 = 165\ \text{MPa} < [\sigma] = 170\ \text{MPa}$$

按照第四强度理论校核：

$$\sigma_{xd4} = \sqrt{\frac{1}{2}\left[(\sigma_1 - \sigma_2)^2 + (\sigma_2 - \sigma_3)^2 + (\sigma_3 - \sigma_1)^2\right]} = 142.9 \text{ MPa} < [\sigma] = 170 \text{ MPa}$$

以上计算可知,压力容器圆筒满足强度要求。而且 $\sigma_{xd3} > \sigma_{xd4}$,按第三强度理论计算其结果偏于安全。

通过对构件基本变形力学分析,我们已经了解了杆件在基本变形时横截面上的应力情况。实际上,构件上一点的应力情况除与该点的位置有关以外,还与通过该点所截取的截面方位有关。讨论一点在不同截面上的应力情况,为构件组合变形力学分析打下了一定的理论基础。

人们在长期的生产实践中,综合分析材料强度的失效现象,提出了各种不同的假说。各种假说尽管各有差异,但它们都认为:材料之所以按某种方式失效(屈服或断裂),是由于应力、应变和比能等诸因素中的某一因素引起的。按照这种假说,无论单向或复杂应力状态,造成失效的原因是相同的,即引起失效的因素是相同的且数值是相等的。通常也就把这类假说称为强度理论。

既然强度理论是一种假说,因此,它的正确与否,在什么情况下适用,必须通过实践来检验。

一般情况下,脆性材料常发生断裂失效,故常用第一、第二强度理论,而塑性材料常发生屈服失效,常采用第三和第四强度理论。应当指出的是:材料强度失效的形式虽然与材料本身性质有关,但它同时又与应力状态有关,即同一种材料,在不同的应力状态下,失效的形式有可能不同,由此在选择强度理论时也应不同对待。

9.2 弯扭组合构件承载能力的设计与计算

例题导读

【例 9.3】讲解了拉压与弯曲组合构件的分析和计算方法,并通过强度条件和强度计算,选择合适的构件型号;【例 9.4】讲解了偏心受压构件(压弯组合)的力学分析和强度计算方法。

知识汇总

• 组合变形分析基本方法;

• 拉压与弯曲组合变形的力学分析与强度计算方法;

• 偏心受压构件的力学分析与强度计算方法。

受力构件同时存在拉伸(压缩)变形与弯曲变形的情况称为拉(压)弯组合变形,是工程中经常遇到的情况。当作用在构件对称平面内的外力与构件轴线平行而不重合,或相交成某一角度而不垂直时,都将使构件产生拉(压)弯组合变形。

9.2.1 组合变形分析基本方法

在复杂外荷载作用下,构件同时产生两种或两种以上的基本变形,当几种简单变形所对应的应力属于同一量级时,每种变形都不能忽略,这类构件的变形称为组合变形。

分析组合变形问题时,通常是先把作用在杆件上的荷载向杆件的轴线简化,即把构件上的外力转化成几组静力等效的荷载,其中每一组荷载对应着一种基本变形。在线弹性和小变形的条件下,杆件上虽然同时存在几种变形,但每一种基本变形都是各自独立、互不影响的,即任一基本变形不会影响另一种基本变形所产生的应力和变形。这样,就可以分别计算每一种基本变形的内力、应力和变形,然后叠加,即为组合变形的内力、应力和变形。这种处理组合变形问题的方法,称为叠加法。

对组合变形构件的强度分析计算方法,可概括为:

(1)按引起的变形类型分解外力,通常是将荷载向杆件的轴线和形心主惯性轴简化,把组合变形分解为几个基本变形。

(2)分别绘出各基本变形的内力图,确定危险截面位置,再根据各种变形应力分布规律,确定危险点。

（3）分别计算危险点处各基本变形引起的应力。

（4）叠加危险点的应力，叠加通常是在应力状态上的叠加。然后选择适当的强度理论进行强度计算。

❖❖❖ 9.2.2 拉（压）弯组合变形构件的设计与计算

1.构件受横向力与轴向力的组合作用

如图 9.7(a) 所示，有一矩形等直杆，一端固定，一段自由，在自由端受力 F 作用。

（1）外力分析。外力 F 作用在杆的对称面 Oxy 内，并与杆轴线成一 α 角。F 力沿 x、y 轴方向可分解为两个分力 F_x、F_y，如图 9.7(b) 所示。其大小为

$$F_x = F\cos\alpha$$
$$F_y = F\sin\alpha$$

其中，F_x 分力为轴向力，使杆件产生轴向拉伸，F_y 分力为横向力，使杆件产生弯曲变形，所以，杆件在外力 F 作用下的变形是拉弯组合变形。

（2）内力分析。在轴向拉力 F_x 作用下，杆在各横截面有相同的轴力，其值为

$$N = F_x = F\cos\alpha$$

轴力图如图 9.7(c) 所示。

在横向力 F_y 作用下，杆各截面上的弯矩不等，距固定端为 a 的任意截面上的弯矩为

$$M = F_y(L-a) = F(L-a)\cos\alpha$$

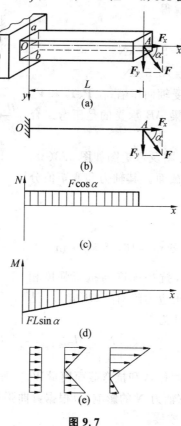

图 9.7

图 9.7(d)所示为杆的弯矩图。固定端截面上的弯矩最大,其值为 $M_{max}=FL\cos\alpha$。因此,固定端截面是杆的危险截面。

(3)应力分析。杆件发生拉伸变形时,横截面上的拉应力 σ_1 在横截面上均匀分布,如图 9.7(e)所示,其值为

$$\sigma_1=\frac{N}{A}=\frac{F\cos\alpha}{A}$$

杆件在纵向对称平面内发生弯曲变形时,对应的弯曲正应力 σ_2 在横截面上沿截面高度线性分布,如图 9.7(e)所示,其最大弯曲正应力在截面的上、下边缘,其值为

$$\sigma_{2max}=\frac{M_{max}}{W_z}=\frac{FL\sin\alpha}{W_z}$$

将拉伸正应力 σ_1 和弯曲正应力 σ_2 叠加,即为拉(压)弯组合变形时横截面上任意点处的正应力,如图 9.7(e)所示。可见,拉(压)弯组合变形时,平面弯曲的中性轴将发生平移。

(4)强度计算。根据危险截面上的应力分布,在杆件的上边缘处正应力达到最大值。因该点为单向应力状态,故强度条件可表示为

$$\sigma_{max}=\left|\frac{N}{A}+\frac{M_{max}}{W_z}\right|\leqslant[\sigma]$$

【例 9.3】 如图 9.8(a)所示为一悬臂式吊车架,在横梁 AB 的中点 D 作用一集中荷载 $P=25$ kN,已知材料的许用应力 $[\sigma]=100$ MPa,若横梁 AB 为工字形梁,试选择工字钢型号。

解 (1)横梁 AB 受外力分析。取横梁 AB 为研究对象,如图 9.8(b)所示,由静力平衡条件解得

$$T=25 \text{ kN}$$
$$T_1=H_A=T\cos 30°=21.6 \text{ kN}$$
$$T_2=V_A=T\sin 30°=12.5 \text{ kN}$$

可见,在 T_1 和 H_A 作用下,梁承受轴向压缩;在 P、T_2 和 V_A 作用下,梁发生弯曲变形。因此,横梁 AB 承受的是压弯组合变形。

(2)内力分析。横梁 AB 的轴力图及弯矩图如图 9.8(c)、9.8(d)所示。显然,危险截面是 D 截面。其轴力和弯矩值分别为

$$N=-T=-21.6 \text{ kN}$$
$$M_{max}=\frac{1}{4}Pl=\frac{1}{4}\times25 \text{ kN}\times2.6 \text{ m}=16.25 \text{ kN}\cdot\text{m}$$

(3)截面设计。对于工字形梁,抗拉强度与抗压强度相同。在 D 截面的上边缘,叠加后的正应力绝对值(压应力)达到最大值,故为危险点,所以强度条件为

$$\sigma_{max}=\left|\frac{N}{A}+\frac{M_{max}}{W_z}\right|\leqslant[\sigma]$$

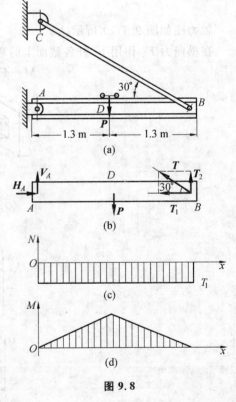

图 9.8

上式中,有两个未知量,即横截面积 A 和抗弯截面模量 W_z。所以,仅由上式无法确定工字钢型号。工程中一般采用试算法,即先不考虑轴力 N 的影响,只根据弯曲强度条件初选工字钢型号,然后再根据拉(压)弯组合的强度条件进行强度校核。

由弯曲正应力强度条件

$$\sigma_{\max} = \frac{M_{\max}}{W_z} \leqslant [\sigma]$$

$$W_z = \frac{M_{\max}}{[\sigma]} = \frac{16.25 \times 10^6 \text{ N} \cdot \text{mm}}{100 \text{ MPa}} = 16.25 \times 10^4 \text{ mm}^3 = 162.5 \text{ cm}^3$$

查型钢表,选取 18 号工字钢,$W_z = 185 \text{ cm}^3$,$A = 30.756 \text{ cm}^2$。

(4) 强度校核。将以上数据代入压弯组合的强度式,即

$$\sigma_{\max} = \left| \frac{N}{A} + \frac{M_{\max}}{W_z} \right| = \left| \frac{-21.6 \times 10^3}{30.756 \times 10^2} - \frac{16.25 \times 10^6}{185 \times 10^3} \right| \text{MPa} = 94.9 \text{ MPa} < [\sigma] = 100 \text{ MPa}$$

故选取 18 号工字钢满足强度条件。

技术提示:

试算中,若初选出的工字钢型号,压弯组合最大应力 $\sigma_{\max}$ 大于许用应力$[\sigma]$,则应重新选取工字钢,再进行压弯强度校核。

2. 构件受偏心压缩(拉伸)作用

作用于直杆上的外力,当其作用线与杆件的轴线平行但不重合时,杆件就受到偏心压缩(拉伸)的作用。例如,钻床立柱受到的钻孔切削力 **F** 作用,立柱将发生偏心拉伸,如图 9.9(a) 所示。厂房中支承吊车梁的立柱受到梁和屋顶的两个压力 **F₁** 和 **F₂** 作用,此时立柱发生偏心压缩,如图 9.9(b) 所示。

偏心压缩(拉伸)当把外力向杆件的轴线上简化时,除有轴向压(拉)力外,还存在有使杆件产生弯曲变形的附加力偶矩。因此,偏心压缩(拉伸)仍是拉伸(压缩)与弯曲的组合变形。

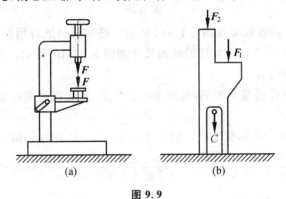

(a)   (b)

图 9.9

图 9.10(a) 中偏心纵向力 **F** 作用在杆横截面上任一点处,该点距横截面两条对称轴的距离分别为 e_y、e_z。

(1) 外力分析。为了将偏心力分解为基本受力形式,可将力 **F** 向横截面形心简化。简化后得到三个荷载:轴向压力 **F**;作用于 xOz 平面内的力偶 M_y;作用于 xOy 平面内的力偶 M_z,如图 9.10(b) 所示。在这些荷载的共同作用下杆件的变形是轴向压缩与弯曲的组合。

(2) 内力分析。横截面上的内力有:轴力 **N**、弯矩 M_y 和弯矩 M_z。由于在杆的所有横截面上,轴力和弯矩都保持不变,因此任一横截面都可视为危险截面。

(3) 应力分析。轴向力 **N** 在横截面上引起均匀分布的正应力 σ_1,如图 9.10(c) 所示;弯矩在横截面上引起的正应力 σ_2 沿 z 轴成直线分布,如图 9.10(d) 所示;弯矩在横截面上引起的正应力 σ_3 沿 y 轴成直线分布,如图 9.10(e) 所示。按叠加原理,横截面上某一点处的正应力为

$$\sigma = \sigma_1 + \sigma_2 + \sigma_3$$

(4) 强度计算。由于偏心力作用下各杆横截面上的内力、应力均相同,故任一横截面上的最大正应

力点即是杆的危险点。而确定危险点的位置首先要确定中性轴的位置。对于具有两个对称轴且有凸角的横截面,如矩形截面,其最大正应力发生在横截面的凸角点处。如图 9.10(f) 所示,最大拉应力 σ_{tmax} 发生在点 4 处,最大压应力 σ_{cmax} 发生在点 2 处。

由以上分析可知,危险点处只有正应力,是单向应力状态。因此偏心力作用下杆件的强度条件为

$$\sigma_{tmax} \leqslant [\sigma_t]$$
$$\sigma_{cmax} \leqslant [\sigma_c]$$

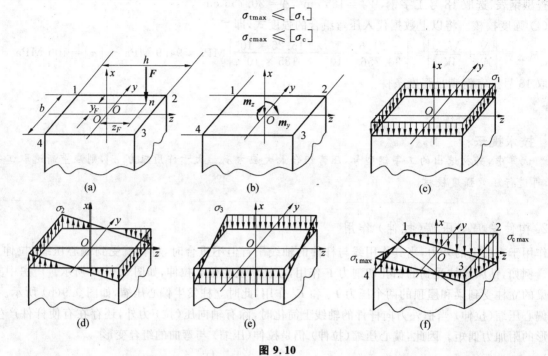

图 9.10

【例 9.4】 型压力机的铸铁框架如图 9.11(a) 所示。已知材料的许用拉应力 $[\sigma_t]=30$ MPa,许用压应力 $[\sigma_c]=60$ MPa,荷载 $F=42$ kN,立柱的截面尺寸如图 9.11(b) 所示。试校核立柱的强度。

解 (1) 截面几何性质计算

根据截面尺寸计算出立柱横截面积 A,截面形心位置 z_C 及截面对形心主惯性轴 y 轴的主惯性矩 I_y 分别为

$$A = A_1 + A_2 = (50 \times 150 + 50 \times 150) \text{mm}^2 = 15\,000 \text{ mm}^2$$

$$z_C = \frac{A_1 z_1 + A_2 z_2}{A_1 + A_2} = \frac{7\,500 \times 25 + 7\,500 \times (50+75)}{7\,500 + 7\,500} \text{ mm} = 75 \text{ mm}$$

$$I_{y_1} = \left[\frac{150 \times 50^3}{12} + (75-25)^2 \times 150 \times 50\right] \text{mm}^4 = 20\,312\,500 \text{ mm}^4$$

$$I_{y_2} = \left[\frac{50 \times 150^3}{12} + (125-75)^2 \times 150 \times 50\right] \text{mm}^4 = 32\,812\,500 \text{ mm}^4$$

$$I_y = I_{y_1} + I_{y_2} = 53\,125\,000 \text{ mm}^4$$

(2) 外力分析

F 力作用点在立柱截面的形心主惯性轴 z 轴上。将力 F 向立柱的轴线简化,得立柱承受轴向拉力 F 及外力偶矩 M_e:

$$F = 42 \text{ kN}$$
$$M_e = 42 \text{ kN} \times (350 + 75) \text{mm} = 17\,850 \text{ kN} \cdot \text{mm}$$

(3) 内力分析

假想沿任意截面 $m-m$ 将立柱截开,取其上部分为研究对象,如图 9.11(c) 所示。根据受力平衡条件,可知 $m-m$ 截面上有轴力 N 和弯矩 M_y:

$$N = F = 42 \text{ kN}$$
$$M_y = M_e = 17\,850 \text{ kN} \cdot \text{mm}$$

可见偏心压缩(拉伸)时,横截面上的弯矩沿轴线值不变,即立柱任一截面皆为危险截面。

(4) 强度计算

在横截面 $m-m$ 上,轴力 N 产生均匀分布的正应力。

$$\sigma_1 = \frac{N}{A} = \frac{42 \times 10^3}{15\,000} \text{ MPa} = 2.8 \text{ MPa}$$

与弯矩 M_y 对应的正应力沿 z 轴线性分布,并由公式 $\sigma_2 = \dfrac{M_y z}{I_y}$ 计算。最大弯曲拉应力 $\sigma_{2\text{tmax}}$ 和压应力 $\sigma_{2\text{cmax}}$ 分别为

$$\sigma_{2\text{tmax}} = \frac{M_y z_C}{I_y} = \frac{17\,850 \times 10^3 \times 75}{53\,125\,000} \text{ MPa} = 25.2 \text{ MPa}$$

$$\sigma_{2\text{cmax}} = \frac{M_y(200 - z_C)}{I_y} = \frac{17\,850 \times 10^3 \times (200 - 75)}{53\,125\,000} \text{ MPa} = 42 \text{ MPa}$$

叠加以上两种应力,如图 9.11(d) 所示。不难看出,在截面的内侧边缘上发生最大拉应力,且

$$\sigma_{\text{tmax}} = \sigma_1 + \sigma_{2\text{tmax}} = (2.8 + 25.2)\text{MPa} = 28 \text{ MPa} < [\sigma_t] = 30 \text{ MPa}$$

在截面的外侧边缘上,发生最大压应力,且

$$\sigma_{\text{cmax}} = \sigma_{2\text{cmax}} - \sigma_1 = (42 - 2.8)\text{MPa} = 39.2 \text{ MPa} < [\sigma_c] = 60 \text{ MPa}$$

故立柱满足强度条件。

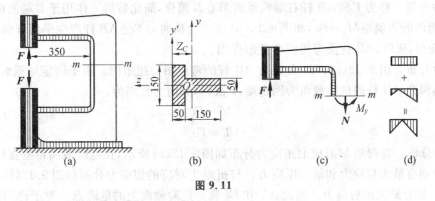

图 9.11

◈◈◈ 9.2.3   截面核心

当横截面的形状、尺寸一定时,偏心力 F 的偏心距越小,中性轴在坐标轴上的截距就越大。当偏心力的作用点距截面形心近到一定程度时,中性轴将移至截面以外,此时横截面上就只有拉应力或只有压应力。因此,当偏心力的作用点位于截面形心附近某一区域内时,杆的横截面上只产生一种符号的正应力,这一区域称为截面核心。

对于抗拉能力比抗压能力小得多的材料,设计时不希望偏心压缩在构件中产生拉应力。满足这一条件的压缩荷载的偏心距应控制在横截面中一定范围内(使中性轴不会与截面相割,最多只能与截面周线相切或重合),即应控制截面核心区域。

组合变形问题分析的基本方法是叠加法。对拉伸(压缩)与弯曲组合变形而言,由于拉伸(压缩)应力与弯曲应力都是正应力,应用叠加法计算合应力时只需直接进行数学求和即可。值得注意的是正应力的正负,规定:拉应力为正,压应力为负。

$$\sigma_{\text{max}} = \left| \frac{N}{A} + \frac{M_{\text{max}}}{W_z} \right| \leqslant [\sigma]$$

拉(压)弯组合变形构件设计与计算的一般步骤为：

（1）外力分析：分解构件所受外力,确定产生拉伸(压缩)及弯曲变形的外力大小及方向。

（2）内力分析：分别绘出拉伸(压缩)变形轴力图及弯曲变形弯矩图,确定危险截面位置,再根据各种变形应力分布规律,确定危险点。

（3）应力分析：分别计算危险点处各基本变形引起的应力。

（4）强度计算：应用叠加法计算危险点的应力进行强度计算。

9.3 弯扭组合变形构件的设计与计算

例题导读

【例 9.5】和【例 9.6】讲解了弯扭组合构件的设计和计算方法,并通过强度条件和强度计算,选择合适的构件型号。

知识汇总

· 弯扭组合变形构件的设计与计算。

弯曲与扭转组合变形也是工程实际中常见的变形形式之一。例如,各类机械中的传动轴,其主要作用是传递扭矩,工作中将产生扭转变形,同时由于传动轴上的传动零件自重、传动力等的作用,传动轴通常还会产生弯曲变形,即存在弯曲与扭转组合变形作用。

如图 9.12(a) 所示,一直径为 d 的等直径圆杆 AB,B 端有与 AB 成直角的刚臂,并承受铅垂力 F 作用。

（1）外力分析。将力 F 向 AB 杆右端截面的形心 B 简化,简化后得一作用于 B 端的横向力 F 和一作用于杆端截面内的力偶矩 $M_e = Fa$,如图 9.12(b) 所示。横向力 F 使 AB 杆产生平面弯曲,力偶 M_e 使 AB 杆产生扭转变形,所以,AB 杆受弯扭组合变形作用。

（2）内力分析。图 9.12(c)、(d) 分别为 AB 杆的弯矩图与扭矩图。由于固定端截面的弯矩 M 和扭矩 T 都最大,因此 AB 杆的危险截面为固定端 A 截面,其内力分别为：

$$M = Fl$$
$$T = Fa$$

（3）应力分析。与弯矩 M 对应的正应力分布如图 9.12(e) 所示,在危险截面铅垂直径的上下两端的 C_1 和 C_2 处分别有最大拉应力和最大压应力。与扭矩 T 对应的切应力分布如图 9.12(f) 所示,在危险截面的周边各点处有最大的剪应力。因此,C_1 和 C_2 就是危险截面上的危险点。对于许用拉、压应力相同的塑性材料制成的杆,这两点的危险程度是相同的。

由于危险点是平面应力状态,对于用塑性材料制成的杆件,可选用第三或第四强度理论计算相当应力。

第三强度理论：
$$\sigma_{xd3} = \sqrt{\sigma_{max}^2 + 4\tau_{max}^2}$$

第四强度理论：
$$\sigma_{xd4} = \sqrt{\sigma_{max}^2 + 3\tau_{max}^2}$$

将 $\sigma_{max} = \dfrac{M}{W_z}$,$\tau_{max} = \dfrac{T}{W_n}$ 代入上式,并注意到圆截面杆 $W_n = 2W_z$,相当应力表达式为

$$\sigma_{xd3} = \frac{1}{W_z}\sqrt{M^2 + T^2}$$

$$\sigma_{xd4} = \frac{1}{W_z}\sqrt{M^2 + 0.75T^2}$$

（4）强度计算。求得相当应力后,就可按强度理论建立强度条件,并进行强度计算。

$$\sigma_{xd3} = \sqrt{\sigma_{max}^2 + 4\tau_{max}^2} \leqslant [\sigma]$$

$$\sigma_{xd4} = \sqrt{\sigma_{max}^2 + 3\tau_{max}^2} \leqslant [\sigma]$$

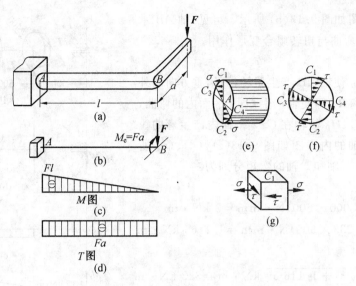

图 9.12

>>>

技术提示：

比较第三、第四强度理论式，不难看出，对弯扭组合变形构件，应用第三强度理论进行设计计算安全系数更大。这也是在工程实际中，弯扭组合变形多采用第三强度理论进行设计计算的原因。

【例9.5】 如图9.13(a)所示的传动轴 AB 上，C 处皮带轮作用着水平方向的力，D 处皮带轮作用着铅垂方向的力。已知皮带张力 $T_1 = 2 \text{ kN}$，$T_2 = 3 \text{ kN}$，皮带轮自重 $G_1 = 300 \text{ N}$，$G_2 = 200 \text{ N}$，轴的直径 $d = 76 \text{ mm}$，许用应力 $[\sigma] = 80 \text{ MPa}$，试用第三强度理论校核轴的强度。

解 （1）外力分析

将两个皮带轮的张力向轮心简化，可知在 C 截面处有铅垂方向的力 G_2 和水平方向的力 $3T_2$，以及外力偶 M_C，这些值分别为

$$G_2 = 200 \text{ N}$$

$$3T_2 = 3 \times 3 \text{ kN} = 9 \text{ kN}$$

$$M_C = (2T_2 - T_2) \times \frac{400 \text{ mm}}{2} = (3 \times 10^3 \times 200) \text{N} \cdot \text{mm} = 6 \times 10^5 \text{ N} \cdot \text{mm}$$

在截面 D 处有铅垂方向的力 $G_1 + 3T_1$ 和外力偶矩 M_D，它们的值分别为

$$G_1 + 3T_1 = (300 + 3 \times 2 \times 10^3) \text{N} = 6\ 300 \text{ N}$$

$$M_D = (2T_1 - T_1) \times \frac{600 \text{ mm}}{2} = (2 \times 10^3 \times 300) \text{N} \cdot \text{mm} =$$

$$6 \times 10^5 \text{ N} \cdot \text{mm}$$

在这些外力作用下，A、B 两处的支座反力分别设为 R_A、H_A、R_B 和 H_B。根据平衡条件，求得这些值为

$$R_A = 2\ 233 \text{ N}$$

$$H_A = 6\ 000 \text{ N}$$

$$R_B = 4\ 267 \text{ N}$$

$$H_B = 3\ 000 \text{ N}$$

AB 轴的受力简图如图 9.13(b)所示。可见,轴 AB 承受的是两个平面内的弯曲与扭转组合变形作用。

(2)内力分析

外力偶 M_C 和 M_D 使轴 AB 产生扭转,而铅垂方向的外力 G_2、$G_1 + 3T_1$、R_A 和 R_B 等使轴产生 Oxy 平面内的弯曲,水平面的外力 $3T_2$、H_A、H_B 使轴在 Oxz 平面内产生弯曲。在这些外力作用下,轴的内力图如图 9.13(c)、(d)、(e)所示。C、D 两截面处对 y 轴和 z 轴的弯矩分别为:

C 截面:

$$M_{Cy} = H_A \times 500 = (6\,000 \times 500)\,\text{N} \cdot \text{mm} = 3\,\text{kN} \cdot \text{m}$$

$$M_{Cz} = R_A \times 500 = (2\,233 \times 500)\,\text{N} \cdot \text{mm} = 1.116\,5\,\text{kN} \cdot \text{m}$$

合成弯矩为

$$M_C = \sqrt{M_{Cy}^2 + M_{Cz}^2} = \sqrt{3^2 + 1.116\,5^2}\,\text{kN} \cdot \text{m} = 3.2\,\text{kN} \cdot \text{m}$$

D 截面:

$$M_{Dy} = H_B \times 500 = (3\,000 \times 500)\,\text{N} \cdot \text{mm} = 1.5\,\text{kN} \cdot \text{m}$$

$$M_{Dz} = R_B \times 500 = (4\,267 \times 500)\,\text{N} \cdot \text{mm} = 2.134\,\text{kN} \cdot \text{m}$$

合成弯矩为

$$M_D = \sqrt{M_{Dy}^2 + M_{Dz}^2} = \sqrt{1.5^2 + 2.134^2}\,\text{kN} \cdot \text{m} = 2.6\,\text{kN} \cdot \text{m}$$

(3)确定危险截面

将轴的各个横截面上所得的弯矩按矢量合成为一个合成弯矩 M,M 沿轴线的变化情况如图 9.13(f)所示,称为合成弯矩图。由合成弯矩图可见,C 截面的合成弯矩值最大,因为在 CD 段内,扭矩 T 为常数,故 C 截面为危险截面。

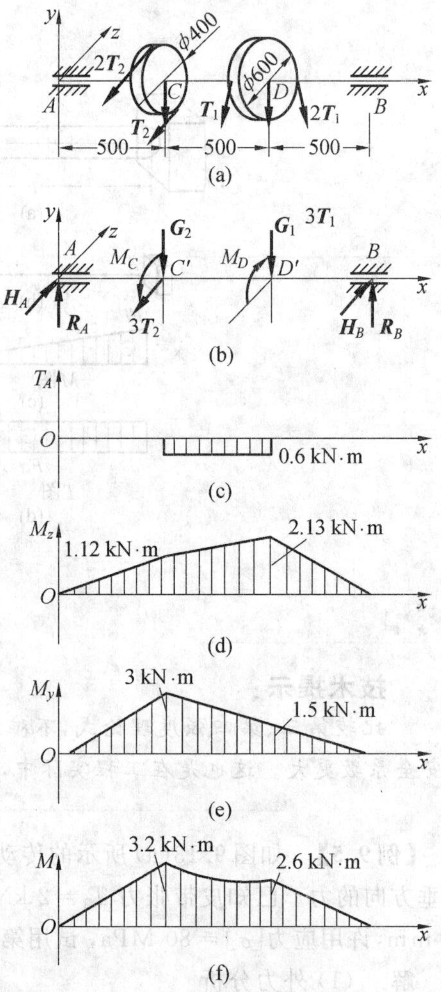

(4)校核强度

$$\sigma_{\text{xd3}} = \frac{1}{W_z} \sqrt{M_C^2 + T^2} = \frac{32}{\pi \times 76^3} \sqrt{(3.2 \times 10^6)^2 + (0.6 \times 10^6)^2}\,\text{MPa} = 75.5\,\text{MPa} < [\sigma] = 80\,\text{MPa}$$

故该轴满足强度条件。

图 9.13

【例 9.6】 试根据第三强度理论确定图 9.14 所示手摇卷扬机能起吊的最大容许荷载 F 的数值。已知手摇卷扬机机轴的横截面直径 $d = 30\,\text{mm}$,材料的许用应力 $[\sigma] = 160\,\text{MPa}$。

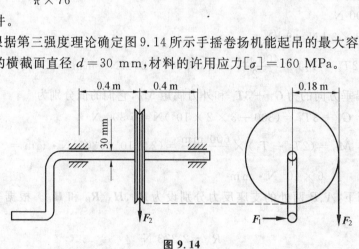

图 9.14

解 (1)外力分析

在外力 F 作用下,机轴将同时发生扭转变形和弯曲变形。

（2）内力分析

跨中截面为危险截面，内力有外力 F 产生的扭矩 T 与最大弯矩 M_{max} 值为

$$M_{max}=\frac{F\times 0.8}{4}=0.2F(\text{N}\cdot\text{m})$$

$$T=F\times 0.18=0.18F(\text{N}\cdot\text{m})$$

（3）应力分析

$$\sigma_{max}=\frac{M_{max}}{W_z}=\frac{32M_{max}}{\pi d^3}=\frac{32\times 0.2F}{\pi\times(30\times 10^{-3})^3}=0.076\times 10^6 F(\text{Pa})=0.076F(\text{MPa})$$

$$\tau_{max}=\frac{T}{W_n}=\frac{16T}{\pi d^3}=\frac{16\times 0.18F}{\pi\times(30\times 10^{-3})^3}=0.034\times 10^6 F(\text{Pa})=0.034F(\text{MPa})$$

（4）确定容许荷载

按第三强度理论：

$$\sigma_{xd3}=\sqrt{\sigma_{max}^2+4\tau_{max}^2}\leqslant[\sigma]$$

$$\sqrt{(0.076F)^2+(0.034F)^2}\leqslant 160$$

$$F\geqslant\frac{160}{0.102}\text{ N}=1\ 570\text{ N}=1.57\text{ kN}$$

手动卷扬机能起吊的容许荷载为 1.57 kN。

构件在受弯曲与扭转组合变形时，由于弯曲变形应力为正应力，而扭转变形应力为切应力，在应用叠加法计算合应力时，不能直接进行数学求和。通常在解决塑性材料的弯扭组合变形问题时，采用第三、第四强度理论进行强度计算。

第三强度理论：

$$\sigma_{xd3}=\sqrt{\sigma_{max}^2+4\tau_{max}^2}\leqslant[\sigma]$$

第四强度理论：

$$\sigma_{xd4}=\sqrt{\sigma_{max}^2+3\tau_{max}^2}\leqslant[\sigma]$$

弯扭组合变形构件设计与计算的一般步骤为：

（1）外力分析：分解构件所受外力，确定产生弯曲与扭转变形的外力大小及方向。

（2）内力分析：分别绘出弯矩图及扭矩图，确定危险截面位置。

（3）应力分析：分别计算危险截面处各弯曲与扭转变形应力。

（4）强度计算：应用第三（或第四）强度理论进行强度计算。

重点串联 ▶▶▶

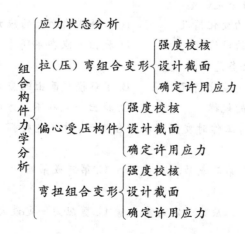

拓展与实训

基础训练

1.填空题

(1)若在一个点的三个主应力中,只有一个主应力不等于零,则这样的应力状态称为_____。若三个主应力中有两个不等于零,则称为_____。若三个主应力皆不为零,则称为_____。

(2)工程实际中常用四种强度理论,一般发生_____破坏,通常采用第一或第二强度理论。发生_____,通常采用第三或第四强度理论。

(3)构架受力如图9.15所示,CD段产生_____基本变形,BC段产生_____基本变形,AB段产生_____基本变形。

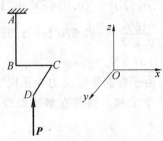

图 9.15

(4)组合变形分析的基本方法是_____。

(5)正方形截面如图9.16所示,其变形为_____组合变形,杆 AB 的最大压应力 $\sigma_{max} =$ _____ MPa。

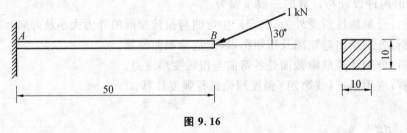

图 9.16

2.单项选择题

(1)研究一点应力状态的任务是(   )。

A.了解不同横截面上的应力变化情况   B.了解横截面上的应力随外力变化的情况

C.找同一截面上应力变化的规律   D.找出一点在不同方向截面上的应力变化规律

(2)研究一点应力状态的任务是(   )。

A.了解不同横截面上的应力变化情况   B.了解横截面上的应力随外力变化的情况

C.找同一截面上应力变化的规律   D.找出一点在不同方向截面上的应力变化规律

(3)某机轴材料为45号钢,工作时发生弯扭组合变形,对其进行强度计算时,宜采用(   )强度理论。

A.第一或第二   B.第二或第三   C.第三或第四   D.第四或第一

(4)在单元体的主平面上(   )。

A.正应力一定最大   B.正应力一定为零   C.剪应力一定最大   D.剪应力一定为零

(5) 在第(　　)强度理论中,强度条件不仅与材料的许用应力有关,而且与泊松比有关。

A.第一　　　　　　　B.第二　　　　　　　C.第三　　　　　　　D.第四

3.简答题

(1) 铸铁构件压缩破坏时,为何破坏面与轴线大致成 45°角?

(2) 对弯曲与扭转组合变形的构件在进行强度分析时为什么要用强度理论?

(3) 简述组合变形杆件的强度分析步骤?

(4) 为什么要提出强度理论?工程中有几种常用的强度理论?它们的应用范围是什么?

4.综合题

(1) 如图 9.17(a)所示构件,是否可以说 B 点处的正应力为 $\sigma=P/A$? 沿与杆轴线成 $\pm45°$ 斜截面截取单元体 C,此单元体的应力状态如图 9.17(b)所示。此单元体是否是二向应力状态?

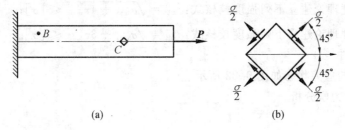

(a)　　　　　　　　　　　(b)

图 9.17

(2) 如图 9.18 所示的矩形截面悬臂梁,若 $P=240$ N,$h=2b$,$[\sigma]=10$ MPa,试选择截面尺寸。

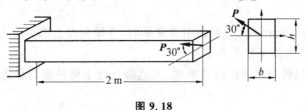

图 9.18

(3) 如图 9.19 所示起重机构,已知:$a=3$ m,$b=1$ m,$P=36$ kN,$[\sigma]=140$ MPa,试为 AD 杆选择一对槽钢截面。

(4) 如图 9.20 所示钻床的立柱为铸铁制成,许用拉应力为 $[\sigma]=35$ MPa,若 $P=15$ kN,试确定立柱所需要的直径 d。

(5) 如图 9.21 所示电动机的功率为 9 kW,转速 715 r/min,皮带轮直径 $D=250$ mm,电机轴外伸部分长度 $l=120$ mm,电机轴直径 $d=40$ mm,若材料的 $[\sigma]=60$ MPa,试用第三强度理论校核轴的强度。

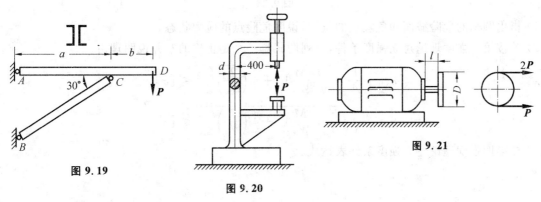

图 9.19　　　　　　　　　　图 9.20　　　　　　　　　图 9.21

> **工程技能训练** ◆◆◆◆

一、应力状态分析

1.训练目的

(1)掌握点的应力状态的概念。

(2)掌握解析法分析平面应力状态的方法。

(3)掌握图解法分析平面应力状态的方法。

(4)掌握复杂应力状态下强度准则的内容、选用及相应的强度条件。

2.训练要求

(1)根据第三强度理论建立下列强度校核式:$\sigma_{xd3} = \sqrt{\sigma_{max}^2 + 4\tau_{max}^2} \leqslant [\sigma]$;

(2)根据第四强度理论建立下列强度校核式:$\sigma_{xd4} = \sqrt{\sigma_{max}^2 + 3\tau_{max}^2} \leqslant [\sigma]$。

3.训练内容和条件

圆轴边缘上某点的应力状态如图9.22所示。

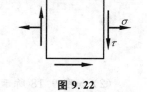

图 9.22

二、组合变形构件力学分析

1.训练目的

(1)掌握拉(压)弯组合变形应力分析与强度计算的方法。

(2)掌握弯扭组合变形应力分析与强度计算的方法。

2.训练要求

(1)了解当构件发生拉伸(压缩)与弯曲组合变形时,其横截面上的正应力是如何分布的,怎样计算出最大正应力,相应的强度条件是什么?

(2)了解当构件发生扭转与弯曲组合变形时,其危险点处于何种应力状态,怎样根据强度理论建立起构件的强度条件?

3.训练内容和条件

如图9.23所示圆截面构件,同时承受轴向力、横向力和力偶矩作用。

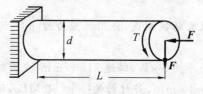

图 9.23

(1)指出圆轴的危险截面和危险点的位置,说明危险点的应力状态。

(2)若按第三强度理论建立强度条件,下列两式哪一个是正确的?并说明理由。

$$\sigma_{xd3} = \frac{F}{A} + \sqrt{\left(\frac{M}{W_z}\right)^2 + 4\left(\frac{T}{W_n}\right)^2}_{max} \leqslant [\sigma]$$

$$\sigma_{xd3} = \sqrt{\left(\frac{F}{A} + \frac{M}{W_z}\right)^2 + 4\left(\frac{T}{W_n}\right)^2}_{max} \leqslant [\sigma]$$

(3)按第四强度理论建立强度条件表达式。

模块 10

压杆稳定分析

教学聚焦

对于受压杆件（尤其是细长压杆）来讲，稳定性计算比强度计算更加重要。

知识目标

◆理解压杆稳定的概念；

◆掌握细长压杆临界力和临界应力的计算方法；

◆掌握中长杆临界应力的计算方法；

◆熟悉压杆稳定条件；

◆掌握折减系数法分析计算压杆的稳定性；

◆熟悉提高压杆稳定性的措施。

技能目标

◆能够辨别细长杆，并计算临界力和临界应力；

◆能对压杆进行稳定性分析。

课时建议

8 课时

教学重点或难点

压杆失稳与强度失效有着本质的区别，前者失效时的荷载远远低于后者，而且往往是突发的，常常造成灾难性后果。压杆的稳定性与杆件的几何尺寸和受力方式有着密切的关系，尤其与杆件的长度有关，长度不同，柔度就不同，采取的计算公式也就不同，由此引起的杆件的稳定性就不同，不同类型的压杆，工作稳定安全系数不同。

10.1　细长杆临界应力的计算

例题导读

【例10.1】和【例10.2】讲解了受压杆件临界力的计算方法;【例10.3】讲解了受压杆件临界应力的计算方法;【例10.4】讲解了受压杆件稳定性与温度的关系;【例10.5】和【例10.6】讲解了临界应力总图的绘制和分析方法。

知识汇总

- 压杆的稳定与失稳、临界力与临界应力、长度系数、柔度的概念;
- 稳定性的问题与刚度问题在性质上的区别;
- 由弹性挠曲线微分方程加杆端边界条件推导临界力欧拉公式的方法。

10.1.1　压杆稳定的概念与基本知识

在工程实践中,受压杆件是很常见的,如图10.1(a)所示内燃机气门阀的挺杆、图10.1(b)所示千斤顶的螺杆、图10.1(c)所示磨床液压装置的活塞杆以及桁架结构中的受压杆等。对于受压杆件,除了必须具有足够的强度和刚度外,还需要考虑稳定性问题。

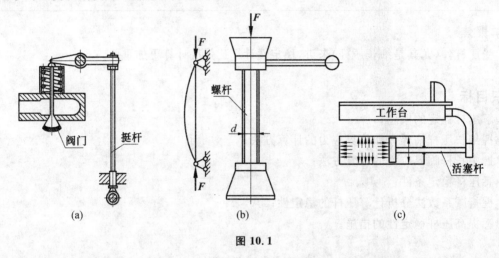

图 10.1

图10.2(a)所示的细长杆一端固定,一端自由,在自由端加轴向压力 F。当压力 F 较小时,压杆处于直线平衡状态,若给杆一个微小的侧向干扰力,使其发生微小弯曲(图10.2(b)),当干扰力消除后,压杆将在直线平衡位置左右摆动,最终将恢复其直线平衡状态(图10.2(c)),此时压杆直线平衡状态为稳定平衡。当轴向压力 F 增大到某一值时,压杆仍能维持直线平衡状态,若给一个微小的侧向干扰力使其微小弯曲,在干扰力消除后,压杆将在微弯状态下达到新的平衡,既不恢复原状,也不再继续弯曲,此时压杆的微弯平衡状态为临界平衡(图10.2(d))。压杆由稳定平衡过渡到不稳定平衡时轴向压力的临界值称为临界力或临界荷载,并用 F_{cr} 表示。若轴向压力 F 超过临界力 F_{cr} 时,压杆在微小的侧向干扰力下,就会发生较大弯曲,如图10.2(e)所示,甚至丧失承载能力,该杆不能恢复原有直线平衡状态称为不稳定平衡。

失稳现象并不限于压杆,例如截面窄而高的梁受横向荷载作用弯曲时,可能发生侧弯(图10.3(a)),受均匀外压的薄壁圆筒因稳定性不够而变成图10.3(b)所示的椭圆形,图10.3(c)所示薄壳在外力作用下可能因失稳而出现折皱等。

稳定性是指压杆保持原有直线平衡形式的能力。实际上它是指平衡状态的稳定性。

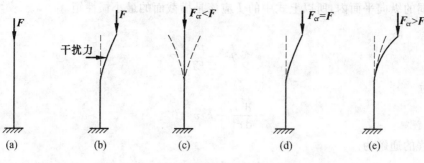

图 10.2

压杆的原有直线平衡状态是否稳定,与所受轴向压力大小有关。当轴向压力达到临界力时,压杆即向失稳过渡。所以,对于压杆稳定性的研究,关键在于确定压杆的临界力。

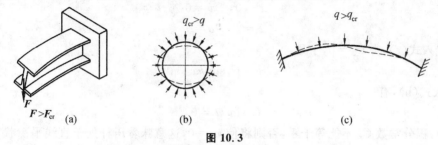

图 10.3

∷∷∷ 10.1.2　计算细长压杆临界应力

1. 两端铰支细长压杆的临界力

两端为球铰支座的等直细长压杆 AB,抗弯刚度为 EI,受轴向压力 $F=F_{cr}$ 作用,压杆处于微弯平衡状态。选取坐标系如图 10.4(a) 所示,假想沿任意截面将压杆截开,设压杆 x 截面的挠度为 v,保留部分如图 10.4(b) 所示。

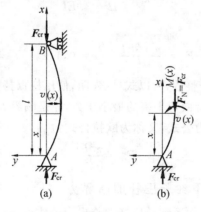

图 10.4

由保留部分的平衡得

$$M(x)=-F_{cr}v \tag{a}$$

在式(a)中,轴向压力 F_{cr} 取绝对值。在图示的坐标系中弯矩 M 与挠度 v 的符号总相反,故式(a)中加了一个负号。当杆内应力不超过材料比例极限时,根据挠曲线近似微分方程有

$$\frac{\mathrm{d}^2 v}{\mathrm{d}x^2}=\frac{M(x)}{EI}=-\frac{F_{cr}v}{EI} \tag{b}$$

由于两端是球铰支座,它对端截面在任何方向的转角都没有限制。因而,杆件的微小弯曲变形一定发生

在抗弯能力最弱的纵向平面内,所以上式中的 I 应该是横截面的最小惯性矩。

令

$$k^2 = \frac{F_{cr}}{EI} \tag{c}$$

式(b)可改写为

$$\frac{\mathrm{d}^2 v}{\mathrm{d}x^2} + k^2 v = 0 \tag{d}$$

此微分方程的通解为

$$v = C_1 \sin kx + C_2 \cos kx \tag{e}$$

式中　　C_1、C_2——积分常数。

由压杆两端铰支这一边界条件

$$x = 0, \quad v = 0 \tag{f}$$
$$x = l, \quad v = 0 \tag{g}$$

将式(f)代入式(e),得 $C_2 = 0$,于是

$$v = C_1 \sin kx \tag{h}$$

式(g)代入式(h),有

$$C_1 \sin kl = 0 \tag{i}$$

在式(i)中,积分常数 C_1 不能等于零,否则将使 $v \equiv 0$,这意味着压杆处于直线平衡状态,与事先假设压杆处于微弯状态相矛盾,所以只能有

$$\sin kl = 0 \tag{j}$$

由式(j)解得 $kl = n\pi (n = 0, 1, 2, \cdots)$,即

$$k = \frac{n\pi}{l} \tag{k}$$

则

$$k^2 = \frac{n^2 \pi^2}{l^2} = \frac{F_{cr}}{EI}$$

或

$$F_{cr} = \frac{n^2 \pi^2 EI}{l^2} \quad (n = 0, 1, 2, \cdots) \tag{l}$$

因为 n 可取 $0, 1, 2, \cdots$ 中任一个整数,所以式(l)表明,使压杆保持曲线形态平衡的压力,在理论上是多值的。而这些压力中,使压杆保持微弯平衡的最小压力,才是临界力。取 $n = 0$,没有意义,只能取 $n = 1$。于是得两端铰支细长压杆临界力公式,又称为欧拉公式:

$$F_{cr} = \frac{\pi^2 EI}{l^2} \tag{10.1}$$

2. 常见各种杆端约束条件下细长压杆的临界力

对于杆长为 l,各种不同约束条件下细长压杆的临界力公式可统一写成

$$F_{cr} = \frac{\pi^2 EI}{(\mu l)^2} \tag{10.2}$$

这是欧拉公式的一般形式,式中 μ 称为长度因数。它反映了杆端约束条件对临界力的影响。μl 称为压杆的相当长度,即把不同约束条件的压杆折算成两端铰支压杆后的长度。表 10.1 列出了几种常见杆端约束情况下压杆的长度因数 μ。

表 10.1　长度因数 μ

杆端支承情况				
临界力 F_{cr}	$\dfrac{\pi^2 EI}{l^2}$	$\dfrac{\pi^2 EI}{(2l)^2}$	$\dfrac{\pi^2 EI}{(0.5l)^2}$	$\dfrac{\pi^2 EI}{(0.7l)^2}$
计算长度 F_{cr}	l	$2l$	$0.5l$	$0.7l$
长度系数 μ	1	2	0.5	0.7

表 10.1 仅列出了几种理想杆端约束的情况,工程实际中的受压杆件还可能有更为复杂的约束情况,其长度因数的值可从有关的设计手册或规范中查到。

【例 10.1】　如图 10.5(a)所示压杆在主视图所在平面内,两端为铰支,在图 10.5(b)俯视图所在平面内,两端为固定,材料的弹性模量 $E = 210$ GPa。试求此压杆的临界力。

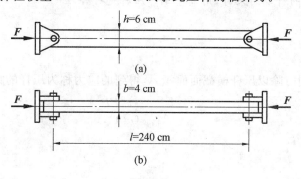

图 10.5

解　在主视图所在平面内,如图 10.5(a)所示,压杆的柔度为

$$\lambda_a = \frac{\mu_a l}{i_a} = \frac{1 \times l}{\sqrt{\dfrac{bh^3/12}{bh}}} = \frac{2\sqrt{3}\,l}{h} = \frac{2\sqrt{3} \times 240}{6} \approx 138.6$$

在俯视图所在平面内,如图 10.5(b)所示,压杆的柔度为

$$\lambda_b = \frac{\mu_b l}{i_b} = \frac{0.5l}{\sqrt{\dfrac{hb^3/12}{bh}}} = \frac{\sqrt{3}\,l}{b} = \frac{\sqrt{3} \times 240}{4} \approx 103.9$$

因为 $\lambda_a > \lambda_b > \lambda_p \approx 100$,所以为大柔度杆,故压杆的临界力为

$$F_{cr} = \frac{\pi^2 E}{\lambda_a^2} A = \frac{\pi^2 \times 210 \times 10^9}{138.6^2} \times 6 \times 4 \times 10^{-4} \text{ N} = 259 \text{ kN}$$

【例 10.2】　一端固定,一端自由的细长压杆,用 22a 工字钢制成杆长度 $l = 4$ m,弹性模量 $E = 210$ GPa,如图 10.6 所示,试用欧拉公式求此压杆的临界力。

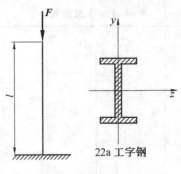

图 10.6

解 压杆一端固定,一端自由 $\mu = 2$。由型钢表可以查得 22a 工字钢:$I_z = 3\,400\ \text{cm}^4$,$I_y = 225\ \text{cm}^4$,故压杆的临界力为

$$F_{cr} = \frac{\pi^2 EI_{min}}{(\mu l)^2} = \frac{\pi^2 \times 210 \times 10^3 \times 225 \times 10^4}{(2 \times 4\,000)^2}\text{N} = 72\,790\ \text{N} = 72.8\ \text{kN}$$

技术提示:

在两端为球铰支座的情况下,若杆在不同平面内的抗弯刚度 EI 不等,则压杆总是在抗弯刚度最小的平面内发生弯曲,因此,计算压杆的临界力时,截面的惯性矩 I 应取其最小值 I_{min}。当压杆在各弯曲平面内具有相同的杆端约束时,用工字钢作压杆是否合理?

3.临界应力和柔度

将式(10.2)的两端同时除以压杆横截面面积 A,得到的应力称为压杆的临界应力 σ_{cr}:

$$\sigma_{cr} = \frac{F_{cr}}{A} = \frac{\pi^2 EI}{(\mu l)^2 A}$$

引入截面的惯性半径 i:

$$i^2 = \frac{I}{A} \tag{10.3}$$

将上式代入式(a),得

$$\sigma_{cr} = \frac{\pi^2 E}{\left(\dfrac{\mu l}{i}\right)^2}$$

若令

$$\lambda = \frac{\mu l}{i} \tag{10.4}$$

则有

$$\sigma_{cr} = \frac{\pi^2 E}{\lambda^2} \tag{10.5}$$

式(10.5)就是计算压杆临界应力的公式,是欧拉公式的另一表达形式。式中,λ 称为压杆的柔度或细长比,它集中反映了压杆的长度、约束条件、截面尺寸和形状等因素对临界应力的影响。从式(10.5)可以看出,压杆的临界应力与柔度的平方成反比,柔度越大,则压杆的临界应力越低,压杆越容易失稳。因此,压杆总是在柔度较大的弯曲平面内发生失稳。在压杆稳定问题中,柔度 λ 是一个很重要的参数。

在推导临界力公式时,要求材料服从胡克定律。因此,只有当临界应力 σ_{cr} 不大于材料的比例极限 σ_p 时,欧拉公式才能成立。

$$\sigma_{cr} = \frac{\pi^2 EI}{\lambda^2} \leqslant \sigma_p \quad \text{或} \quad \lambda \leqslant \pi\sqrt{\frac{E}{\sigma_p}}$$

若用 λ_p 表示对应于临界应力等于比例极限 σ_p 时的柔度值,则

$$\lambda_p = \pi\sqrt{\frac{E}{\sigma_p}} \qquad\qquad (10.6)$$

λ_p 仅与压杆材料的弹性模量 E 和比例极限 σ_p 有关。 例如,对于常用的 Q235 钢,$E = 200$ GPa,$\sigma_p = 200$ MPa,代入式(10.6),得

$$\lambda = \pi\sqrt{\frac{200 \times 10^9}{200 \times 10^6}} = 99.3$$

从以上分析可以看出:当 $\lambda \geqslant \lambda_p$ 时,$\sigma_{cr} \leqslant \sigma_p$,这时才能应用欧拉公式来计算压杆的临界力或临界应力。满足 $\lambda \geqslant \lambda_p$ 的压杆称为细长杆或大柔度杆。

【例 10.3】 两端固定的矩形截面细长压杆,其横截面尺寸为 $h = 60$ mm,$b = 30$ mm,材料的比例极限 $\sigma_p = 200$ MPa,弹性模量 $E = 210$ GPa。试求此压杆的临界力适用于欧拉公式时的最小长度。

解 由于杆端的约束在各个方向相同,因此,压杆将在抗弯刚度最小的平面内失稳,即杆件横截面将绕其惯性矩为最小的形心主惯性轴转动。

$$i_{min} = \sqrt{\frac{I_{min}}{A}} = \sqrt{\frac{\frac{hb^3}{12}}{bh}} = \frac{b}{2\sqrt{3}}$$

欧拉公式适用于 $\lambda \geqslant \lambda_p$,即

$$\frac{\mu l}{i_{min}} \geqslant \sqrt{\frac{\pi^2 E}{\sigma_p}}$$

由此得到

$$l \geqslant \frac{b\pi}{2\sqrt{3}\mu}\sqrt{\frac{E}{\sigma_p}} = \frac{30 \times 10^{-3} \times \pi}{2\sqrt{3} \times 0.5}\sqrt{\frac{210 \times 10^9}{200 \times 10^6}} \text{ m} = 1.76 \text{ m}$$

故此压杆适用于欧拉公式时的最小长度为 1.76 m。

❖❖❖ 10.1.3 中长压杆临界应力

当压杆的柔度小于 λ_p 时,临界应力 σ_{cr} 超过了材料的比例极限,欧拉公式已不再适用。对于这类压杆临界应力的计算,通常采用建立在实验基础上的经验公式,工程中常用的经验公式有两种:直线公式和抛物线公式。

1. 直线公式

直线公式把临界应力 σ_{cr} 与压杆的柔度表示成如下的线性关系:

$$\sigma_{cr} = a - b\lambda$$

式中 a, b—— 与材料有关的常数。

当压杆的临界应力 σ_{cr} 大于材料 σ_b,破坏应力 σ_b。压杆就因强度不够而发生破坏,不存在稳定性问题,只需按压缩强度计算。这样,在应用直线公式计算时,柔度 λ 必然有一个最小界限值。对于塑性材料。破坏应力 σ_b,就是屈服极限 σ_s。所以

$$\sigma_{cr} = a - b\lambda \leqslant \sigma_s$$

$$\lambda \geqslant \frac{a - \sigma_s}{b}$$

$$\lambda_s = \frac{a - \sigma_s}{b}$$

式中　λ_s——直线公式中柔度的最小界限值,是与屈服极限相应的柔度值,λ_s 与材料有关。通常把 $\lambda_s < \lambda < \lambda_p$ 的压杆称为中长杆(或中柔度杆),$\lambda < \lambda_s$ 的压杆称为短粗杆(或小柔度杆),短粗杆的临界应力 $\sigma_{cr} = \sigma_s$。

表 10.2　直线公式的系数 a 和 b

材料(σ_b、σ_s 的单位为 MPa)		a/MPa	b/MPa
Q235 钢	$\sigma_b \geqslant 372$	304	1.12
	$\sigma_s = 235$		
优质碳钢	$\sigma_b \geqslant 471$	461	2.568
	$\sigma_s = 306$		
硅钢	$\sigma_b \geqslant 510$	578	3.744
	$\sigma_s = 353$		
铬钼钢		9807	5.296
铸铁		332.2	1.454
强铝		373	2.15
松木		28.7	0.19

2. 抛物线公式

抛物线公式把临界应力 σ_{cr} 与压杆的柔度表示成如下公式:

$$\sigma_{cr} = \sigma_s \left[1 - a \left(\frac{\lambda}{\lambda_c} \right)^2 \right] \quad (\lambda \leqslant \lambda_c)$$

式中　a——与材料有关的常数,对于 Q215、Q235 钢和 16Mn 钢,$a = 0.43$;

　　　λ_c——一个与材料有关的临界柔度值,当压杆的 $\lambda \geqslant \lambda_c$ 时,用欧拉公式(10.1)计算;当 $\lambda < \lambda_c$ 时,用公式(10.6)计算。

对低碳钢和低锰钢公式(10.6)为

$$\lambda_c = \pi \sqrt{\frac{E}{0.57\sigma_b}}$$

10.1.4　临界应力总图

不同柔度压杆的临界应力与柔度之间的关系曲线称为临界应力总图,图 10.7(a)、(b)分别对应于直线公式和抛物线公式的压杆的临界应力总图,该图表示了临界应力与柔度 λ 的变化规律。

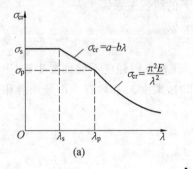 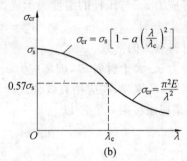

图 10.7

压杆临界应力的计算公式可归纳如下(以直线公式的临界应力总图为例):

（1）当 $\lambda > \lambda_p$ 时，压杆是细长杆，用欧拉公式计算临界应力 $\sigma_{cr} = \dfrac{\pi^2 E}{\lambda^2}$。

（2）当 $\lambda_s < \lambda < \lambda_p$ 时，压杆是中长杆，用直线公式计算临界应力 $\sigma_{cr} = a - b\lambda$。

（3）当 $\lambda \leqslant \lambda_s$ 时，压杆是短杆，用强度公式计算临界应力 $\sigma_{cr} = \sigma_s$。

随着柔度的增大，压杆的破坏性质由强度破坏逐渐向失稳破坏转化。

【例 10.4】 如图 10.8 所示，工字形截面杆在温度 $T = 20\ ℃$ 时进行安装，此时杆不受力。试求当温度升高到多少时，杆将失稳？已知工字钢的弹性模量 $E = 210\ \text{GPa}$，线膨胀系数 $\alpha = 12.5 \times 10^{-6}\ ℃^{-1}$。

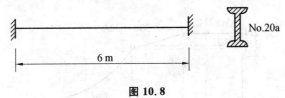

图 10.8

解 查表得，$i_{min} = 2.12\ \text{cm}$。杆的柔度为

$$\lambda = \frac{\mu l}{i_{min}} = \frac{0.5 \times 6}{2.12 \times 10^{-2}} = 141.5 > \lambda_p \approx 100$$

为大柔度杆，所以

$$\sigma_{cr} = \frac{\pi^2 E}{\lambda^2}$$

当温度增加 Δt 时，有

$$\Delta l = \alpha \Delta t \cdot l = \frac{Fl}{EA} = \frac{\sigma l}{E}$$

杆内的应力为

$$\sigma = \alpha \Delta t \cdot E$$

当 $\sigma = \sigma_{cr}$ 时，杆件将失稳，即有

$$\alpha \Delta t \cdot E = \frac{\pi^2 E}{\lambda^2}$$

$$\Delta t = \frac{\pi^2}{\alpha \lambda^2} = \frac{\pi^2}{1.25 \times 10^{-5} \times 141.5^2} = 39.4\ ℃$$

$$t' = t + \Delta t = 59.4\ ℃$$

所以当温度升至 $59.4\ ℃$ 时，杆将失稳。

【例 10.5】 某钢材的比例极限 $\sigma_p = 230\ \text{MPa}$，屈服应力 $\sigma_s = 274\ \text{MPa}$，弹性模量 $E = 200\ \text{GPa}$，$\sigma_{cr} = 331 - 1.09\lambda$。试求 λ_p 和 λ_0，并绘出临界应力总图（$0 \leqslant \lambda \leqslant 150$）。

解

$$\lambda_p = \sqrt{\frac{\pi^2 E}{\sigma_p}} = \pi \sqrt{\frac{200 \times 10^9}{230 \times 10^6}} = 92.6$$

$$\lambda_0 = \frac{338 - \sigma_s}{1.22} = \frac{338 - 274}{1.22} = 52.5$$

临界应力总图如图 10.9 所示。

【例 10.6】 如图 10.10 所示铰接杆系 ABC 由两根截面和材料均相同的细长杆组成。若由于杆件在 ABC 平面内失稳而引起毁坏，试确定荷载 F 为最大时的 θ 角（假设 $0 < \theta < \pi/2$）。

解 最合理的情况为 AB、BC 两杆同时失稳，此时 F 最大。

$$(F_{cr})_{AB} = F\cos\theta = \frac{\pi^2 EI}{l_{AB}^2} = \frac{\pi^2 EI}{l_{AC}^2 \cos^2\beta}$$

$$(F_{cr})_{BC} = F \sin \theta = \frac{\pi^2 EI}{l_{BC}^2} = \frac{\pi^2 EI}{l_{AC}^2 \sin^2 \beta}$$

两式相除得到

$$\tan \theta = \cot^2 \beta$$

即

$$\theta = \arctan(\cot^2 \beta)$$

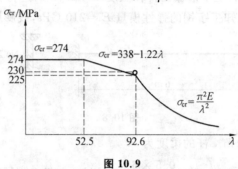

图 10.9

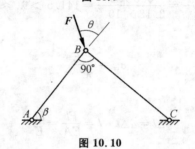

图 10.10

10.2 压杆稳定性的计算

例题导读

【例 10.7】讲解了压杆稳定性条件的应用计算;【例 10.8】讲解了如何用折减系数法确定压杆稳定性安全系数;【例 10.9】和【例 10.10】讲解了压杆稳定性计算方法。

知识汇总

- 影响压杆稳定性的因素有:压杆的截面形状、压杆的长度、约束条件和材料的性质等;
- 压杆稳定的条件,安全系数;
- 压杆的稳定性计算。

1. 压杆的稳定性条件

为了保证压杆不发生失稳现象,必须使其所承受的轴向压力 F 小于压杆的临界力 F_{cr},或者使其工作应力 σ 小于临界应力 σ_{cr}。考虑一定的安全因数后,压杆的稳定性条件为

$$n_{st} = \frac{F_{cr}}{F} \geqslant [n_{st}] \tag{10.7}$$

或

$$n_{st} = \frac{\sigma_{cr}}{\sigma} \geqslant [n_{st}] \tag{10.8}$$

式中　　n_{st}——压杆工作时的实际稳定安全因数;

$[n_{st}]$——规定的稳定安全因数。

此外,由于荷载的偏心、压杆的初曲率、材料不均匀及支座缺陷等因素不可避免,且失稳是一种突发性过程,故稳定安全因数一般比强度安全因数大。在静荷载作用下,钢材 $[n_{st}] = 1.8 \sim 3.0$,铸铁 $[n_{st}] = 5.0 \sim 5.5$,木材 $[n_{st}] = 2.8 \sim 3.2$。

压杆保持稳定性的能力是对压杆的整体而言,截面的局部削弱(如油孔、螺钉孔等)对杆件的整体弯曲变形影响很小,计算临界力时可不考虑。仍采用未经削弱的横截面面积 A 和惯性矩 I。但在截面局部削弱处,须进行压缩强度校核,即

$$\sigma_j = \frac{F}{A_j} \leqslant [\sigma]$$

式中　A_j—— 削弱后的横截面的实际面积,称为净面积。

【例 10.7】　如图 10.11 所示托架,AB 杆的直径 $d = 4$ cm,长度 $l = 80$ cm,两端铰支,材料为 Q235 钢。

(1) 试根据 AB 杆的稳定条件确定托架的临界力 F_{cr};

(2) 若已知实际荷载 $F = 70$ kN,AB 杆规定的稳定安全因数 $n_{st} = 2$,试问此托架是否安全?

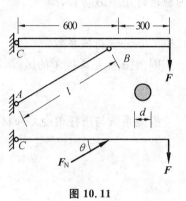

图 10.11

解　(1) $\sin\theta = \sqrt{7}/4$

对 CD 杆,$\sum M_C = 0$,有

$$F_N \sin\theta \times 600 - F \times (600 + 300) = 0$$

$$F = \sqrt{7} F_N / 6$$

对 AB 杆,其柔度为

$$\lambda = \frac{\mu l}{i} = \frac{l}{\sqrt{\dfrac{\pi d^4/64}{\pi d^2/4}}} = \frac{4l}{d} = \frac{4 \times 800}{40} = 80$$

查表得:$a = 304$ MPa,$b = 1.12$ MPa,$\lambda_p = 100$,$\lambda_0 = 62$,故 $\lambda_0 < \lambda < \lambda_p$,$AB$ 杆为中柔度杆。

$$\sigma_{cr} = a - b\lambda = (304 - 1.12 \times 80)\text{MPa} = 214.4 \text{ MPa}$$

$$F_{Ncr} = \sigma_{cr} A = \left(214.4 \times 10^6 \times \frac{\pi}{4} \times 4^2 \times 10^{-4}\right)\text{N} = 269.4 \text{ kN}$$

$$F_{cr} = \frac{\sqrt{7}}{6} F_{Ncr} = 118.8 \text{ kN}$$

(2)　　　　　$$F_N = \frac{6}{\sqrt{7}} F = \frac{6}{\sqrt{7}} \times 70 \text{ kN} \approx 158.7 \text{ kN}$$

$$n = \frac{F_{Ncr}}{F_N} = \frac{269.4}{158.7} = 1.7 < n_{st} = 2$$

托架不安全。

2.折减系数法

压杆的临界力 F_{cr} 与压杆实际承受的轴向压力 F 之比值,称为压杆的工作安全系数 n,它应该不小于规定的稳定安全系数 n_{st}。因此,压杆的稳定性条件为

$$n = \frac{F_{cr}}{F} \geqslant n_{st} \tag{10.9}$$

由稳定性条件便可对压杆稳定性进行计算,在工程中主要是稳定性校核。通常,n_{st} 规定得比强度安全系数高,原因是一些难以避免的因素(例如,压杆的初弯曲、材料不均匀、压力偏心以及支座缺陷等)对压杆稳定性影响远远超过对强度的影响。

式(10.9)是用安全系数形式表示的稳定性条件,在工程中还可以用应力形式表示稳定性条件:

$$\sigma = \frac{F}{A} \leqslant [\sigma]_{st} \tag{a}$$

其中

$$[\sigma]_{st} = \frac{\sigma_{cr}}{n_{st}} \tag{b}$$

式中 $[\sigma]_{st}$ —— 稳定许用应力。

由于临界应力 σ_{cr} 随压杆的柔度而变,而且对不同柔度的压杆又规定不同的稳定安全系数 n_{st},所以,$[\sigma]_{st}$ 是柔度 λ 的函数。在某些结构设计中,常常把材料的强度许用应力 $[\sigma]$ 乘以一个小于1的系数 φ 作为稳定许用应力 $[\sigma]_{st}$,即

$$[\sigma]_{st} = \varphi[\sigma] \tag{c}$$

式中 φ —— 折减系数。

因为 $[\sigma]_{st}$ 是柔度 λ 的函数,所以 φ 也是 λ 的函数,且总有 $\varphi < 1$。引入折减系数后,式(a)可写为

$$\sigma = \frac{F}{A} \leqslant \varphi[\sigma] \tag{10.10}$$

折减系数与压杆柔度 λ 和材料有关。几种材料的 $\varphi - \lambda$ 曲线如图 10.12 所示。

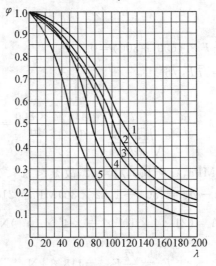

图 10.12

1—Q235 钢;2—Q275 钢;3— 高级钢($\sigma_s > 320$ MPa);

4— 木材;5— 铸铁

3. 压杆稳定性计算

【例 10.8】 如图 10.13 所示万能铣床工作台,升降丝杆的内径 $d = 22$ mm,螺距 $s = 5$ mm。工作台升至最高位置时,$l = 500$ mm。丝杆钢材的比例极限 $\sigma_p = 260$ MPa,屈服应力 $\sigma_s = 300$ MPa,弹性模量 $E = 210$ GPa。若齿轮的传动比为 1/2(即手轮旋转一周丝杆旋转半周),手轮半径 $r = 10$ cm,手轮上作用的最大周向力 $F = 200$ N。试求丝杆的工作安全因数。

解 (1)受力分析

轮转一周,工作台上升的距离为

$$\delta = s/2 = 2.5 \text{ mm}$$

丝杆上升时,作用在丝杆上的压力 F' 所做功应等于手轮旋转一周周向力 F 所做的功,即

$$F' \cdot \delta = 200 \times 2\pi \times 0.1$$

$$F' = \frac{200 \times 2\pi \times 0.1}{2.5 \times 10^{-3}} \text{N} = 50.3 \text{ kN}$$

图 10.13

（2）工作安全系数

根据钢材的力学性能，可查表得：$a = 461 \text{ MPa}$，$b = 2.57 \text{ MPa}$，则

$$\lambda_p = \sqrt{\frac{\pi^2 E}{\sigma_p}} = \pi \sqrt{\frac{210 \times 10^9}{260 \times 10^6}} = 89.3$$

$$\lambda_0 = \frac{a - \sigma_s}{b} = \frac{461 - 300}{2.57} = 62.6$$

丝杆的约束可简化为一端固定，另一端铰支情况，故其柔度为

$$\lambda = \frac{\mu l}{i} = \frac{0.7 \times 0.5}{22 \times 10^{-3}/4} = 63.6$$

于是，$\lambda_0 < \lambda < \lambda_p$，丝杆为中柔度杆，其临界压力为

$$F_{cr} = \sigma_{cr} A = (a - b\lambda) A = \frac{(461 - 2.57 \times 63.6) \times 10^6 \times \pi \times (22 \times 10^{-3})^2}{4} \text{N} = 113.1 \text{ kN}$$

丝杆的工作安全系数

$$n = \frac{F_{cr}}{F} = \frac{113.1}{50.3} = 2.25$$

【例 10.9】 图 10.14 所示为由五根直径 $d = 50$ mm 的圆形钢杆组成边长为 $a = 1$ m 的正方形结构，材料为 Q235 钢，比例极限 $\sigma_p = 200$ MPa，屈服应力 $\sigma_s = 235$ MPa，弹性模量 $E = 200$ GPa。试求该结构的许用荷载 $[F]$。

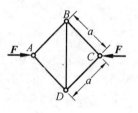

解 （1）受力分析

由结构和荷载的对称性可知：AB、AD、BC、DC 四杆的轴力相同，且为压杆，BD 杆为拉杆。

由结点 C 的平衡可求得

$$F_N = F/(2\cos 45°) = F/\sqrt{2}$$

由结点 B 的平衡可求得

$$F_N' = 2F\cos 45° = F$$

（2）求结构的临界荷载

对拉杆：

$$\sigma_{cr}' = \sigma_s = 240 \text{ MPa}$$

$$F_{cr}' = \sigma_{cr}' A = 240 A$$

图 10.14

对压杆：

$$\lambda_p = \sqrt{\frac{\pi^2 E}{\sigma_p}} = \pi \sqrt{\frac{200 \times 10^9}{200 \times 10^6}} = 99.3$$

$$\lambda_0 = \frac{a - \sigma_s}{b} = \frac{304 - 240}{1.12} = 57.1$$

$$\lambda = \frac{\mu l}{i} = \frac{a}{d/4} = \frac{4 \times 1}{50 \times 10^{-3}} = 80$$

故 $\lambda_0 < \lambda < \lambda_p$，为中柔度杆，即

$$\sigma_{cr}'' = a - b\lambda = (304 - 1.12 \times 80)\text{MPa} = 214.4 \text{ MPa}$$

$$F_{cr}'' = \sqrt{2} \cdot \sigma_{cr}'' A = 303.2 A$$

所以结构的许用荷载

$$[F] = F_{cr}' = 240A = 240 \times 10^6 \times \frac{\pi}{4} \times (50 \times 10^{-3})^2 \text{ N} = 471.2 \text{ kN}$$

【例 10.10】　图 10.15 所示为某机器的连杆，截面为工字形，材料为碳钢 $E=210\text{ GPa}$，$\sigma_s=306\text{ MPa}$，连杆所受最大压力为 $F=30\text{ kN}$，规定的稳定安全因数 $[n_{st}]=5$，试校核连杆的稳定性。

解　由于连杆受压时，在两个平面的抗弯刚度和约束情况均不同，因而连杆在 $x-y$ 平面和 $x-z$ 平面内都有可能发生失稳，在进行稳定性校核时必须首先计算两个平面内的柔度 λ，以确定弯曲平面。若连杆在 $x-y$ 平面内弯曲（横截面绕 z 轴转动），两端可以认为是铰支，$\mu_z=1$；若连杆在 $x-z$ 平面内弯曲（横截面绕 y 轴转动），由于上下销子不能在 $x-z$ 平面内转动，故两端可以认为是固定端，$\mu_y=0.5$。

（1）柔度计算

$$A=(24\times12+2\times6\times22)\text{cm}^2=5.52\text{ cm}^2$$

在 $x-y$ 平面内

$$I_z=\frac{12\times24^3}{12}\text{ cm}^4+2\times\left[\frac{22\times6^3}{12}+22\times6\times15^2\right]\text{cm}^4=7.42\text{ cm}^4$$

$$i_z=\sqrt{\frac{I_z}{A}}=\sqrt{\frac{7.42}{5.52}}\text{ cm}=1.16\text{ cm}$$

$$\lambda_z=\frac{\mu_z l}{i_z}=\frac{1\times75}{1.16}=64.7$$

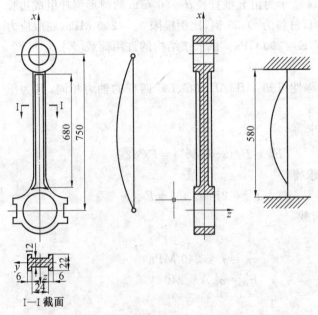

图 10.15

在 $x-y$ 平面内

$$I_y=\left(\frac{24\times12^3}{12}+2\times\frac{6\times22^3}{12}\right)\text{cm}^4=1.41\text{ cm}^4$$

$$i_y=\sqrt{\frac{I_y}{A}}=\sqrt{\frac{1.41}{5.52}}\text{ cm}=0.505\text{ cm}$$

$$\lambda_y=\frac{\mu_y l}{i_y}=\frac{0.5\times58}{0.505}=57.4$$

因为 $\lambda_z>\lambda_y$，只需校核连杆在 $x-y$ 平面内的稳定性。

（2）稳定性校核

由于 $\lambda_s<\lambda_z<\lambda_p$，连杆属于中长杆，用直线公式计算临界应力。查表得：$a=460\text{ MPa}$，$b=2.567\text{ MPa}$。因此，临界应力为

$$\sigma_{cr}=a-b\lambda_z=(460-2.576\times64.7)\text{MPa}=293.9\text{ MPa}$$

连杆工作应力为

$$\sigma = \frac{F}{A} = \frac{30 \times 10^3}{5.52 \times 10^{-4}} \text{ MPa} = 54.4 \text{ MPa}$$

连杆的实际稳定安全因数为

$$n_{st} = \frac{\sigma_{st}}{\sigma} = \frac{293.9}{54.4} = 5.4 > 5$$

所以连杆稳定性足够。

技术提示：

　　压杆的临界力与杆的抗弯刚度和杆端约束有关,当杆在两个平面的抗弯刚度和杆端约束不相同时,必须分别计算杆在两个平面内的临界力。

　　4. 提高压杆稳定性的措施

　　提高压杆的稳定性,就是要提高压杆的临界力或临界应力。由以上分析可知,压杆的稳定性与材料的性质和压杆的柔度 λ 有关,由临界应力总图(图 10.9)可知,压杆的临界应力随柔度 λ 的减小而增大,因此,提高压杆的稳定性,可从合理选择材料和减小柔度两个方面进行。

　　(1) 合理选择材料。对于细长压杆,由欧拉公式(10.1)可知。临界应力的大小与材料的弹性模量 E 有关,弹性模量越高,临界应力越大,选用高弹性模量的材料可以提高细长压杆的稳定性。但是,由于各种钢材的弹性模量相差不大,因此,选用优质钢材与选用普通钢材相比对提高压杆稳定性作用不大。对于中长杆,临界应力与材料的强度有关。由图 10.9 临界应力总图可知,临界应力随着屈服极限 σ_s 和比例极限 σ_p 的提高而增大,因此,选用优质钢材可以提高压杆的稳定性。

　　(2) 减小柔度。

　　① 尽量减小压杆的长度。压杆的柔度与压杆的长度成正比,因此在结构允许的情况下,尽量减小压杆的实际长度,或增加中间支座,以提高压杆的稳定性。

　　② 改善支承情况,减小长度因数 μ。压杆的约束条件不同,其临界力大小就不一样。例如,在压杆长度、截面形状和尺寸均相同的情况下,两端固定细长压杆($\mu = 0.5$)的临界力是两端铰支细长压杆($\mu = 1$)临界力的 4 倍,是一端固定、一端自由的细长压杆($\mu = 2$)临界力的 16 倍,因此,加强压杆两端的约束,可以减小压杆的长度因数,从而减小柔度,提高压杆的临界力。

　　(3) 选择合理的截面形状

　　由 $\lambda = \frac{\mu l}{i} \left(i = \sqrt{\frac{I}{A}} \right)$ 可知,比值 $\frac{I}{A}$ 越大,λ 越小。当横截面面积一定时,尽可能地提高截面的惯性矩 I,从而提高压杆的临界应力。

　　当压杆两端在各弯曲平面内具有相同的约束条件时,应使截面对任一形心轴的惯性半径尽可能相等,使得压杆在各个方向尽可能具有相同的稳定性。对于工业上常用的型钢,可以通过适当地组合使压杆在各弯曲平面内具有相同的稳定性,如图 10.16(b) 用两根槽钢组合的截面比图 10.16(a) 截面的稳定性好。

　　若压杆两端在各弯曲平面内具有不同约束条件,则应综合考虑压杆的长度、约束条件、截面形状和尺寸等因素,使得压杆在各个弯曲平面内的柔度尽可能相等,从而提高压杆的稳定性,这种结构称为等稳定性结构。因此,理想的压杆应设计成等稳定性的。

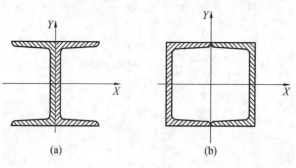

图 10.16

技术提示：

1. 确定压杆的临界力是进行稳定性计算的关键。压杆的临界力与压杆的柔度和材料性质有关。压杆的柔度大小不同，其相应的临界应力计算公式也不同，可分为三种情况：

① 细长杆（又称大柔度杆）。属弹性稳定问题，用欧拉公式计算，即

$$F_{cr} = \frac{\pi^2 EI}{(\mu L)^2}, \quad \sigma_{cr} = \frac{\pi^2 E}{\lambda^2}$$

② 中长杆（又称中柔度杆）。属弹塑性稳定问题，用经验公式计算，即

直线公式：

$$\sigma_{cr} = a - b\lambda, \quad F_{cr} = \sigma_{cr} A$$

抛物线公式：

$$\sigma_{cr} = \sigma_s \left[1 - a \left(\frac{\lambda}{\lambda_c} \right)^2 \right] (\lambda \leqslant \lambda_c), \quad F_{cr} = \sigma_{cr} A$$

③ 短粗杆（又称小柔度杆）。属强度问题，用压缩公式计算，即

$$\sigma_{cr} = \sigma_s, \quad F_{cr} = \sigma_{cr} A$$

2. 压杆的稳定性计算常用安全系数法，少数也可用折算系数法。要使杆件不丧失稳定性，不仅要求压杆的工作应力（或压力）不大于临界应力（或临界力），而且还需要有稳定的安全储备。临界应力（或临界力）与压杆的工作应力（或压力）之比，即压杆的工作稳定安全系数 n，它应大于或等于规定的稳定安全系数 $[n_{st}]$。

重点串联 ▶▶▶

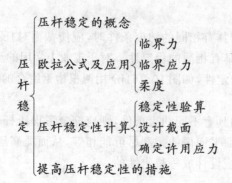

拓展与实训

▶ 基础训练

1. 填空题

(1) 提高压杆稳定性的措施有_____、_____、_____、_____。

(2) 压杆的类型有_____、_____、_____。

(3) 细长压杆的临界应力的大小与_____、_____、_____有关。

(4) 计算压杆稳定性的方法有_____、_____。

(5) 对于不同柔度的塑性材料压杆,其最大临界应力将不超过材料的_____。

(6) 提高压杆稳定性的措施有_____、_____、_____以及_____和_____。

(7) 细长杆的临界力与材料的_____有关,为提高低碳钢压杆的稳定性,改用高强度钢不经济,原因是_____。

(8) 细长压杆承受的荷载超过临界力会发生_____。

(9) 为保证稳定性,细长压杆承受的荷载不能超过_____。

(10) 计算细长杆临界压力的欧拉公式仅在应力不超过材料的_____时成立。

(11) 压杆柔度 λ 的计算公式为 $\lambda =$ _____。

(12) 一端固定,一端铰支的细长压杆的长度系数 $\mu =$ _____。

(13) 压杆的临界应力与工作应力之比,即为压杆的工作安全系数 n,它应该_____规定的稳定安全系数 n_{st}。

2. 单项选择题

(1) 一理想均匀等直杆轴向压力 $P = P_Q$ 时处于直线平衡状态,当其受到一微小横向干扰力后发生微小弯曲变形,若此时解除干扰力,则压杆(　　)。

A. 弯曲变形消失,恢复直线形状　　　　B. 弯曲变形减少,不能恢复直线形状

C. 微弯曲变形状态不变　　　　　　　　D. 弯曲变形继续增大

(2) 一细长压杆当轴向力 $P = P_Q$ 时发生失稳而处于微弯平衡状态,此时若解除压力 P,则压杆的微弯变形(　　)。

A. 完全消失　　　　B. 有所缓和　　　　C. 保持不变　　　　D. 继续增大

(3) 细长杆承受轴向压力 F 的作用,其临界压力与(　　)无关。

A. 杆的材质　　　　　　　　　　　　　B. 杆的长度

C. 杆承受压力的大小　　　　　　　　　D. 杆的横截面形状和尺寸

(4) 压杆的柔度集中地反映了压杆的(　　)对临界应力的影响。

A. 长度、约束条件、截面尺寸和形状　　B. 材料、长度和约束条件

C. 材料、约束条件、截面尺寸和形状　　D. 材料、长度、截面尺寸和形状

(5) 压杆属于细长杆,中长杆还是短粗杆,是根据压杆的(　　)来判断的。

A. 长度　　　　　B. 横截面尺寸　　　　C. 临界应力　　　　D. 柔度

(6) 细长压杆的(　　),则其临界应力 σ 越大。

A. 弹性模量 E 越大或柔度 λ 越小　　B. 弹性模量 E 越大或柔度 λ 越大

C. 弹性模量 E 越小或柔度 λ 越大　　D. 弹性模量 E 越小或柔度 λ 越小

(7) 欧拉公式适用的条件是压杆的柔度(　　)。

A. $\lambda \leqslant \pi \sqrt{\dfrac{E}{\sigma_p}}$　　　　　　　　　　B. $\lambda \leqslant \pi \sqrt{\dfrac{E}{\sigma_s}}$

C. $\lambda \geqslant \pi \sqrt{\dfrac{E}{\sigma_{\mathrm{p}}}}$ \qquad D. $\lambda \geqslant \pi \sqrt{\dfrac{E}{\sigma_{\mathrm{s}}}}$

(8) 在材料相同的条件下,随着柔度的增大(　　)。

A. 细长杆的临界应力是减小的,中长杆不是

B. 中长杆的临界应力是减小的,细长杆不是

C. 细长杆和中长杆的临界应力均是减小的

D. 细长杆和中长杆的临界应力均不是减小的

(9) 两根材料和柔度都相同的压杆(　　)。

A. 临界应力一定相等,临界压力不一定相等

B. 临界应力不一定相等,临界压力一定相等

C. 临界应力和临界压力一定相等

D. 临界应力和临界压力不一定相等

(10) 在下列有关压杆临界应力 σ_{cr} 的结论中,(　　)是正确的。

A. 细长杆的 σ_{cr} 值与杆的材料无关 \qquad B. 中长杆的 σ_{cr} 值与杆的柔度无关

C. 中长杆的 σ_{cr} 值与杆的材料无关 \qquad D. 粗短杆的 σ_{cr} 值与杆的柔度无关

(11) 在横截面积等其他条件均相同的条件下,压杆采用图(　　)所示截面形状,其稳定性最好。

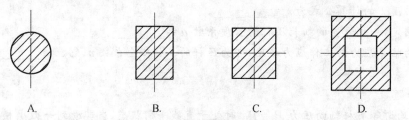

图 10.17

(12) 若等直细长压杆在强度计算和稳定性计算中取相同的安全系数,则下列叙述中正确的是(　　)。

A. 满足强度条件的压杆一定满足稳定性条件

B. 满足稳定性条件的压杆一定满足强度条件

C. 满足稳定性条件的压杆不一定满足强度条件

D. 不满足稳定性条件的压杆一定不满足强度条件

(13) 两端支承情况和截面形状沿两个方向不同的压杆,总是沿着(　　)值大的方向失稳。

A. 强度 \qquad B. 刚度 \qquad C. 柔度 \qquad D. 惯性矩

(14) 方形截面压杆,$b:h=1:2$,如果将 b 改为 h 后仍为细长杆,临界力 F_{cr} 是原来的(　　)。

A. 16 倍 \qquad B. 8 倍 \qquad C. 4 倍 \qquad D. 2 倍。

(15) 在压杆稳定性计算中,如果用细长杆的公式计算中长杆的临界压力,或是用中长杆的公式计算细长杆的临界压力,则(　　)。

A. 二者的结果都偏于安全

B. 二者的结果都偏于危险

C. 前者的结果偏于安全,后者的结果偏于危险

D. 前者的结果偏于危险,后者的结果偏于安全

(16) 细长压杆的柔度对临界应力有很大的影响,与它有关的是(　　)。

A. 杆端约束,截面的形状和尺寸,压杆的长度

B. 杆端约束,截面的形状和尺寸,临界应力

C.压杆的长度,截面的形状和尺寸,许用应力

D.杆端约束,截面的形状和尺寸,许用应力

(17)判断压杆属于细长杆、中长杆还是短粗杆的依据是(　　)。

A.柔度　　　　　　B.长度　　　　　　C.横截面尺寸　　　　　D.临界应力

(18)圆截面细长压杆的材料和杆端约束保持不变,若将其直径缩小一半,则压杆的临界压力为原压杆的(　　)。

A.1/2　　　　　　B.1/4　　　　　　C.1/8　　　　　　D.1/16

(19)细长压杆承受轴向压力作用,与其临界力无关的是(　　)。

A.杆的材料　　　　B.杆的长度　　　　C.杆所承受压力的大小　　D.杆的横截面形状和尺寸

3.简答题

(1)除了细长压杆失稳之外,举例说明,这些失稳构件变形形式发生了什么变化?

(2)压杆失稳后产生弯曲变形,梁受横向力作用也产生弯曲变形,两者在性质上有什么区别? 有什么相同之处?

(3)在高层建筑工地上,常用塔式起重机,其主架非常高,属细长压杆,工程上采取什么措施来防止失稳?

(4)在稳定性计算中,对于中长杆,若用欧拉公式计算其临界力压杆是否安全? 对于细长杆,若用经验公式计算其临界力,能否判断压杆的安全性?

(5)工字形截面压杆的两端为圆柱形铰支座时,为了得到最大的稳定性,将杆件的腹板垂直于圆柱形铰的轴线放置,合适吗? 为什么?

(6)由于广泛采用高强度钢,使得稳定性问题更为突出,为什么?

4.综合题

(1)如图 10.18 所示四根钢质圆截面细长压杆,直径均为 $d=27$ mm。材料的弹性模 $E=200$ GPa,试求压杆的临界力。

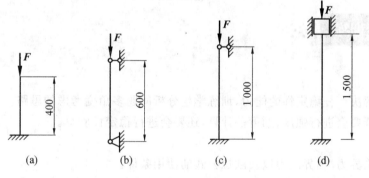

(a)　　　　(b)　　　　(c)　　　　(d)

图 10.18

(2)图 10.19 所示为某型飞机起落架中承受轴向压力的斜撑杆。杆为空心圆管,外径 $D=52$ mm 内径 $d=44$ mm,$l=950$ mm。材料为 30CrMnSiNi2A,$\sigma_b=1\,600$ MPa,$\sigma_p=1\,200$ MPa,$E=210$ GPa。试求斜撑杆的临界压力 F_{cr} 和临界应力 σ_{cr}。

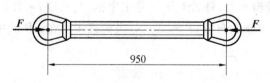

图 10.19

（3）三根圆截面压杆，直径均为 $d=160$ mm，材料为 Q235 钢，$E=200$ GPa，$\sigma_s=235$ MPa。两端均为铰支，长度分别 l_1、l_2 和 l_3，且 $l_1=2l_2=4l_3=5$ m，试求各杆的临界压力 F_{cr}。

（4）无缝钢管厂的穿孔顶杆如图 10.20 所示。杆端承受压力。杆长 $l=4.5$ m，横截面直径 $d=15$ cm。材料为低合金钢，$E=210$ GPa，两端可简化为铰支座，规定的稳定安全系数为 $n_{st}=3.3$。试求顶杆的许可荷载。

（5）由三根钢管构成的支架如图 10.21 所示。钢管的外径为 30 mm，内径为 22 mm，长度 $l=2.5$ m，$E=210$ GPa。在支架的顶点三杆铰接。若取稳定安全系数 $n_{st}=3$，试求许可荷载 F。

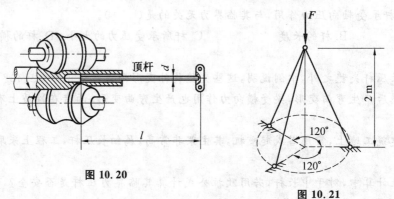

图 10.20　　　　图 10.21

（6）如图 10.22 所示，柱由四个 $45\times45\times4$ 的等边角钢组成，柱长 $l=8$ mm，两端铰支，材料为 Q235 钢，$\sigma_s=235$ MPa，规定稳定安全因数 $[n_{st}]=1.6$。当轴向压力 $F=200$ kN 时，校核其稳定性。

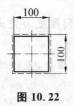

图 10.22

▶ 工程技能训练 ••••>

1.训练目的
（1）培养分析解决压杆稳定性的能力，训练学生分析问题多角度考虑的思路。
（2）训练学生既要会进行强度、刚度的计算，还要会进行稳定性验算。

2.训练要求
（1）掌握压杆临界力、临界应力以及欧拉公式的使用条件。
（2）掌握压杆稳定性验算方法和提高压杆稳定性的措施。

3.训练内容和条件
（1）图 10.23 所示一转臂起重机架 ABC，受压杆 AB 采用 $\phi76\times4$ 的钢管制成，两端可认为是铰支座，材料为 Q235 钢。若不计结构自重，取安全因数 $[n_{st}]=3.5$，试求最大起重重 P。

（2）图 10.24 所示一悬臂滑车架，杆 AB 为 18 号工字钢，其长度 $l=2.6$ m，$W_z=1.85\times10^{-4}$ m³，$A=30.6\times10^{-4}$ m²。若不考虑工字钢的自重，$P=25$ kN，当荷载作用在 AB 的中点 D 处时，试求 AB 杆内最大压应力。

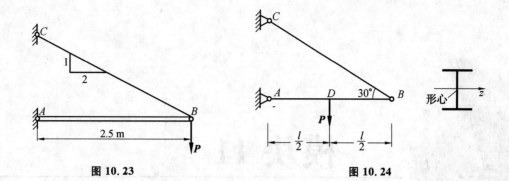

图 10.23　　　　　　　图 10.24

模块 11
质点和刚体运动学基础

教学聚焦

处理掌握静力学基本知识和平衡规律外,还需掌握运动学的相关知识和规律。

知识目标

◆熟悉刚体的平移与绕定轴转动及质心运动定理;
◆理解点合成运动的基本概念;
◆熟悉点的速度合成定理;
◆熟悉刚体的平面运动。

技能目标

◆掌握用自然坐标法确定点的运动方程、速度和加速度的方法;
◆掌握速度合成定理,并能运用它解点的速度合成运动问题;
◆掌握刚体平动和绕定轴转动的特征;
◆掌握刚体平动的运动方程;
◆掌握求解刚体平面运动的速度投影法及瞬心法。

课时建议

8 课时

教学重点或难点

本模块是力学中运动学的基础知识,在工程技术中有广泛的应用,如机器设计制造等,常要求实现某种运动;同时又是学习其他后续课程的基础。

例题导读

【例 11.1】讲解了用直角坐标法求解点的运动方程的方法；【例 11.2】讲解了用自然坐标法表示点的加速度的方法；【例 11.3】讲解了刚体瞬间速度和加速度；【例 11.4】讲解了点的速度合成定理；【例 11.5】讲解了定轴转动刚体上各点的速度、加速度；【例 11.6】用基点法讲解了刚体平面运动各点的速度分析；【例 11.7】用速度瞬心法讲解了刚体平面运动各点的速度分析。

知识汇总

- 点在平面内的运动轨迹；
- 刚体的平动形式；
- 点的合成运动；
- 刚体的定轴转动与平面运动。

学习质点和刚体的运动学，就是从几何的角度研究物体的运动，而不考虑作用力和运动之间的关系。

研究物体的机械运动，必须选取另一个物体作为参考，这个参考的物体称为参考体，在力学中，描述任何物体的运动都需要指明参考体。固连在参考体的坐标系称为参考系。如果所选的参考体不同，那么物体相对于不同参考体的运动也不同，因此运动具有相对性。以后如果不作特别说明，一般工程问题中都取与地面固连的坐标系为参考系。对于特殊问题，将根据需要另选参考系，并加以说明。

在描述物体运动时，常用到瞬时和时间间隔的概念。瞬时是指物体在运动过程中的某一时刻，用 t 表示，它对应运动的瞬时状态。而时间间隔是指两个瞬时的间隔时间，用 Δt 表示，它对应的是运动的某一过程。

11.1 点的运动

运动和动力学中所研究的点为质点，即具有一定质量而几何形状和大小可忽略不计的物体。研究点的运动，就是从几何角度研究动点相对于参考系的位置随时间变化的规律，建立动点位置坐标、速度、加速度三者间的解析关系，不研究引起运动的原因。动点在空间所经过的路线称为轨迹。本节分别采用矢量法、直角坐标法和自然坐标法研究点在平面内的轨迹。

1. 矢量法

(1) 点的运动方程。设有动点 M 相对某参考系 $Oxyz$ 运动如图 11.1 所示，由坐标系原点 O 向动点 M 作一矢量，即 $\boldsymbol{r}=\overrightarrow{OM}$，矢量 $\boldsymbol{r}$ 称为动点 M 的矢径。动点运动时，矢径 $\boldsymbol{r}$ 的大小、方向随时间 t 而改变，故矢径 $\boldsymbol{r}$ 可写为时间的单值连续函数

$$\boldsymbol{r}=\boldsymbol{r}(t) \tag{11.1}$$

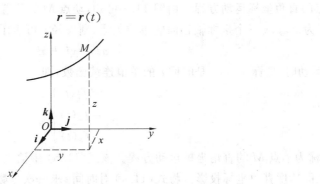

图 11.1

式(11.1) 称为动点 M 矢量形式运动方程，其矢端曲线即称为动点的运动轨迹。

(2) 点的速度。该瞬时 t 动点在 M 处，其矢径为 $\boldsymbol{r}(t)$，经过 Δt 时间后，动点运动到 M' 处，其矢径为

$r(t+\Delta t)$。如图(11.2)所示动点在 Δt 时间内的位移为 $\overrightarrow{MM'}=\Delta\boldsymbol{r}=\boldsymbol{r}(t+\Delta t)-\boldsymbol{r}(t)$，由此得动点在 Δt 时间内平均速度为

$$\bar{\boldsymbol{v}}=\frac{\overrightarrow{MM'}}{\Delta t}=\frac{\Delta\boldsymbol{r}}{\Delta t}$$

当 Δt 趋于零时，得动点在瞬时 t 的瞬时速度(简称速度)为

$$\boldsymbol{v}=\lim_{\Delta t\to0}\frac{\Delta\boldsymbol{r}}{\Delta t}=\frac{\mathrm{d}\boldsymbol{r}}{\mathrm{d}t} \tag{11.2}$$

即动点的速度等于动点的矢径对时间的一阶导数。

动点的速度是矢量，动点速度方向为其轨迹曲线在 M 点的切线方向并指向运动的一方。

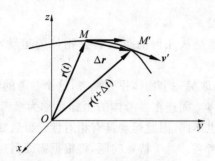

图 11.2

(3)点的加速度。设在某瞬时 t，动点在位置 M，速度为 $\boldsymbol{v}$，经过时间间隔 Δt，动点运动到 M' 处，速度为 $\boldsymbol{v}'$，如图 11.2 所示。在 Δt 内，动点速度改变量为

$$\Delta\boldsymbol{v}=\boldsymbol{v}-\boldsymbol{v}'$$

点的加速度为

$$\boldsymbol{a}=\lim_{\Delta t\to0}\frac{\Delta\boldsymbol{v}}{\Delta t}=\frac{\mathrm{d}\boldsymbol{v}}{\mathrm{d}t}$$

由于 $\boldsymbol{v}=\dfrac{\mathrm{d}\boldsymbol{r}}{\mathrm{d}t}$，因此上式写成

$$\boldsymbol{a}=\frac{\mathrm{d}\boldsymbol{v}}{\mathrm{d}t}=\frac{\mathrm{d}^2\boldsymbol{r}}{\mathrm{d}t^2} \tag{11.3}$$

式(11.3)表明，点的加速度等于它的矢径对时间的二阶导数。

2.直角坐标法

(1)点的直角坐标运动方程。由图 11.1 可知，动点 M 的位置可用 M 的位置坐标 x,y,z 来表示，设 $\boldsymbol{i},\boldsymbol{j},\boldsymbol{k}$ 分别为 x,y,z 三个坐标轴正向的单位矢量，则矢径 $\boldsymbol{r}$ 可表示为

$$\boldsymbol{r}=x\boldsymbol{i}+y\boldsymbol{j}+z\boldsymbol{k} \tag{11.4}$$

当点运动时，坐标 x,y,z 是时间 t 的单值连续函数，即

$$\left.\begin{array}{l}x=f_1(t)\\y=f_2(t)\\z=f_3(t)\end{array}\right\} \tag{11.5}$$

式(11.5)称为动点 M 的直角坐标运动方程。该式(11.5)中消去时间 t，可得动点 M 的轨迹方程。

(2)点的速度直角坐标投影。将式(11.4)对时间 t 求一次导数，注意到 $\boldsymbol{i},\boldsymbol{j},\boldsymbol{k}$ 为单位常矢量，它们对时间导数为零，可得

$$\boldsymbol{v}=\frac{\mathrm{d}\boldsymbol{r}}{\mathrm{d}t}=\frac{\mathrm{d}}{\mathrm{d}t}(x\boldsymbol{i}+y\boldsymbol{j}+z\boldsymbol{k})=\frac{\mathrm{d}x}{\mathrm{d}t}\boldsymbol{i}+\frac{\mathrm{d}y}{\mathrm{d}t}\boldsymbol{j}+\frac{\mathrm{d}z}{\mathrm{d}t}\boldsymbol{k} \tag{11.6}$$

上式表明：速度矢量可以沿直角坐标轴分解为三个分量，速度矢量 $\boldsymbol{v}$ 在 x,y,z 轴上的投影分别为

$$v_x = \frac{\mathrm{d}x}{\mathrm{d}t}$$
$$v_y = \frac{\mathrm{d}y}{\mathrm{d}t}$$
$$v_z = \frac{\mathrm{d}z}{\mathrm{d}t}$$
(11.7)

式(11.7)表示动点速度在直角坐标轴上的投影等于其对应的位置坐标对时间的一阶导数。动点的速度大小和方向余弦为

$$v = \sqrt{v_x^2 + v_y^2 + v_z^2} = \sqrt{\left(\frac{\mathrm{d}x}{\mathrm{d}t}\right)^2 + \left(\frac{\mathrm{d}y}{\mathrm{d}t}\right)^2 + \left(\frac{\mathrm{d}z}{\mathrm{d}t}\right)^2}$$
$$\cos(\boldsymbol{v},\boldsymbol{i}) = \frac{v_x}{v}, \quad \cos(\boldsymbol{v},\boldsymbol{j}) = \frac{v_y}{v}, \quad \cos(\boldsymbol{v},\boldsymbol{k}) = \frac{v_z}{v}$$
(11.8)

(3) 点的加速度直角坐标投影。将式(11.6)代入式(11.3)，得

$$\boldsymbol{a} = \frac{\mathrm{d}\boldsymbol{v}}{\mathrm{d}t} = \frac{\mathrm{d}}{\mathrm{d}t}\left(\frac{\mathrm{d}x}{\mathrm{d}t}\boldsymbol{i} + \frac{\mathrm{d}y}{\mathrm{d}t}\boldsymbol{j} + \frac{\mathrm{d}z}{\mathrm{d}t}\boldsymbol{k}\right) = \frac{\mathrm{d}^2 x}{\mathrm{d}t^2}\boldsymbol{i} + \frac{\mathrm{d}^2 y}{\mathrm{d}t^2}\boldsymbol{j} + \frac{\mathrm{d}^2 z}{\mathrm{d}t^2}\boldsymbol{k}$$
(11.9)

上式表明：加速度矢量可以沿直角坐标轴分解为三个分量，加速度矢量 $\boldsymbol{a}$ 在 x,y,z 轴上的投影分别为

$$a_x = \frac{\mathrm{d}v_x}{\mathrm{d}t} = \frac{\mathrm{d}^2 x}{\mathrm{d}t^2}$$
$$a_y = \frac{\mathrm{d}v_y}{\mathrm{d}t} = \frac{\mathrm{d}^2 y}{\mathrm{d}t^2}$$
$$a_z = \frac{\mathrm{d}v_z}{\mathrm{d}t} = \frac{\mathrm{d}^2 z}{\mathrm{d}t^2}$$
(11.10)

式(11.10)表示动点加速度在直角坐标轴上的投影等于其对应的速度投影对时间的一阶导数，或等于其对应的位置坐标对时间的二阶导数。

加速度的大小及方向余弦为

$$a = \sqrt{a_x^2 + a_y^2 + a_z^2} = \sqrt{\left(\frac{\mathrm{d}^2 x}{\mathrm{d}t^2}\right)^2 + \left(\frac{\mathrm{d}^2 y}{\mathrm{d}t^2}\right)^2 + \left(\frac{\mathrm{d}^2 z}{\mathrm{d}t^2}\right)^2}$$
$$\cos(\boldsymbol{a},\boldsymbol{i}) = \frac{a_x}{a}, \quad \cos(\boldsymbol{a},\boldsymbol{j}) = \frac{a_y}{a}, \quad \cos(\boldsymbol{a},\boldsymbol{k}) = \frac{a_z}{a}$$
(11.11)

【例 11.1】 摆动导杆机构如图 11.3 所示，已知 $\varphi = \omega t$（ω 为常量），O 点到滑杆 CD 间的距离为 l。求滑杆上销钉 A 的运动方程、速度方程和加速度方程。

解 取直角坐标系如图 11.3 所示。销钉 A 与滑杆一起沿水平轨道运动，其运动方程为

$$x = l\tan\varphi = l\tan\omega t$$

将运动方程对时间 t 求导，得销钉 A 的速度方程

$$v_A = \frac{\mathrm{d}x}{\mathrm{d}t} = \frac{\omega l}{\cos^2\omega t}$$

将速度方程对时间 t 求导，得销钉 A 的加速度方程

$$a_A = \frac{\mathrm{d}v_A}{\mathrm{d}t} = \frac{2\omega^2 l\sin\omega t}{\cos^3\omega t}$$

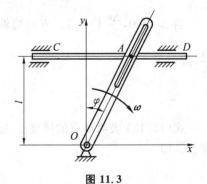

图 11.3

3. 自然坐标法

当动点的运动轨迹已知时，应用自然坐标法求点的速度和加速度问题比较方便。

（1）用弧坐标建立点的运动方程。设动点 M 运动轨迹已知，要确定动点 M 的位置，只需要知道任意瞬时 M 点在轨迹曲线上的位置就可以了。为此，在轨迹上选一固定点 O_1 为原点，将其两侧分别规定为正、负方向（图 11.4），这样动点 M 在轨迹上的位置就可以用 M 点沿轨迹到 O_1 点的弧长 $s = \overset{\frown}{O_1 M}$ 来表示。s 称为 M 点的弧坐标。

当动点 M 沿轨迹运动时，它的位置随着时间而变化，即 s 是 t 的单值连续函数，可表示为

$$s = f(t) \tag{11.12}$$

上式称为动点沿已知轨迹的运动方程。

（2）自然轴系。如图 11.5 所示，动点 M 沿已知平面轨迹 AB 运动。在轨迹上与动点 M 相重合的一个点处建立一个坐标系：取切向轴 τ 沿轨迹在该点的切线，它的正向指向轨迹的正向；取法向轴 n 沿轨迹在该点的法线，它的正向指向轨迹的曲率中心。这样建立的正交坐标系称为自然坐标轴系，简称自然轴系。可见，如切向轴和法向轴的单位矢量分别用 τ 和 n 表示，与直角坐标系中 i, j, k 不同，τ 和 n 的方向随动点 M 在轨迹上的位置的变化而变化，是变矢量。动点的速度、加速度在自然轴系上的投影称为自然坐标。

（3）用自然坐标表示点的速度。如图 11.6 所示，在瞬时 t，动点 M 的矢径为 $r(t)$，经时间间隔 Δt，动点 M 沿已知轨迹运动至 M' 处，其矢径为 $r(t + \Delta t)$。矢径的增量称位移，点 M' 的位移 Δr 与弧坐标增量 Δs 相对应。

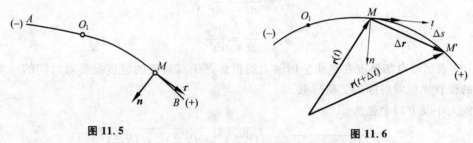

图 11.5　　　　　　图 11.6

由式（11.2）可知，点的速度 $v = \lim(\Delta r / \Delta t)$，当分子、分母同乘以 Δs，可得

$$v = \lim_{\Delta t \to 0} \frac{\Delta r}{\Delta s} \frac{\Delta s}{\Delta t} = \lim_{\Delta t \to 0} \frac{\Delta r}{\Delta s} \cdot \lim_{\Delta t \to 0} \frac{\Delta s}{\Delta t}$$

当 $\Delta t \to 0$，$\dfrac{\Delta r}{\Delta s}$ 趋于 1。方向趋近于轨迹的切向，并指向弧坐标的正向，故 $\lim\limits_{\Delta t \to 0} \dfrac{\Delta r}{\Delta s} = \tau$，而 $\lim\limits_{\Delta t \to 0} \dfrac{\Delta s}{\Delta t}$ $\dfrac{ds}{dt}$，故

$$v = v\tau = \frac{ds}{dt}\tau \tag{11.13}$$

式（11.13）表明动点的速度沿轨迹在该点的切线方向，在切线方向的投影等于坐标对时间的一阶导数。即

$$v = \frac{ds}{dt} \tag{11.14}$$

当 $\dfrac{ds}{dt} > 0$ 时，速度 v 与 τ 同向；当 $\dfrac{ds}{dt} < 0$ 时，速度 v 与 τ 反向。当用弧坐标表示的点的运动方程而式（11.13）已知时，利用式（11.5）可直接求出点的速度大小并判断其方向。

（4）用自然坐标表示点的加速度。

将点的速度公式 $v = v\tau$ 代入式（11.3），得

$$\boldsymbol{a} = \frac{\mathrm{d}\boldsymbol{v}}{\mathrm{d}t} = \frac{\mathrm{d}}{\mathrm{d}t}(v\boldsymbol{\tau}) = \frac{\mathrm{d}v}{\mathrm{d}t}\boldsymbol{\tau} + v\frac{\mathrm{d}\boldsymbol{\tau}}{\mathrm{d}t} \tag{11.15}$$

式(11.15)的右边两项都是矢量。第一项反映动点速度大小变化的加速度,称为"切向加速度",记作 $\boldsymbol{a}_\tau$,它是动点的加速度在切向轴上的投影;第二项反映动点速度方向变化的加速度,称为"法向加速度",记作 $\boldsymbol{a}_n$,它是动点的加速度在法向轴上的投影。可以证明

$$\left.\begin{aligned} a_\tau &= \frac{\mathrm{d}v}{\mathrm{d}t} = \frac{\mathrm{d}^2 s}{\mathrm{d}t^2} \\ a_n &= \frac{v^2}{\rho} \end{aligned}\right\} \tag{11.16}$$

式中 ρ——动点所在处的轨迹曲线的"曲率半径"。

式(11.16)表明:点的切向加速度 $\boldsymbol{a}_\tau$ 的大小等于点的速度 v 对时间 t 的一阶导数或等于弧坐标 s 对时间的二阶导数;点的法向加速度 $\boldsymbol{a}_n$ 等于点的速度的平方除以动点所在轨迹处曲线的曲率半径。

所以,式(11.15)矢量形式可写成

$$\boldsymbol{a} = \boldsymbol{a}_\tau \boldsymbol{\tau} + \boldsymbol{a}_n \boldsymbol{n} \tag{11.17}$$

知道了加速度的投影,就可以求出全加速度的大小和方向,如图11.7所示。

$$a = \sqrt{{a_\tau}^2 + {a_n}^2} = \sqrt{\left(\frac{\mathrm{d}v}{\mathrm{d}t}\right)^2 + \left(\frac{v^2}{\rho}\right)^2}$$

$$\tan \beta = \frac{|a_\tau|}{|a_n|}$$

式中 β——全加速度 $\boldsymbol{a}$ 与法向加速度 $\boldsymbol{a}_n$ 的夹角。

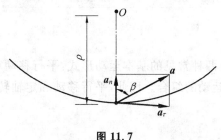

图 11.7

【**例 11.2**】 如图11.8所示,飞轮以 $\varphi = 2t^2$(弧度)的规律转动,其半径 $R = 50$ cm,试求飞轮边缘上一点 M 的速度和加速度。

解 已知 M 点的轨迹是半径 $R = 50$ mm 的圆周,以 M_0 为弧坐标的原点。并规定轨迹的正方向如图11.8所示,则点 M 沿轨迹的运动方程为

$$s = R\varphi = 100t^2$$

速度的大小数值为

$$v = \frac{\mathrm{d}s}{\mathrm{d}t} = 200t$$

速度的方向沿轨迹的切线方向,指向如图11.8所示。

动点 M 的加速度为

切向加速度 $\qquad\qquad\qquad a_\tau = \dfrac{\mathrm{d}v}{\mathrm{d}t} = 200$

法向加速度 $\qquad\qquad\qquad a_n = \dfrac{v^2}{R} = \dfrac{(200t)^2}{50} = 800t^2$

动点 M 的全加速度及全加速度角度为

$$a = \sqrt{a_\tau{}^2 + a_n{}^2} = \sqrt{(200)^2 + (800t)^2} = 200\sqrt{1 + 16t^4}$$

$$\tan \beta = \frac{a_\tau}{a_n} = \frac{1}{4t^2}$$

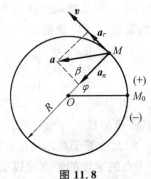

图 11.8

技术提示：

1. 学习质点的运动学，就是从几何的角度研究物体的运动。

2. 表示点的位置、速度、加速度有三种方法，即：矢量法、直角坐标法、自然坐标法。其中矢量法主要用于理论的推导，自然坐标法侧重于动点轨迹已知时的运动分析，动点运动轨迹未知时通常采用直角坐标法。

11.2 刚体平动

在工程实际中，刚体的运动有两种常见的基本运动形式：平行移动和定轴转动，刚体的一些较为复杂的运动可以归结为这两种基本运动的组合。因此，平行移动和定轴转动这两种基本运动形式是分析一般刚体运动的基础。

1. 刚体的平行移动

刚体在运动过程中，若其上任意直线始终保持与初始位置平行，则这种运动称为刚体的平行移动（简称平动）。刚体平动时，其上各点的轨迹可以是直线，也可以是曲线。例如，电梯的升降、直线轨道上车厢的运动（图 11.9），其上各点的轨迹是直线，称为直线平移；而机车车轮平行连杆 AB 的运动、摆式振动筛中筛子 ABCD 的运动（图 11.10），各点的轨迹是曲线，称为曲线平移。

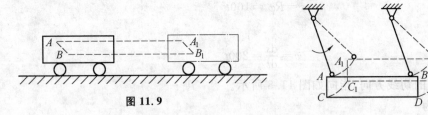

图 11.9　　图 11.10　曲线平移轨迹

现在研究刚体做平移时其上各点运动的关系。设在做平移的刚体上任取两点 A、B（图 11.11），由于是刚体，A、B 两点的距离保持不变；又由于做平移，当直线 AB 运动到 A_1B_1、A_2B_2、…、A_nB_n 的位置时都保持与 AB 的初始位置平行。因此，A、B 两点的轨迹具有相同的形状且互相平行；在任何相同的时间间隔内，A、B 两点具有相同的位移，从而在任何瞬时两点的速度都相同。进而可知，在任何瞬时这两点的加速度也相同。在以上的论述中，A 和 B 是刚体内的任意两点，由此可得结论：刚体平动时，其上所有各点的轨迹形状都相同且互相平行;在同一瞬时,所有各点具有相同的速度和加速度。

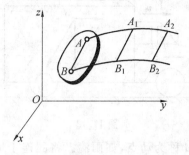

图 11.11

既然作平移的刚体所有各点的运动都相同,因此,刚体平动的问题可以归结为质点的运动问题。可用求质点的位置、速度、加速度的方法求刚体的平动问题。

【例 11.3】 曲柄导杆机构如图 11.12 所示,曲柄 OA 绕固定轴 O 转动,通过滑块 A 带动导杆 BC 在水平导槽内做直线往复运动。已知曲柄 $OA = r$,$\varphi = \omega t$(ω 为常量),求导杆在任一瞬时速度和加速度。

解 由于导杆在水平直线导槽内运动,所以其上任一直线始终与它的最初位置相平行,且其上各点的轨迹均为直线,因此,导杆做直线平移。导杆的运动可以用其上任一点的运动来表示。选取导杆上 M 点研究,M 点沿 x 轴做直线运动,其运动方程为

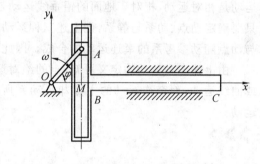

图 11.12

$$x_M = OA\cos\varphi = r\cos\omega t$$

则 M 点的速度和加速度分别为

$$v_M = \frac{\mathrm{d}x_M}{\mathrm{d}t} = -r\omega\sin\omega t$$

$$a_M = \frac{\mathrm{d}v_M}{\mathrm{d}t} = -r\omega^2\cos\omega t$$

11.3 点的合成运动

本单元介绍点的运动合成与分解的方法,它是研究刚体复杂运动的基础。在理论和工程实践中有着重要的意义。

1.点的合成运动基本概念

在点的运动学中,研究了动点对于一个参考系的运动。但是在工程实践中,常常遇到同时用两个不同的参考系去描述同一个点的运动的情况。同一个点对于不同的参考系,所表现的运动特征显然是不同但又是有关联的。例如,无风下雨时雨滴的运动(图 11.13),对于地面上的观察者来说,雨滴是铅垂向下的,但是对于正在行驶的车上的观察者来说,雨滴是倾斜向后的。

产生这种差别是由于观察者所在的参考系不同。但是,两者得出的结论都是正确的,都反映了雨滴 M 的运动这一客观存在。

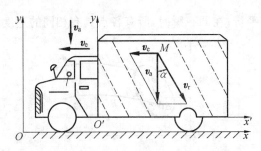

图 11.13

为了便于研究,将所研究的点 M 称为动点,如雨滴。将固连于地面或相对于地面静止的物体上的参考系称为静参考系,简称静系(用 $Oxyz$ 表示);将固连于相对于地面运动的物体上的参考系称为动参考系,简称动系(用 $Ox'y'z'$ 表示)。为了区别动点对于不同参考系的运动,规定:

① 动点相对于静参考系的运动称为绝对运动;

② 动点相对于动参考系的运动称为相对运动;

③ 动系相对于静参考系的运动称为牵连运动。

如上面所举的例子中,如果把行驶的车取为动参考系,则雨滴相对于车沿着与铅垂线成 α 角的直线运动是相对运动,相对于地面的铅垂线运动是绝对运动,而车对地面的直线平移则是牵连运动。可见,只要确定动点、动系与静系,则上述三种运动就随之确定。动点的绝对运动可以看成是动点的相对运动与动点随动参考系的牵连运动的合成。因此,动点的绝对运动也称为点的合成运动。

由上述三种运动的定义可知,点的绝对运动、相对运动的主体是动点本身,其运动可能是直线运动或曲线运动;而牵连运动的主体却是动系所固连的刚体,其运动可能是平移、转动或其他较为复杂的运动。

技术提示:

在动点和动参考系的选择时,动点和动参考系不能选在同一物体上,即动点和动参考系必须有相对运动。

2. 点的速度合成定理

由于动点对不同参考系的运动是不同的,所以对不同参考系的运动速度也是不同的。动点相对于静系运动的速度,称为动点的绝对速度,用 v_a 表示;动点相对于动系运动的速度,称为动点的相对速度,用 v_r 表示。由于动点的牵连运动是动系所固连的刚体的运动,所以以动点的牵连速度需指明是在某瞬时动系上与动点相重合的那一点(称为牵连点),于是牵连点的速度就是动点的牵连速度,用 v_e 表示。需要指出的是,随着动点相对运动的进行,牵连点在动系上取一系列不同的位置,也即在不同的瞬时有不同的牵连点。

下面讨论动点的绝对速度、相对速度和牵连速度之间的关系。

设动点 M 沿某平面曲线 K 运动,曲线 K 又随自身所在的平面相对于地面运动。将 $O'x'y'z'$ 动系固结于 K 曲线所在运动平面上,静系 $Oxyz$ 固结于地面上(图 11.14)。

设某瞬时 t,动点位于曲线上的 M 点。经过时间间隔 Δt 后,相对轨迹随同动参考系一起运动到位置 K',动点 M 则沿曲线 K 运动至 M' 点。

按照定义,$\overrightarrow{MM''}$、$\overrightarrow{M'M''}$、$\overrightarrow{MM'}$ 分别为动点的绝对位移、相对位移和牵连位移。由位移矢量三角形 $\Delta MM'M''$ 可得

$$\overrightarrow{MM''} = \overrightarrow{M'M''} + \overrightarrow{MM'}$$

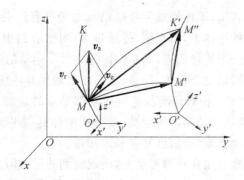

图 11.14

上式表明：动点的绝对位移等于牵连位移与相对位移的矢量和。

将上式两边同时除以 Δt，并取 $\Delta t \to 0$ 的极限值，得

$$\lim_{\Delta t \to 0} \frac{\overrightarrow{MM''}}{\Delta t} = \lim_{\Delta t \to 0} \frac{\overrightarrow{MM'}}{\Delta t} + \lim_{\Delta t \to 0} \frac{\overrightarrow{M'M''}}{\Delta t}$$

其中，$\lim\limits_{\Delta t \to 0} \dfrac{\overrightarrow{MM''}}{\Delta t}$、$\lim\limits_{\Delta t \to 0} \dfrac{\overrightarrow{MM'}}{\Delta t}$、$\lim\limits_{\Delta t \to 0} \dfrac{\overrightarrow{M'M''}}{\Delta t}$ 分别为动点在瞬时 t 的绝对速度、牵连速度、相对速度。将其分别记为 v_a、v_e、v_r，于是上式可写为

$$v_a = v_e + v_r \tag{11.18}$$

上式表明：点做合成运动时，动点的绝对速度等于牵连速度与相对速度的矢量和。换句话说，动点的绝对速度可由牵连速度与相对速度为临边所作的平行四边形的对角线来确定。这就是点的速度合成定理。

式中包含三个速度矢量，每个矢量又有大小和方向两个要素，因此共有六个量。若已知其中任意四个量，便可求出其余的两个未知量。

【例 11.4】 图 11.15 所示为一凸轮机构。顶杆端点 A 利用弹簧压紧在凸轮表面上。当凸轮转动时，顶杆沿铅垂滑道上下运动。已知凸轮的角速度为 $\boldsymbol{\omega}$，在图示瞬时凸轮轮廓曲线在 A 点法线 A_n 与 AO 的夹角为 θ，且 $OA = r$。求此时顶杆的速度。

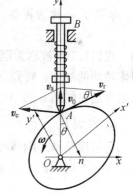

解 杆 AB 沿铅垂直线做平动，故只需求杆端 A 点的速度。

（1）动点和参考系的选取。以 AB 杆的端点 A 为动点，静系 Oxy 固连于机架上，动系 $Ox'y'$ 固连于凸轮上。

（2）三种运动分析

绝对运动—— 动点 A 沿铅垂方向的直线运动。绝对速度 v_a 的方向铅垂线，大小未知。

相对运动—— 动点 A 沿凸轮轮廓曲线的运动。相对速度 v_r 的方向沿凸轮廓线在 A 点的切线上，即垂直于法线 A_n，大小未知。

图 11.15

牵连运动—— 凸轮绕 O 点的定轴转动。牵连速度 v_e 是凸轮上与 A 点重合的那一点（牵连点）的速度。在图示瞬时，v_e 的大小为 $v_e = r\omega$，方向与 OA 垂直，指向与 ω 转向一致。

（3）通过上述分析可知，共有 v_a、v_r 的大小两个未知量。可以应用速度合成定理求解。作出速度平行四边形如图 11.15 所示。可知

$$v_a = v_e \tan\theta = r\omega \tan\theta$$

此瞬时杆 AB 的速度方向向上。

通过例题的分析，归纳出应用点的速度合成定理解题的步骤与注意要点如下：

（1）选取动点、动参考系和静参考系。动点、静系和动系必须分别选在三个物体上，且动点和动系

不能选在同一个运动的物体上,否则,不能构成复合运动。对于没有约束联系的系统,可选取所研究的点为动点,动系固定在另一运动的物体上,如车辆、传送带等;对于有约束联系的系统,动点多选在两构件的连接点或接触点,并与其中一个构件固连,动系则固定在另一运动的构件上。

总之,动点相对于动系的相对运动要简单、明显;动系的运动要容易判定。

(2)分析三种运动和三种速度。相对运动和绝对运动都是点的运动,要分析点的运动轨迹是直线还是圆曲线或是某种曲线。对牵连运动刚体的运动,要分析刚体是做平动还是转动。对各种运动的速度,都要分析它的大小和方向两个要素,弄清已知量和未知量。

分析相对速度时,可设想观察者站在动参考系上,所观察到的运动即为点的相对运动。分析牵连速度时,可假定动点暂不做相对运动,而把它固结在动参考系上,然后根据牵连运动的性质去分析该点的速度,即分析牵连点的速度。

(3)根据点的速度合成定理求解未知量。按各速度的已知条件,作出速度平行四边形。应注意要使绝对速度的矢量成为平行四边形的对角线,然后根据几何关系求解未知量。

11.4 刚体的定轴转动

刚体在运动过程中,若其上(或其扩展部分)有一直线始终保持不动,则这种运动称为刚体绕定轴转动(简称转动)。固定不动的那条直线称为转轴,轴上各点的速度恒为零,不在轴上的各点都在垂直于转轴的平面内做圆周运动。转动是工程中常见的一种运动,如齿轮、带轮、飞轮的转动都是刚体绕定轴转动的实例。

1. 转动方程

为确定转动刚体在空间的位置,过转轴 z 作一固定平面 I 为参考面。在图 11.16 中,半平面 II 过转轴 z 且固连在刚体上,则半平面 II 与刚体一起绕 z 轴转动。这样,任一瞬时,刚体在空间的位置都可以用固定的半平面 I 与半平面 II 之间的夹角 φ 来表示,φ 称为转角。刚体转动时,角 φ 随时间 t 变化,是时间 t 的单值连续函数

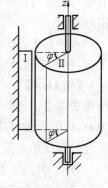

图 11.16

$$\varphi = \varphi(f) \tag{11.19}$$

式(11.19)被称为刚体的转动方程,它反映转动刚体任一瞬时在空间的位置,即刚体转动的规律。转角 φ 是代数量,规定从转轴的正向看,逆时针转向的转角为正,反之为负。转角 φ 的单位是 rad。

2. 角速度

角速度是描述刚体转动快慢和转动方向的物理量。角速度用符号 ω 来表示,它是转角 φ 对时间的一阶导数,即

$$\omega = \frac{\mathrm{d}\varphi}{\mathrm{d}t} \tag{11.20}$$

角速度是代数量,其正负表示刚体的转动方向。当 $\omega > 0$ 时,刚体逆时针转动;反之则顺时针转动。角速度的单位是 rad/s。

工程上常用每分钟转过的圈数表示刚体转动的快慢,称为转速,用符号 n 表示,单位为 r/min。转速 n 与角速度 ω 的关系为

$$\omega = \frac{2\pi n}{60} = \frac{\pi n}{30} \tag{11.21}$$

3. 角加速度 α

角加速度 α 是表示角速度 ω 变化的快慢和方向的物理量,是角速度 ω 对时间的一阶导数,即

$$\alpha = \frac{\mathrm{d}\omega}{\mathrm{d}t} = \frac{\mathrm{d}^2\varphi}{\mathrm{d}t^2} \tag{11.22}$$

角加速度 α 是代数量,当 α 与 ω 同号时,表示角速度的绝对值随时间增加而增大,刚体做加速转动;反之,则做减速转动。角加速度的单位是 $\mathrm{rad/s^2}$。

4.刚体定轴转动的特殊情况

(1)匀速定轴转动。若刚体做定轴转动时角速度不变,则称为"匀速转动",得

$$\omega = \frac{\mathrm{d}\varphi}{\mathrm{d}t} = 常数$$

$$\varphi = \varphi_0 + \omega t$$

(2)匀变速运动。刚体做定轴转动时,角加速度为一常量,称为"匀变速运动",得

$$\varepsilon = 常数$$

$$\omega = \omega_0 + \varepsilon t$$

$$\varphi = \varphi_0 + \omega_0 + \frac{1}{2}\varepsilon t^2$$

$$\omega^2 - \omega_0^2 = 2\varepsilon(\varphi - \varphi_0)$$

式中　ω_0、φ_0——分别为初始时刻,即 $t=0$ 时的角速度和转角。

5.定轴转动刚体上各点的速度、加速度

刚体的定轴转动是刚体的整体运动。下面讨论转动刚体上的某点的运动:速度、加速度问题。

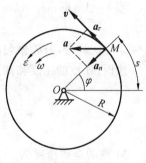

图 11.17

由于刚体定轴转动时,各个点绕转轴做圆周运动。设:角速度为 ω,角加速度为 ε,对于图 11.17 所示刚体上任一点 M 的速度、加速度分析,则有

$$s = R\varphi \tag{11.23}$$

$$v = \frac{\mathrm{d}s}{\mathrm{d}t} = \frac{\mathrm{d}(R\varphi)}{\mathrm{d}t} = R\omega \tag{11.24}$$

$$a_\tau = \frac{\mathrm{d}v}{\mathrm{d}t} = \frac{\mathrm{d}(R\omega)}{\mathrm{d}t} = R\varepsilon$$

$$a_n = \frac{v^2}{R} = R\omega^2 \tag{11.25}$$

全加速度大小和方向为

$$a = \sqrt{a_\tau^2 + a_n^2} = R\sqrt{a^2 + \omega^4} \tag{11.26}$$

$$\tan\theta = \left|\frac{a_\tau}{a_n}\right| = \frac{|a|}{\omega^2} \tag{11.27}$$

式中　β——全加速度 a 与 M 点的法线 MO 的夹角,R 称为点的"转动半径"。

通过上述讨论可以得出如下结论,如图 11.18 所示。

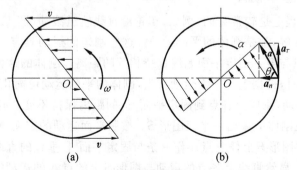

图 11.18

转动刚体上各点的速度、切向加速度、法向加速度及全加速度均与其转动半径成正比。

（1）同一瞬时转动半径上各点的速度、加速度呈线性三角形规律分布。

（2）转动刚体上各点的速度方向垂直于转动半径，指向与角速度的转向一致。

（3）转动刚体上各点的切向加速度方向垂直于转动半径，指向与角加速度的转向一致。

（4）转动刚体上各点的法向加速度方向沿半径指向转轴。

（5）任一瞬时各点的全加速度与转动半径的夹角相同。

【例 11.5】 图 11.19 所示为电动绞车的鼓轮，它的半径 $R = 0.2$ m，在制动的两秒钟内，其转动方程为 $\varphi = -t^2 + 4t$，其中 φ 以 rad 计，t 以 s 计，绳端是一物体 A。试求当 $t = 1$ s 时，图示轮缘上任一点 M 以及物体 A 的速度及加速度。

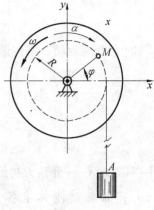

图 11.19

解 鼓轮在转动过程中的角速度和角加速度分别为

$$\omega = \frac{d\varphi}{dt} = -2t + 4 \text{ rad/s}$$

$$\alpha = \frac{d\omega}{dt} = -2 \text{ rad/s}^2$$

当 $t = 1$ s 时 $\omega_1 = (-2 \times 1 + 4) \text{rad/s} = 2 \text{ rad/s}$

$$\alpha_1 = -2 \text{ rad/s}^2$$

ω 与 α 异号，鼓轮做匀减速转动。

这时 M 点的速度和加速度由式（11.24）～（11.27）可得

$$v_M = R\omega_1 = 0.2 \text{ m} \times 2 \text{ rad/s} = 0.4 \text{ m/s}$$

$$a_{\tau M} = R\alpha_1 = 0.2 \text{ m} \times (-2 \text{ rad/s}^2) = -0.4 \text{ m/s}^2$$

$$a_{nM} = R\omega_1^2 = 0.2 \text{ m} \times (2 \text{ rad/s})^2 = 0.8 \text{ m/s}^2$$

M 点的全加速度为

$$a = \sqrt{a_{\tau M}^2 + a_{nM}^2} = 0.894 \text{ m/s}^2$$

$$\theta = \arctan \frac{|a_\tau|}{a_n} = \arctan \frac{|-0.4| \text{ m/s}^2}{0.8 \text{ m/s}^2} = 26.5°$$

物体 A 的速度值与加速度值分别等于点 M 的速度 v_M 与切向加速度 $a_{\tau M}$，即

$$v_A = 0.4 \text{ m/s}(\uparrow), \quad a_A = -0.4 \text{ m/s}^2(\downarrow)$$

11.5 刚体的平面运动

前面已经讨论过刚体两种最简单的运动：平移和转动。本章将研究刚体的一种较复杂的运动——平面运动。

1. 刚体平面运动的基本概念

刚体的平面运动在工程上是较常见的，例如，车轮沿直线轨道滚动（图 11.20(a)），曲柄连杆机构中连杆的运动（图 11.20(b)）等，都是刚体的平面运动。这些刚体的运动具有一个共同特点：即刚体在运动过程中，其上的任意一点与某一固定平面始终保持相等的距离。刚体的这种运动称为平面运动。

在研究刚体平面运动时，根据上述平面运动特点，刚体的平面运动可简化为平面图形的运动。在图 11.21 中，一刚体做平面运动，刚体上各点到固定平面 Ⅰ 的距离保持不变。作平面 Ⅱ 平行于固定平面 Ⅰ，平面 Ⅱ 与刚体相交，在刚体上截出一平面图形 S。按照平面运动的定义，刚体运动时，平面图形 S 始终在平面 Ⅱ 内运动。又过图形 S 上任意点 A 作一条与固定平面 Ⅰ 垂直的直线 $A'AA''$，则此直线将做平行于自身的运动，即平移。显然直线上各点的运动与图形 S 上的点 A 的运动完全相同。由此可见，平面图形上各点的运动可以代表刚体内所有点的运动。因此，刚体的平面运动可以简化为平面图形 S 在自身平面内的运动。

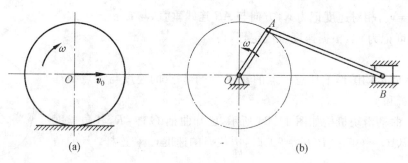

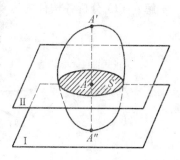

图 11.20

现在来研究平面图形 S 的运动。显然,平面图形在其自身平面内的位置,完全可由图形内任意一线段 AB 的位置确定(图 11.22)。设在瞬时 t,直线 AB 在位置 Ⅰ,经时间间隔 Δt 后到达位置 Ⅱ。直线 AB 由位置 Ⅰ 运动至位置 Ⅱ,可以视为先随固定在 A 点的平移坐标系 $Ax'y'$ 平移至位置 Ⅰ′,然后再绕 A' 点转过角度 $\Delta\varphi$,则直线 AB 最后到达位置 Ⅱ。这里 A 点称为基点。或者把 AB 由位置 Ⅰ 至 Ⅱ 的运动视为先随固定在 B 点的平移坐标系平移至位置 Ⅰ″,然后再绕 B' 点转过角度 $\Delta\varphi'$(以 B 为基点),同样直线 AB 最后到达位置 Ⅱ。

图 11.21

综上所述,平面图形的运动,在任意基点上建立了平移坐标系后,可

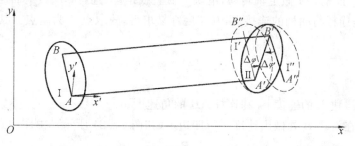

图 11.22

以分解为随同基点的平移(牵连运动)和绕基点的转动(相对运动)。应注意的是,图形内基点的选取是完全任意的。从图 11.22 中可以看出,选取不同的基点 A 或 B,则随基点平移的位移 $\overrightarrow{AA'}$ 和 $\overrightarrow{BB'}$ 是不同的,当然,图形随 A 点或 B 点平移速度也不相同。因此,平面图形随基点的平移规律与基点的选取有关。但对于绕不同的基点转过的转角 $\Delta\varphi$ 和 $\Delta\varphi'$ 的大小及转向总是相同的,即 $\Delta\varphi = \Delta\varphi'$。根据

$$\omega = \frac{\mathrm{d}\varphi}{\mathrm{d}t}, \quad \omega' = \frac{\mathrm{d}\varphi'}{\mathrm{d}t}, \quad a = \frac{\mathrm{d}\omega}{\mathrm{d}t}, \quad a' = \frac{\mathrm{d}\omega'}{\mathrm{d}t}$$

得

$$\omega = \omega', \quad a = a'$$

即在任一瞬时,平面图形绕基点转动的角速度和角加速度都是相同的。因此,平面图形绕基点的转动规律与基点的选取无关。ω、a 称为平面图形在某瞬时的角速度和角加速度。

2. 刚体平面运动各点的速度分析

(1)基点法。基点法是计算平面图形上任意一点速度的基本方法。它实质上是点的速度合成定理的具体应用。

设平面图形 S 做平面运动,如图 11.23 所示,已知其上 A 点的速度为 v_A,平面图形的角速度为 ω,现分析图形上任意一点 B 的速度。取点 A 为基点,将动系固结在基点上,则平面图形 S 的运动可以看成随基点的平移和绕基点的转动。B 点的运动则为随同基点的牵连运动和相对基点的相对运动的合成。B

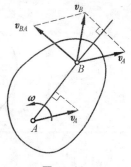

图 11.23

点的牵连速度 $v_e = v_A$，相对速度记为 v_r，方向与 AB 连线垂直，与 ω 指向一致。将 B 点的绝对速度记为 v_B，根据速度合成定理，得

$$v_B = v_A + v_{BA} \tag{11.28}$$

上式表明：平面运动图形上任意一点的速度，等于基点的速度与该点绕基点转动速度的矢量和。

【例 11.6】 曲柄滑块机构如图 11.24 所示，已知曲柄 $OA = R$，其角速度为 ω。试求当 $\angle BAO = 60°$，$\angle BOA = 90°$ 时，滑块 B 的速度 v_B 和连杆 AB 的角速度 ω_{AB}。

解 （1）分析各构件的运动，选取研究对象及基点。

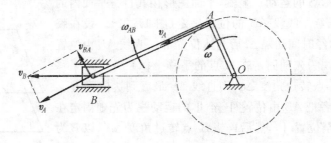

图 11.24

由已知条件可知，曲柄 OA 做定轴转动，滑块 B 做直线运动，连杆 AB 做平面运动。取连杆 AB 为研究对象。由于点 A 是连杆与曲柄的连接点，其速度容易求得，故取点 A 为基点。其速度根据曲柄 OA 的运动可求得

$$v_A = OA \cdot \omega = R\omega$$

方向如图 11.24 所示。

（2）用基点法求滑块 B 的速度 v_B 和连杆 AB 的角速度 ω_{AB}

根据式（11.28）在滑块 B 处做出速度平行四边形，如图 11.24 所示。由图中几何关系，得

$$v_B = \frac{v_A}{\sin 60°} = \frac{R\omega}{\sqrt{3}/2} \approx 1.15 R\omega \ (\leftarrow)$$

$$v_{BA} = v_A \cot 60° = \frac{\sqrt{3}}{3} R\omega$$

因为

$$v_{BA} = AB \cdot \omega_{AB}$$

所以

$$\omega_{AB} = \frac{v_{BA}}{AB} = \frac{\frac{\sqrt{3}}{3} R\omega}{\sqrt{3} R} = \frac{1}{3}\omega \ (\circlearrowleft)$$

（2）速度瞬心法。用基点法求平面运动图形上一点的速度时，需将基点的速度与该点绕基点转动的速度进行合成，使得求解过程较为复杂。如果能选取某瞬时速度等于零的点作为基点，则该点的速度就等于其绕基点转动的速度，这就使求解变得非常简捷。那么，某瞬时平面图形上是否存在速度为零的点呢？下面就来讨论这一问题。

设某一瞬时，平面图形上点 A 的速度为 v_A，图形的角速度为 ω，如图 11.25 所示。由 A 点沿 v_A 的方向作射线 AL，并将其绕 A 点以 ω 的转速转过 $90°$ 至 AL'。取 A 为基点，则射线上一点 P 的速度为

$$v_P = v_A + v_{PA}$$

由于 v_{PA} 与 AP 垂直，所以 v_{PA} 与 v_A 共线且方向相反。因而 v_P 的大小为

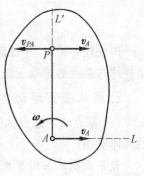

图 11.25

$$v_P = v_A - v_{PA} = v_A - AP \cdot \omega$$

令 $v_P = 0$，则有 $AP = \dfrac{v_A}{\omega}$，由此确定的点 P 就是该瞬时速度为零的点。显然，这样的点在平面图形（或其拓展部分）上存在且是唯一的，称为瞬时速度中心，简称速度瞬心。

根据瞬心的概念，平面运动可以看成是平面图形绕瞬心的转动，图形上任一点的速度就等于该点绕瞬心转动的速度。

下面介绍几种常见情形下速度瞬心的确定方法：

（1）平面图形沿一固定表面做无滑动的滚动，如图 11.26(a) 所示。图形与固定面的接触点 P 就是图形的速度瞬心。

（2）已知图形内任意两点 A、B 的速度 v_A、v_B 方向如图 11.26(b) 所示，则通过这两点分别作速度 v_A、v_B 的垂线，这两条垂线的交点 P 就是此瞬时的速度瞬心。

（3）如图 11.26(c)、(d) 所示，A、B 两点的速度 v_A、v_B 大小不等、方向互相平行且都垂直于 AB 连线，则瞬心必在 AB 连线或 AB 延长线上。此时，须知道 A、B 两点速度的大小才能确定瞬心的具体位置。如图 11.26(c)、(d) 所示，瞬心 P 位于 v_A、v_B 两矢量终点连线与 AB 直线的交点处。

（4）如图 11.26(e)、(f) 所示，任意两点 A、B 的速度 v_A、v_B 相互平行，且 $v_A = v_B$，则该瞬时图形的瞬心 P 在无穷远处，此时图形的角速度 ω 为零，图形上各点的速度都相同。这种情况称为瞬时平动。

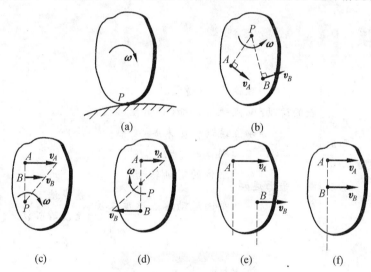

图 11.26

>>>

技术提示：

　　刚体在做平面运动的过程中，作为瞬心的那一点的位置不是固定的，而是随时间不断变化的。这是由于该点的速度在此瞬时虽然为零，但其加速度并不为零，故在下一瞬时，该点的速度也不再为零，但与此同时，会有另外一点（该点也可能在无穷远处）的速度变为零，成为新的瞬心。这个瞬心位置不断变换的过程就是刚体平面运动的过程。

【例 11.7】 如图 11.27 所示，半径 $r = 0.4$ m 的车轮，沿直线轨道做无滑动的滚动。已知轮轴以速度 $v_O = 15$ m/s 匀速前进。求轮缘上 A、B、C 和 D 四个点的速度。

解 车轮做平面运动。因车轮无滑动，故车轮上与轨道相接触的 C 点其速度为零，$v_C = 0$。因此，C 点为速度瞬心。轮轴 O 点的速度又已知，可由此求出车轮的角速度 ω，进而求出 A、B、D 三点的速度。

$$\omega = \frac{v_O}{R} = \frac{15 \text{ m/s}}{0.4 \text{ m}} = 37.5 \text{ rad/s}$$

由瞬心法可得

$$v_A = CA \cdot \omega = 2r \cdot \omega = 2 \times 0.4 \text{ m} \times 37.5 \text{ rad/s} = 30 \text{ m/s}$$

$$v_B = CB \cdot \omega = \sqrt{2}r \cdot \omega = \sqrt{2} \times 0.4 \text{ m} \times 37.5 \text{ rad/s} = 21.2 \text{ m/s}$$

$$v_D = CD \cdot \omega = \sqrt{2}r \cdot \omega = \sqrt{2} \times 0.4 \text{ m} \times 37.5 \text{ rad/s} = 21.2 \text{ m/s}$$

各点的速度方向如图 11.27 所示。

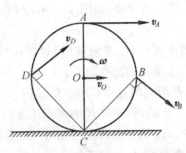

图 11.27

重点串联 ▶▶▶

质点和运动学基础
- 点的运动
  - 理论指导(适量)
  - 动点轨迹已知(直角坐标法)
  - 动点运动轨迹未知(自然坐标法)
- 刚体平面运动
  - 刚体的平动
  - 刚体的定轴转动
  - 平面运动各点速度求法
    - 基点法
    - 速度瞬心法

拓展与实训

▶ 基础训练 ››››

1.填空题

(1)_____是质点惯性大小的度量。

(2)刚体平行移动时其上各点的_____都相同且相互平行;在同一瞬时,所有各点都具有相同的_____和_____;因此,刚体的平行移动可以归结为_____来研究。

(3)动点的绝对速度等于_____与_____的_____。

(4)相对速度是指_____相对于_____的速度。绝对速度是指_____相对于_____的速度。

(5)刚体的转动惯量不仅与刚体的质量有关,还与质量的_____有关。

(6)刚体的基本运动形式包括_____和_____两种。

2.单项选择题

(1)两个质量相同的质点,沿相同的圆周运动,其中受力较大的质点(　　)。

A.切向加速度一定较大

B.法向加速度一定较大

C.全加速度一定较大

D.不能确定加速度是否较大

(2)试判断下列说法中,正确的是(　　)。

A.牵连速度是动参考系相对于静参考系的速度

B.牵连速度是动参考系上任一点相对于静参考系的速度

C.牵连速度是某瞬时动参考系上与动点相重合的点相对于静参考系的速度

D.牵连点是动参考系上的固定点

(3)如图 11.28 所示瞬时,已知 v_B,则 A 点的速度应为(　　)。

A.$v_A = v_B \cot \alpha$

B.$v_A = v_B \sin \alpha$

C.$v_A = v_B \cos \alpha$

D.$v_A = v_B \tan \alpha$

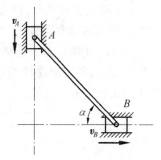

(4)旋转着的花样滑冰运动员将舒展着的臂、腿与身体收缩一线时,运动员(　　)。

A.旋转得更慢了

B.转速不变

C.旋转得更快了

D.不能确定

图 11.28

(5)科学家李四光创立的地质力学告诉我们,由于构成地球的物质在经常地运动,如比重大的物质向地球深部集中于是它与地球转轴间的距离减小,(　　),这就有使地球变扁的趋势,最后大陆发生漂移,地壳构造发生变形。

A.转动惯量增大 　　　　 B.转动惯量减小

C.自转角速度减小 　　　　 D.自转角速度增大

(6)如图 11.29 所示,拖车的车轮 A 与滚柱 B 的半径均为 r,两轮均沿地面做纯滚动。当拖车以速度 v 前进时,轮 A 与滚柱 B 的角速度的关系为(　　)。

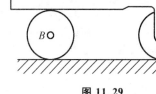

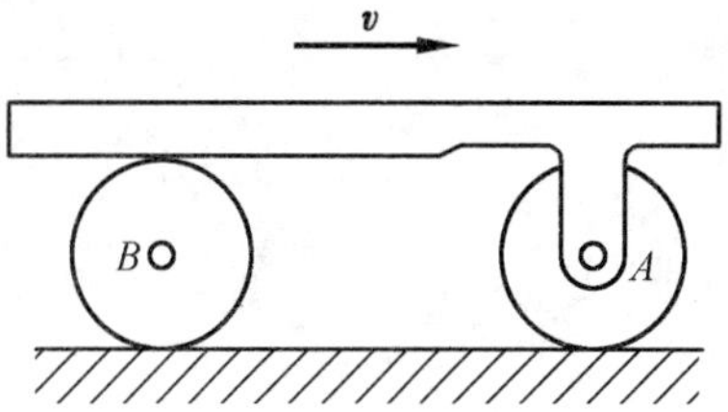

A.$\omega_A = \omega_B$ 　　　　 B.$\omega_A = 2\omega_B$

C.$\omega_A = \dfrac{1}{2}\omega_B$ 　　　　 D.$\omega_B = 2\omega_A$

图 11.29

3.综合题

(1)摆动导杆机构如图 11.30 所示,由摇杆 BC、滑块 A 和曲柄 OA 组成,已知 $OA = OB = r$,BC 杆绕 B 轴转动,并通过滑块 A 在 BC 杆上滑动带 OA 杆绕 O 轴转动,角度 φ 与时间的关系是 $\varphi = 2t^3$,φ 的单位为 rad,t 的单位为 s。试用自然坐标法写出 A 点的运动方程。

(2)刚体绕定轴转动的运动方程为 $\varphi = 4t - 3t^3$(φ 以 rad 计,t 以 s 计)。试求刚体内与转动轴相距 $r = 0.5$ m 的一点,在 $t_0 = 0$ 与 $t = 1$ s 时的速度和加速度的大小,并问刚体在什么时刻改变它的转向?

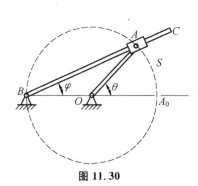

图 11.30

1.训练目的

(1)培养分析、解决点的合成运动问题的能力。在分析动点的运动时常常采用点的运动合成方法。

(2)培养分析运动形式的能力,即:相对运动、牵连运动、绝对运动。

(3)培养点的速度合成定理解题步骤的能力。

2.训练要求

(1)理清题意,转化问题。

(2)准确选择动点、动系,分析三种运动。

(3)确定三种速度,以及之间的联系。

3.训练内容和条件

图 11.31 所示为一曲柄摆杆机构,当曲柄 OM 以匀角速度 ω 绕 O 轴定轴转动时,滑块 M 可在摆杆 $O'B$ 上滑动,并带动摆杆 $O'B$ 绕 O' 轴摆动,$OM = r = 30$ cm,$OO' = 40$ cm。求 OM 在水平位置时摆杆 $O'B$ 的角速度 ω_1。

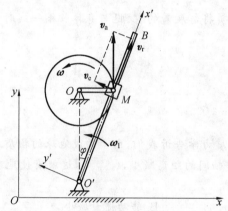

图 11.31

模块 12
质点动力学基础

教学聚焦

在上一模块运动学的基础,进一步了解刚体动力学的基本知识。

知识目标

◆熟悉质点动力学基本方程;

◆熟悉刚体绕定轴转动动力学基本方程;

◆掌握动量定理、动量矩定理、动能定理。

技能目标

◆掌握质点动力学方程及其应用,解决动力学两类基本问题;

◆掌握刚体定轴转动的运动方程,以及刚体绕定轴转动时其上任意点的速度和加速度的计算;

◆掌握动量、动能、动量矩的计算,会应用动量定理、动量矩定理、动能定理求解动力学问题。

课时建议

8 课时

教学重点或难点

本模块是动力学的深化,在理论和生产实践中有重要作用。要能够应用刚体定轴转动的运动方程、动量定理、动量矩定理、动能定理相关知识求解动力学问题。

例题导读

【例 12.1】讲解了已知质点的运动,求质点所受的力的方法;【例 12.2】讲解了已知质点所受的力,求质点的运动的方法;【例 12.3】讲解了通过悬挂点并垂直于摆平面轴的转动惯量的计算方法;【例 12.4】讲解了质点系统动量守恒定律在活塞上的应用;【例 12.5】讲解了利用质点系的动量矩守恒定律求解提升速度的方法;【例 12.6】讲解了利用刚体动能定理求角速度的方法。

知识汇总

· 质点动力学基本方程;
· 刚体绕定轴转动动力学基本方程;
· 动量及动量守恒定律;
· 动能定理。

在描述了点和刚体的运动,计算其速度和加速度后,本模块进一步讨论质点和刚体的运动变化和所受外力之间的关系。并学习力学普遍定理(动量定理、动量矩定理、动能定理)解题的应用。

12.1 质点动力学基本方程

1.质点动力学基本方程

由牛顿第二定律可知:质点受力作用时所获得的加速度的大小,与作用力的大小成正比,与质点的质量成反比,加速度的方向与力的方向相同。

设作用在质点上的力为 F,质点的质量为 m,质点获得的加速度为 a,则牛顿第二定律可以表示为矢量方程:

$$F = ma \tag{12.1}$$

当质点同时受几个力作用时,方程(12.1)中的力 F 应为这几个力的合力。式(12.1)称为质点动力学基本方程。

需要强调指出,质点动力学基本方程给出了质点所受的力与质点加速度之间的瞬时关系,即任意瞬时,质点只有在力的作用下才有加速度。不受力作用(合力为零)的质点,加速度必为零,此时质点将保持原来的静止或匀速直线运动状态。物体的这种保持运动状态不变的属性称为惯性。对于不同的质点,在获得相同的加速度时,质量大的质点所需施加的力大,即质点的质量越大,其惯性也越大。由此可见,质量是质点惯性的度量。

牛顿第二定律指出了质点加速度方向总是与其所受合力的方向相同。但质点的速度方向不一定与合力的方向相同。因此,合力的方向不一定就是质点运动的方向。

2.质量与重力的关系以及国际单位制

在地球表面上质量为 m 的物体在只有重力 G 作用而自由下落时,其加速度为重力加速度 g。由式(12.1)可得物体重力和质量的关系式为

$$G = mg \tag{12.2}$$

重力和质量是两个不同的概念。重力是地球对物体的引力大小的度量,在不同地区,物体重力略有不同,重力加速度也有差异。在一般计算中,可取 $g = 9.8$ m/s^2。质量是物体固有的属性,是物体惯性的度量。

我国法定的计量单位采用国际单位制,其代号为 SI。国际单位制的基本单位共七个,其中直接与力学有关的有三个:长度单位为米(m)、质量单位为千克(kg)、时间单位为秒(s),而力的单位是导出单位,为千克·米/秒^2(kg·m/s^2),称为牛顿,其代号为牛(N),并规定使质量为 1 kg 的物体产生 1 m/s^2 的加速度,所需的作用力为 1 N,即 1 N=1 kg·m/s^2。由式子(12.2)可知,质量为 1 kg 的物体,它的重力是 $G = mg = 1$ kg $\times 9.8$ m/s$^2 = 9.8$ N。

3. 质点运动微分方程及其应用

设质量为 m 的质点 M，在合力 F 的作用下，以加速度 a 运动，如图 12.1 所示。根据质点动力学基本方程 $F = ma$，它在直角坐标系上的投影为

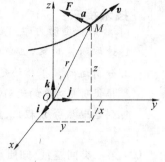

$$
\left.
\begin{aligned}
m \frac{\mathrm{d}^2 x}{\mathrm{d}t^2} &= F_x \\
m \frac{\mathrm{d}^2 y}{\mathrm{d}t^2} &= F_y \\
m \frac{\mathrm{d}^2 z}{\mathrm{d}t^2} &= F_z
\end{aligned}
\right\}
\qquad (12.3)
$$

图 12.1

式（12.3）称为直角坐标形式的质点运动微分方程。

工程中，有时采用动力学基本方程在自然轴系上的投影较为方便，在点做平面曲线运动时，它在自然轴系中的质点运动微分方程为

$$
\left.
\begin{aligned}
m \frac{\mathrm{d}^2 s}{\mathrm{d}t^2} &= F_\tau \\
m \frac{v^2}{\rho} &= F_n
\end{aligned}
\right\}
\qquad (12.4)
$$

式（12.4）称为自然坐标形式的质点运动微分方程。

应用质点的动力学方程，可用来解决质点动力学两类基本问题。

（1）第一类问题：已知质点的运动，求质点所受的力。

【例 12.1】 升降台以匀加速 a 上升，台面上放置一重为 G 的重物，如图 12.2 所示。求重物对台面的压力。

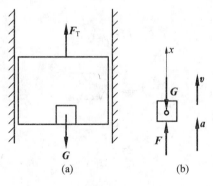

图 12.2

解 取重物为研究对象，其上受 G、F 两力作用，如图 12.2(b) 所示。取图 12.2(b) 所示坐标轴 x，由动力学基本方程可得

$$
F - G = \frac{G}{g} a
$$

故

$$
F = G \left(1 + \frac{a}{g} \right)
$$

由此可知，重物对台面的压力为 $G\left(1 + \dfrac{a}{g}\right)$。它由两部分组成，一部分是重物的重力 G，它是升降台处于静止或匀速直线运动时台面所受的压力，称为静压力；另一部分为 $G\dfrac{a}{g}$，它是由于物体做加速运动而附加产生的压力，称为附加动压力，它随着加速度的增大而增大。

技术提示：

求解第一类动力学问题的步骤，可大致归纳如下：

1. 选取研究对象，画受力图。

2. 分析运动。根据给定的条件，分析某瞬时的运动情况。

3. 根据研究对象的运动情况，确定采用何种形式的运动微分方程（自然坐标形式或直角坐标形式）。

4. 列运动微分方程，求解未知量。

（2）第二类问题：已知质点所受的力，求质点的运动。

【例 12.2】 图 12.3 所示为物体在阻尼介质中自由降落的情况。设物体所受到的介质阻力 $F_R = cA\rho v^2$，其中 c 为阻力系数，ρ 为介质密度，A 为物体垂直于速度方向的最大截面积，v 为物体降落的速度。求物体降落的极限速度。

解 取物体为研究对象，如图 12.3 所示，选点 O 为坐标原点，坐标轴 x 沿铅垂线向下。物体在任意位置受重力 G 和介质阻力 F_R 的作用，建立质点运动微分方程如下：

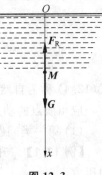

图 12.3

$$m\frac{\mathrm{d}^2 x}{\mathrm{d}t^2} = G - cA\rho v^2 \tag{1}$$

上式表明，在运动开始不久的一段时间内，由于速度 v 较小，则阻力 F_R 也较小，故 $G - cA\rho v^2 > 0$，因此物体加速降落。但由于物体速度逐渐增加，阻力 F_R 按速度平方迅速增大，于是重力 G 与阻力 F_R 的合力所引起的加速度逐渐减小。当速度达到某一数值时，加速度为零，这时的速度叫做极限速度，以 v_{max} 极限表示，这时式（1）为

$$0 = G - cA\rho v_{max}^2$$

故极限速度 v_{max} 为

$$v_{max} = \sqrt{\frac{G}{cA\rho}}$$

物体达到极限速度后，将匀速下落。

技术提示：

求解第二类动力学问题的步骤，可大致归纳如下：

1. 选取研究对象，画受力图。

2. 分析运动，确定质点运动的初始条件。

3. 列运动微分方程（选择直角坐标形式较多），求解未知量。

12.2 刚体绕定轴转动动力学基本方程

刚体转动时的转速是在经常变化的，如电动机在启动时，转速逐渐升高；制动时，转速又逐渐减少，直到停止转动。显然，转速的变化与作用在电动机上的力有关，因为力对刚体转动的效应取决于力对转轴的力矩，所以，转速的变化与力矩有关。下面研究刚体转速的变化与力矩之间的关系。

1. 刚体定轴转动微分方程

设刚体在外力 $F_1, F_2, \cdots, F_n$ 作用下,绕 z 轴转动(图 12.4)。某瞬时它的角速度为 ω,角加速度为 a。设想刚体由 n 个质点组成。

任取其中一个质点 M_i 来研究,此质点的质量为 m_i,该点到转轴的距离为 r_i,其切向加速度为 $a_{\tau i} = m_i r_i a$,法向加速度为 $a_{ni} = m_i r_i \omega^2$。按质点的动静法,在此质点 M_i 上需加切向惯性力 $F_{1it} = m_i a_{\tau i} = m_i r_i a$,法向惯性力 $F_{1in} = m_i a_{ni} = m_i r_i \omega^2$,则质点 M_i 处于假想的平衡状态。对刚体上的各质点都虚加相应的切向惯性力和法向惯性力,整个定轴转动刚体处于假想的平衡状态。按空间任意力系的平衡条件,作用于转动刚体上的全部外力和惯性力,应满足 $\sum M_z(F) = 0$。即

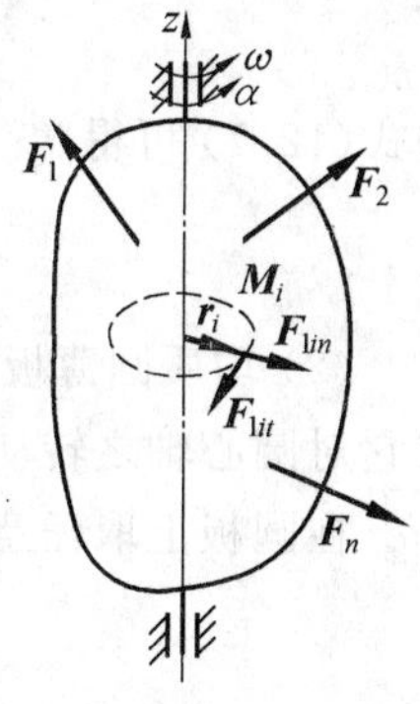

图 12.4

$$\sum M_z(F_i) + \sum M_z(F_{1i}) = 0$$

由于各质点的法向惯性力的作用线都通过轴线,对转轴 z 的力矩为零,故有

$$\sum M_z(F_i) + \sum M_z(F_{1it}) = 0$$

又

$$\sum M_z(F_{1it}) = -\sum m_i r_i a r_i = -\sum (m_i r_i^2) a = -J_z a$$

如将 $\sum m_i r_i^2$ 表示为 J_z,则有

$$\sum M_z(F_i) = J_z a \tag{12.5}$$

式中　J_z —— 刚体对转轴 z 的转动惯量,即刚体的转动惯量与角加速度的乘积等于作用于刚体上的外力对转轴之矩的代数和。

上式称为刚体绕定轴转动的动力学基本方程。这个方程将刚体转动时力与运动的关系联系起来。它是解决转动刚体动力学问题的理论基础。又因

$$a = \frac{d\omega}{dt} = \frac{d^2\varphi}{dt^2}$$

所以,式(12.5)又可以写成

$$\sum M_z(F_i) = J_z \frac{d\omega}{dt} = J_z \frac{d^2\varphi}{dt^2} \tag{12.6}$$

上式称为刚体定轴转动微分方程。它与质点直线运动的运动微分方程相似:

$$\sum F_x = m \frac{d^2 x}{dt^2}$$

比较这两个方程可以看出,转动惯量在刚体转动中的作用,正如质量在刚体平移中的作用一样。例如,不同的刚体受相等的力矩作用时,转动惯量大的刚体角加速度小,转动惯量小的刚体角加速度大,即转动惯量大的刚体不容易改变它的运动状态。因此,转动惯量是转动刚体惯性的度量。

2. 转动惯量

刚体绕定轴 z 的转动惯量为 $J_z = \sum m_i r_i^2$,从公式可见,影响其大小的因素有两个:一个是它的质量大小,另一个是这些质量对转轴的分布状况,后一个因素具体反映在刚体的形状及其与转轴的相对位置上。

如刚体的质量是连续分布的,则转动惯量公式又可改写成如下形式:

$$J_z = \int_m r^2 dm \tag{12.7}$$

利用上式可将形状规则、质量均匀刚体的转动惯量计算出来。

(1)均质等截面细直杆对质心轴的转动惯量。设有等截面细直杆(图 12.5),其单位长度的质量为

m,长为 l,求它对过质心 C 的 z 轴的转动惯量。杆为均质,故有

$$\mathrm{d}m = \frac{m}{l}\mathrm{d}x$$

按式(12.7)可得

$$J_z = \int_m r^2 \mathrm{d}m = \int_{-l/2}^{l/2} x^2 \frac{m}{l}\mathrm{d}x = \frac{ml^2}{12} \tag{12.8}$$

(2) 均质圆薄板对质心轴的转动惯量。设有均质圆薄板,如图 12.6 所示。其质量为 m 半径为 R。求它对圆心轴之转动惯量。

在圆板上取任意半径 ρ 处厚为 $\mathrm{d}\rho$ 之圆环为微元。由于圆板为均质,故有

$$\mathrm{d}m = \frac{m}{\pi R^2}2\pi\rho\mathrm{d}\rho$$

将其代入式(12.7),得

$$\int_0^R \rho^2 \frac{m}{\pi R^2}2\pi\rho d\rho = \frac{mR^2}{2} \tag{12.9}$$

工程中几种常用简单形状均质物体的转动惯量的计算,可查表 12.1。

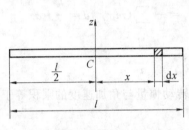

图 12.5

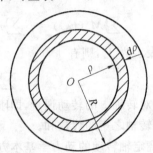

图 12.6

表 12.1　刚体对通过质心轴的转动惯量

物体种类	物体简图	转动惯量	回转半径
细直杆		$J_x = \frac{1}{12}mL^2$ $J_z = \frac{1}{3}mL^2$	$\rho_z = \frac{\sqrt{3}}{6}L$ $\rho_z' = \frac{\sqrt{3}}{3}L$
矩形六面体		$J_C = \frac{1}{12}m(a^2+b^2)$	$\rho_C = \frac{\sqrt{(a^2+b^2)}}{2\sqrt{3}}$
细圆环		$J_C = mR^2$	$\rho_C = R$
薄圆板		$J_C = \frac{1}{2}mR^2$ $J_x = J_y = \frac{1}{4}mR^2$	$\rho_C = \frac{\sqrt{2}}{2}R$ $\rho_x = \rho_y = \frac{1}{2}R$

工程中有时也把转动惯量写成刚体的总质量 m 与当量长度 ρ_z 的平方乘积的形式,即

$$J_z = m\rho_z{}^2 \tag{12.10}$$

式中　ρ_z——刚体对于 z 轴的回转半径。

它是假想把刚体的质量集中于距转轴为 ρ_z 的质点上,则此质点对于 z 轴的转动惯量等于原来刚体对于 z 轴的转动惯量。

表 12.1 仅给出了刚体对通过质心轴的转动惯量。在工程中,有时需要确定刚体对不通过质心轴的转动惯量。转动惯量的平行轴定理:刚体对任一轴 z' 的转动惯量,等于刚体对平行于该轴的质心轴 z 的转动惯量加上刚体质量 m 与两轴间距离 d 的平方的乘积。即

$$J_z{}' = J_z + md^2 \tag{12.11}$$

【例 12.3】　钟摆简化如图 12.7 所示。已知匀质细直杆和匀质圆盘的质量分别为 m_1 和 m_2,杆长为 l,圆盘直径为 d。求摆对于通过悬挂点 O 并垂直于摆平面的轴的转动惯量。

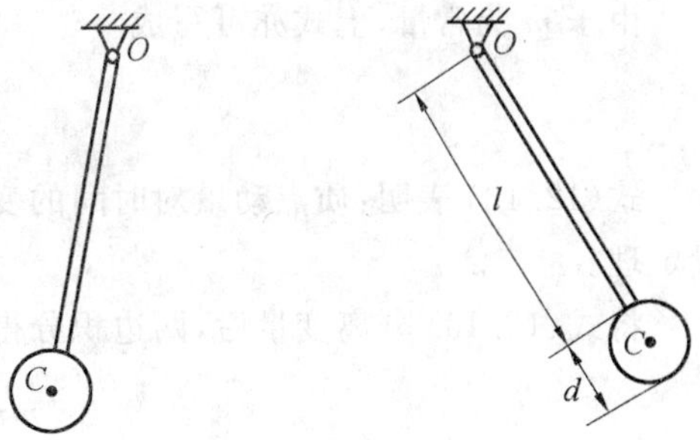

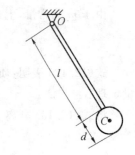

解　钟摆可看成由匀质细长杆和匀质圆盘两部分组成。

$$J_O = J_{O杆} + J_{O盘}$$

式中

$$J_{O杆} = \frac{1}{3}m_1 l^2$$

图 12.7

再由平行轴定理可得

$$J_{O盘} = J_C + m_2\left(l + \frac{d}{2}\right)^2 = \frac{1}{2}m_2\left(\frac{d}{2}\right)^2 + m_2\left(l + \frac{d}{2}\right)^2 =$$

$$m_2\left(\frac{3}{8}d^2 + l^2 + ld\right)$$

于是得

$$J_O = \frac{1}{3}m_1 l^2 + m_2\left(\frac{3}{8}d^2 + l^2 + ld\right)$$

12.3 动量定理

动量和动量定理从不同侧面表示了质点和质点系的运动与其受力之间的关系,动量概念的物理意义更明确,可以更深入地帮助我们理解物体机械运动的某些特性。并帮助我们解决动力学的一些力与运动的问题。

1. 质点的动量

高中物理中已经阐明,动量是表征质点机械运动强度的一个物理量。设质点的质量为 m,其速度为 v,则质点的动量可由质点的质量与其速度的乘积来表示,即在该瞬时质点的动量为 mv。动量是矢量,它的方向与质点的速度方向相同,动量的单位是 kg·m/s。

2. 冲量

工程中将力在一段时间间隔内作用的累积效应称为冲量。当作用力 $\boldsymbol{F}$ 为常力,作用时间为 t 时,$\boldsymbol{F}$ 在时间间隔 t 内的冲量 $\boldsymbol{I}$ 为

$$\boldsymbol{I} = \boldsymbol{F}t$$

冲量是矢量,它的方向与力的方向相同,冲量的单位是 N·s。

当作用力 $\boldsymbol{F}$ 为变力时,它在无穷小的时间间隔 dt 内可视为常量,在时间 dt 内力的冲量称为元冲

量,即

$$\mathrm{d}\boldsymbol{I} = \boldsymbol{F}\mathrm{d}t$$

于是可得在时间间隔 $t_2 - t_1$ 内力的冲量为

$$I = \int_{t_1}^{t_2} F\mathrm{d}t \tag{12.12}$$

3. 质点的动量定理

设质量为 m 的质点 M 在合力 $\boldsymbol{F}$ 的作用下运动,其速度为 $\boldsymbol{v}$,根据动力学基本方程有

$$m\frac{\mathrm{d}v}{\mathrm{d}t} = F$$

由于 m 为常量,上式亦可写成

$$\frac{\mathrm{d}}{\mathrm{d}t}(mv) = F \tag{12.13}$$

式(12.13)表明:质点动量对时间的变化率等于该质点所受的合力。这就是微分形式的质点的动量定理。

将式(12.13)分离变量后,两边积分得

$$mv_2 - mv_1 = \int_{t_1}^{t_2} F\mathrm{d}t = I \tag{12.14}$$

式(12.14)表明:在任一时间间隔内,质点动量的改变,等于在同一时间间隔内作用在该质点上的合力的冲量。这就是积分形式的质点的动量定理,又称为冲量定理。

式(12.14)在直角坐标系中的投影式为

$$\left.\begin{aligned} mv_{2x} - mv_{1x} &= \int_{t_1}^{t_2} F_x\mathrm{d}t = I_x \\ mv_{2y} - mv_{1y} &= \int_{t_1}^{t_2} F_y\mathrm{d}t = I_y \\ mv_{2z} - mv_{1z} &= \int_{t_1}^{t_2} F_z\mathrm{d}t = I_z \end{aligned}\right\} \tag{12.15}$$

4. 质点系的动量定理

设质点系由 n 个质点组成,其中某质点的质量为 m_i,速度为 v_i,作用于该质点上的力有外力 $\boldsymbol{F}_i^{(e)}$ 和质点系内各质点之间相互作用的力,即内力 $\boldsymbol{F}_i^{(i)}$。由质点动量定理有

$$\frac{\mathrm{d}}{\mathrm{d}t}(m_i v_i) = F_i^{(e)} + F_i^{(i)}$$

对质点系内各质点,都可以写出这样的方程,整个质点系有 n 个方程相加,得

$$\sum \frac{\mathrm{d}}{\mathrm{d}t}(m_i v_i) = \sum F_i^{(e)} + \sum F_i^{(i)}$$

由高数知识上式可写为

$$\frac{\mathrm{d}}{\mathrm{d}t}\left(\sum m_i v_i\right) = \sum F_i^{(e)} + \sum F_i^{(i)}$$

式中　$\sum m_i v_i$——质点系内各质点动量的矢量和,称为质点系的动量,并以 $\boldsymbol{P}$ 表示,所以 $\boldsymbol{P} = \sum m_i v_i$。

又因为作用于质点系上的所有内力总是成对出现,且它们的大小相等、方向相反,所以内力的矢量和恒等于零,即

$$\sum F_i^{(i)} = 0$$

于是上式可简化为

$$\frac{\mathrm{d}P}{\mathrm{d}t} = \sum F_i^{(e)} \tag{12.16}$$

即质点系的动量对时间的变化率等于质点系所受外力的矢量和,这就是微分形式的质点系的动量定理。

将式(12.16)两边乘以 $\mathrm{d}t$,并在时间间隔$(t_1 \rightarrow t_2)$内进行积分,得

$$P_2 - P_1 = \int_{t_1}^{t_2} F_i^{(e)} \mathrm{d}t = \sum I^{(e)} \tag{12.17}$$

式中 P_1, P_2—— 分别表示质点系在 t_1 和 t_2 时的动量。

式(12.17)表明:质点系的动量在任一时间间隔内的改变等于在同一时间间隔内作用在该质点系上所有外力的冲量的矢量和。这就是积分形式的质点系的动量定理。

式(12.17)在直角坐标系上的投影式为

$$\left.\begin{array}{l} P_{2x} - P_{1x} = \sum I_x^{(e)} \\ P_{2y} - P_{1y} = \sum I_y^{(e)} \\ P_{2z} - P_{1z} = \sum I_z^{(e)} \end{array}\right\} \tag{12.18}$$

式(12.18)表明:在某一时间间隔内,质点系的动量在坐标轴上投影的改变等于作用在该质点系上的所有外力在同一时间间隔内的冲量在同一轴上的投影的代数和。

当质点系不受外力作用或作用在质点系上外力的矢量和为零时,即 $\sum F_i^{(e)} = 0$ 时,由式(12.16)及式(12.18)有

$$P = \sum m_i v_i = m v_c = 常矢量 \tag{12.19}$$

式(12.19)表明:当作用于质点系上外力的矢量和恒等于零时,此质点系的动量将保持不变,这就是质点系的动量守恒定理。

如果外力在某一轴上投影的代数和恒等于零,设 $\sum F_i^{(e)} = 0$,则有 $\sum I_i^{(e)} = 0$,由式(12.18)得

$$P_{2x} = P_{1x} = m v_{Cx} = 常量$$

即作用于质点系上的所有外力,在某坐标轴上投影的代数和为零时,该质点系的动量在同一轴上的投影保持不变。

以上结论称为质点系动量守恒定理。在自然界中,大到天体,小到如质子、中子、电子等基本粒子间的相互作用,都遵守这一定理,它是自然界中最普遍的客观规律之一。

大炮射击时的后座现象,就是质点系动量守恒的例子。此外,喷气式飞机、火箭等运载工具,借助高速喷射的气体而获得前进的动力,都是动量守恒定理在工程技术上的重要应用。

【例 12.4】 设作用在活塞上的合力 F 随时间的变化规律为:$F = 0.4mg(1 - kt)$,其中 m 为活塞的质量,$k = 1.6 \ \mathrm{s}^{-1}$。已知 $t_1 = 0$ 时,活塞的速度 $v_1 = 0.2 \ \mathrm{m/s}$,方向沿水平向右。试求 $t_2 = 0.5 \ \mathrm{s}$ 时活塞的速度。

解 以活塞为研究对象,取坐标轴 Ox(水平方向)向右为正向,由式(12.15)有

$$m v_{2x} - m v_{1x} = I_x$$

因为

$$I_x = \int_{t_1}^{t_2} F_x \mathrm{d}t = 0.4mg \int_{t_1}^{t_2} (1 - kt) \mathrm{d}t = 0.4mg t_2 \left(1 - \frac{k}{2} t_2\right)$$

把 $v_{1x} = v_1$,$v_{2x} = v_2$ 以及 t 值代入上式得

$$m(v_2 - v_1) = 0.4mg t_2 \left(1 - \frac{k}{2} t_2\right)$$

所以
$$v_2 = v_1 + 0.4gt_2(1 - \frac{k}{2}t_2) = 1.38 \text{ m/s}$$

技术提示：

应用动量定理分析和解决问题时，有以下步骤：

1. 选取研究对象（质点或刚体），画受力图。
2. 分析质点或刚体的运动规律。
3. 应用动量定理求解未知量。
4. 注意动量守恒定律的应用。

12.4 动量矩定理

工程中，把物体绕某点（轴）转动运动量的大小称为动量矩。

1. 质点对轴的动量矩

设有质点 M 其质量为 m，它在与 z 轴垂直的平面 N 内的速度为 v，动量为 mv，如图 12.8 所示，我们把质点的动量 mv 与质点的速度 v 到 z 轴的距离 r 的乘积定义为质点对固定轴 z 的动量矩，以 $M_z(mv)$ 表示，即

$$M_z(mv) = \pm mvr$$

由上式可以看出，动量矩是代数量，通常规定从轴的正向看去，使质点绕轴做逆时针转动的动量矩为正，反之为负。动量矩的单位为 $\text{kg} \cdot \text{m}^2/\text{s}$。

2. 质点系对轴的动量矩

设质点系由 n 个质点组成，则所有质点对于固定轴 z 的动量矩的代数和为质点系的动量矩，记为 L_z，即

$$L_z = \sum M_z(mv) = \sum m_i v_i r_i = \sum m_i r_i^2 \omega$$

定轴转动的刚体对固定轴 z 的动量矩为

$$L_z = J_z \omega$$

式中　J_z——刚体对 z 轴的转动惯量；

　　　ω——刚体的角速度。

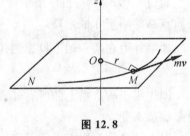

图 12.8

3. 动量矩定理

（1）质点动量矩定理。设在平面 xy 内有一质点 M，此质点绕与平面 xy 垂直的 z 轴做圆周运动。如图 12.9 所示，已知质点的质量为 m，某瞬时速度为 v，加速度为 a，其动量为 mv，根据动力学基本方程 $F = ma$，将此式向 M 点处的圆周的切线方向投影，得 $F_\tau = ma_\tau$。

再将投影式两边乘以圆的半径 R 得

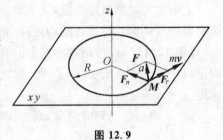

图 12.9

$$F_\tau R = ma_\tau R = m\frac{dv}{dt}R = \frac{d}{dt}(mvR)$$

式中　$F_\tau R$——即为作用于质点上的力 F 对转轴 z 之矩；

　　　mvR——质点的动量与它到 z 轴垂直距离的乘积，即质点对 z 轴的动量矩，它表征质点绕 z 轴转动的强度，故上式可写成

$$\frac{\mathrm{d}}{\mathrm{d}t}M_z(mv)=M_z(F) \qquad\qquad (12.20)$$

这一结论虽然是从一特例中推导出来的,但是它具有普遍意义。它表明,质点对于某一同定轴的动量矩对时间的导数等于质点对于同一轴的力矩,这就是质点的动量矩定理。

(2) 质点系动量矩定理。设质点系由 n 个质点组成,取其中任一质点 M_i,此质点的动量为 $m_i v_i$,作用在该质点上内力的合力为 $F_i^{(i)}$,外力的合力 $F_i^{(e)}$。由式(12.20)可以写出 M_i 对固定轴 z 动量矩定理有

$$\frac{\mathrm{d}}{\mathrm{d}t}M_z(mv)=M_z(F_i^{(i)})+M_z(F_i^{(e)})$$

对质点系内各质点,都可以写出这样的方程,整个质点系有 n 个方程相加,得

$$\frac{\mathrm{d}}{\mathrm{d}t}\sum M_z(mv)=\sum M_z(F_i^{(i)})+\sum M_z(F_i^{(e)})$$

式中 $\quad M_z(mv)$ —— 质点系对固定轴 z 的动量矩,记为 L_z,在质点系中由于内力成对出现,它们对 z 轴

力矩的代数和恒等于零,即 $\sum M_z(F_i^{(i)})=0$,故上式可写为

$$\frac{\mathrm{d}}{\mathrm{d}t}\sum M_z(mv)=\sum M_z(F_i^{(e)})$$

或

$$\frac{\mathrm{d}L_z}{\mathrm{d}t}=M_z \qquad\qquad (12.21)$$

式(12.21)表明:质点系对于某一固定轴的动量矩对时间的导数,等于质点系上所有外力对同一轴的力矩的代数和,这就是质点系的动量矩定理。

由式(12.21)可以看出,当作用于质点系上的外力对某一固定轴的矩的代数和等于零时,即当 $\sum M_z(F_i^{(e)})=0$ 时,有

$$\frac{\mathrm{d}}{\mathrm{d}t}\sum M_z(mv)=0$$

即

$$L_z=\sum M_z(mv)=常量 \qquad\qquad (12.22)$$

式(12.22)表明:如果作用于质点系的外力对某固定轴的矩的代数和等于零,则质点系对于该轴的动量矩保持不变,这就是质点系的动量矩守恒定律。

【例 12.5】 提升装置如图 12.10 所示。已知滚筒质量为 M,直径为 d,它对转轴的转动惯量为 J,作用于滚筒上的主动转矩为 T,被提升重物的质量为 m,求重物上升的加速度。

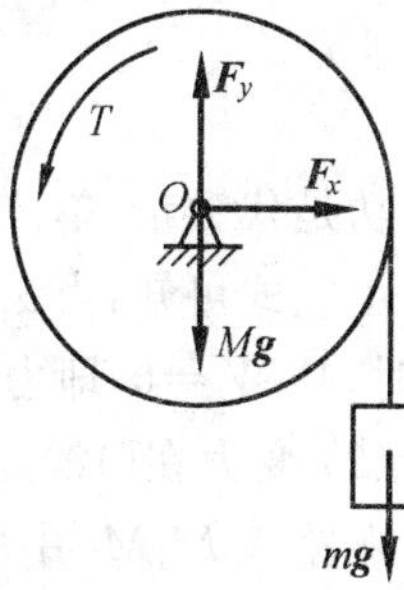

解 取滚筒与重物组成的质点系为研究对象。作用于质点系上的外力及力矩有:重物的重量 mg;滚筒重量 Mg;轴承 O 处的约束反力 F_x、F_y。设某瞬时滚筒转动的角速度为 ω,则重物上升的速度

$$v=\frac{d}{2}\omega$$

整个系统对转轴 O 的动量矩为

图 12.10

$$L=J\omega+mv\frac{d}{2}=J\omega+\frac{m\omega d^2}{4}$$

由质点系动量矩定理得

$$\frac{\mathrm{d}}{\mathrm{d}t}\left(J\omega+\frac{m\omega d^2}{4}\right)=T-mg\frac{d}{2}$$

即

$$\frac{\mathrm{d}\omega}{\mathrm{d}t}\left(J+\frac{md^2}{4}\right)=T-mg\frac{d}{2}$$

所以滚筒角加速度为

$$\varepsilon=\frac{4T-2mgd}{4J+md^2}$$

重物上升的加速度为

$$a=\frac{d}{2}\varepsilon=\frac{2Td-mgd^2}{4J+md^2}$$

>>>

技术提示：

应用动量矩定理分析和解决问题时，有以下步骤：

1. 选取研究对象，画受力图，计算各力对固定轴的力矩。

2. 计算质点对定轴或定轴转动刚体对转轴的动量矩。

3. 当合力矩为零时，注意应用动量矩守恒定律。

4. 将动量矩定理与牛顿第二定律结合起来解决工程实际问题。

动能定理‖

在力学中，作用在物体上的力所做的功，表征了力在其作用点的运动过程中对物体作用的累积效果，其结果是引起了物体能量的改变和转化。

1. 功和功率

(1) 常力在直线运动中的功。设质点 M 在常力 F 作用下，物体从位置 M_1 移动到 M_2，位移为 s，力 F 与力作用点的位移之间的夹角为 α，如图 12.11 所示，则力所做的功为

$$W=F\cos\alpha\cdot s$$

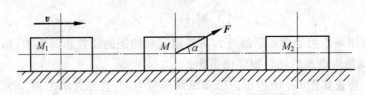

图 12.11

功是代数量，单位是 J(焦耳)，$1\,\mathrm{J}=1\,\mathrm{N}\cdot\mathrm{m}$。

由上式可知：当 $\alpha<90°$ 时，功 $W>0$，即力 F 做正功；当 $\alpha>90°$ 时，功 $W<0$，即力 F 做负功；当 $\alpha=90°$ 时，功 $W=0$，即力与物体的运动方向垂直，即力 F 不做功。

(2) 变力在曲线运动中的功。设质点 M 在变力作用下沿曲线由 M_1 移动到 M_2，如图 12.12 所示，则变力在路程 M_1M_2 中所做的功为

$$W=\int_{M_1}^{M_2}(F_x\mathrm{d}x+F_y\mathrm{d}y+F_z\mathrm{d}z)$$

或

$$W=\int_{M_1}^{M_2}F\cos\alpha\mathrm{d}s=\int_{M_1}^{M_2}F_\tau\mathrm{d}s$$

上式表明：变力在某一曲线路程上所做的功等于该力在轨迹切线方向的投影沿这段曲线路程的积分。

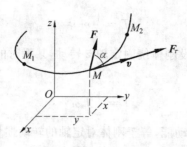

图 12.12

（3）合力的功。在任意路程中，作用于质点上合力的功等于各分力在同一路程中所做功的代数和。

（4）几种常见力的功。

① 重力的功

$$W = \pm Gh$$

式中　h——质点在始点位置与终点位置的高度差。

若质点下降，重力的功为正；质点上升，重力的功为负。

② 弹性力的功

$$W = \frac{1}{2}k(\delta_1^2 - \delta_2^2)$$

上式表明：弹性力的功等于弹簧的刚度系数与其始末位置变形的平方之差的乘积的一半。当初变形 δ_1 大于末变形 δ_2 时，弹性力的功为正，反之为负。k 为弹簧的刚度系数。

③ 作用于定轴转动刚体上力矩的功

设定轴转动刚体上作用一常力矩 M_z，则刚体转过 φ 角时力矩的功为

$$W = M_z\varphi$$

当力矩与转角转向一致时，功为正值，反之为负。

技术提示：

由于质点系的内力总是成对出现，且大小相等、方向相反。所以对于刚体而言，刚体内力的功之和等于零。另外，在许多理想情况下，约束反力的功（或功之和）等于零，包括不可伸长的柔绳、光滑面约束、光滑铰链支座、中间铰链以及在固定面上做纯滚动的刚体。

2. 动能

一切运动的物体都具有一定的能量，我们把物体由于机械运动所具有的能量称为动能。

（1）质点的动能。设质量为 m 的质点，某瞬时的速度为 v，则质点在该瞬时的动能为

$$T = \frac{1}{2}mv^2$$

可见，动能是一个永为正值的标量。

（2）质点系的动能。质点系内各质点动能的总和称为质点系的动能。刚体是不变质点系，由于刚体运动形式不同，其动能的计算公式也不同。

① 刚体做平动时的动能。刚体平动时，其中各质点的瞬时速度都相同，设刚体质量为 m，质心速度为 v_C，则平动刚体的动能为

$$T = \frac{1}{2} m v_C^2$$

② 刚体绕定轴转动时的动能。设刚体绕固定轴 z 转动,某瞬时的角速度为 ω,转动惯量为 J_z,则刚体的动能

$$T = \frac{1}{2} J_z \omega^2$$

上式表明:刚体绕定轴转动时的动能,等于刚体对定轴的转动惯量与角速度平方乘积的一半。

③ 刚体做平面运动时的动能。设做平面运动的刚体的质量为 m,质心为 C,角速度为 ω,则刚体的动能为

$$T = \frac{1}{2} m v_C^2 + \frac{1}{2} J_z \omega^2$$

式中　　v_C—— 质心的速度;

　　　　J_z—— 刚体对质心轴的转动惯量。

上式表明:刚体做平面运动时的动能,等于随质心平动的动能与相对质心转动的动能之和。

3. 动能定理

设质量为 m 的质点 M 在力 $\boldsymbol{F}$ 作用下做曲线运动,由 M_1 运动到 M_2,速度由 v_1 变为 v_2,如图 12.13 所示,则质点动能定理的微分形式为

$$\mathrm{d}\left(\frac{1}{2} m v^2\right) = \mathrm{d}W \tag{12.23}$$

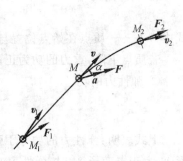

图 12.13

式(12.23)表明:质点动能的微分等于作用于质点上力的元功。将上式沿曲线 $M_1 M_2$ 积分得

$$\int_{v_1}^{v_2} \mathrm{d}\left(\frac{1}{2} m v^2\right) = \int_{M_1}^{M_2} \mathrm{d}W$$

$$\frac{1}{2} m v_2^2 - \frac{1}{2} m v_1^2 = W$$

即

$$T_2 - T_1 = W \tag{12.24}$$

式(12.24)表明:在任意过程中质点动能的变化,等于作用在质点上的力在同一过程中所做的功,这就是动能定理。

由于动能定理包含质点的速度、运动的路程和力,故可用来求解与质点速度、路程有关的问题,也可以用来求解与加速度有关的问题。此外,它是标量方程,用它求解动力学问题可回避矢量运算,比较方便。

4. 刚体的动能定理

质点的动能定理可以推广到质点系。刚体可视为各质点间的距离始终保持不变的质点系。设刚体内某质点的质量为 m_i,在某一段路程的始末位置的速度分别为 v_{i1}、v_{i2},作用在该质点上的外力的合力做的功为 $W_i^{(e)}$,内力的合力做的功为 $W_i^{(i)}$,则按质点的动能定理式(12.24)有

$$\frac{1}{2} m_i v_{i2}^2 - \frac{1}{2} m_i v_{i1}^2 = W_i^{(e)} + W_i^{(i)}$$

由于功和动能都是标量,将刚体内所有质点的上述方程加在一起,有

$$\sum \frac{1}{2} m_i v_{i2}^2 - \sum \frac{1}{2} m_i v_{i1}^2 = \sum W_i^{(e)} + \sum W_i^{(i)}$$

一般来讲,质点系内各质点间的距离是可变的,因此,内力做功的代数和不一定等于零。但对刚体

来讲,因为刚体内各质点间的相对位置是固定不变的,因此,刚体内力做功的代数和等于零。于是,上式可简化为

$$T_2 - T_1 = \sum W^{(e)} \tag{12.25}$$

式(12.25)表明:刚体动能在任意过程中的变化,等于作用在刚体上所有外力在同一过程中所做功的代数和。这就是刚体的动能定理。

对于用光滑铰链、不计自重的刚杆或不可伸长的柔索等约束连接的刚体系统,在不计摩擦的理想情况下,其内力做功之和也总等于零。式(12.25)依然适用。

【例 12.6】 均质圆柱质量为 m,半径为 R,放在倾角为 α 的斜面上,如图 12.14 所示,由静止开始纯滚动,求轮心 O 下滑 s 距离时圆柱的角速度 ω。

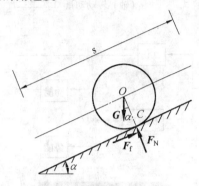

图 12.14

解 取均质圆柱为研究对象。在滚动过程中受力如图 12.14 所示。圆柱做平面运动(纯滚动),C 为速度瞬心,$v_C = 0$,即 $\mathrm{d}r_C = v_C\mathrm{d}t = 0$,因此摩擦力 $\boldsymbol{F}_\mathrm{f}$、法向约束力 $\boldsymbol{F}_\mathrm{N}$ 在下滚过程中均不做功。按刚体的动能定理:

$$T_2 - T_1 = \sum \boldsymbol{W}^{(e)}$$

有

$$\frac{1}{2}mv_O^2 + \frac{1}{2}J_O\omega^2 - 0 = mg\sin\alpha$$

将 $v_O = R\omega$,$J_O = \dfrac{1}{2}mR^2$ 代入上式得

$$\frac{3}{4}mR^2\omega^2 = mg\sin\alpha$$

解得

$$\omega = \frac{2}{R}\sqrt{\frac{g\sin\alpha}{3}}$$

技术提示:

　　动能定理建立了质点和质点系的动能与力的功之间的关系,是一种求解与力、速度、路程直接有关的动力学问题的一种简便方法。

重点串联 ▶▶▶

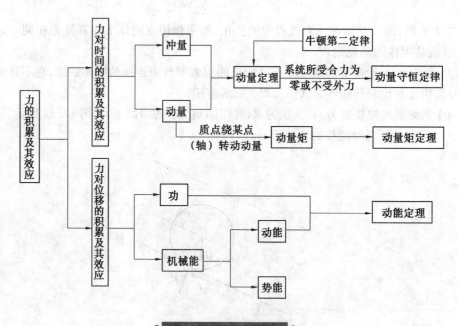

拓展与实训

▶ 基础训练 ◀◀◀

1. 填空题

(1) 重力的功等于_____,而与物体在其间运动的轨迹_____。

(2) 起重机以匀速 $v=0.2$ m/s 提升重 $G=10$ kN 的货物,此时起重机的功率等于_____。

2. 单项选择题

(1) 力的功是( )。

A. 矢量　　　　B. 瞬时量　　　　C. 代数量　　　　D. 有投影

(2) 质量为 m 的小球系于绳的一端,绳长为 l,上端 O 固定,如图 12.15 所示。今以水平力 F 作用于小球,使其缓慢地由最低位置 A 移动到 B。A、B 间的距离为 s,则力 F 在小球移动过程中所做的功为( )。

A. Fs　　　　　　　　B. $Fs \cdot \cos\theta$

C. $mgl(1-\cos\theta)$　　D. $Fs \cdot \sin\theta$

3. 综合题

试计算图 12.16 所示(a)、(b)、(c)、(d)各匀质物体的动能。已知各物体的质量均为 m,绕定轴 O 转动的角速度为 $\boldsymbol{\omega}$,尺寸如图 12.16 所示。计算图示(e)系统的动能,大、小轮的质量分别为 m_1、m_2,为匀质圆轮。

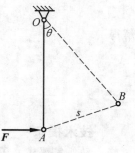

图 12.15

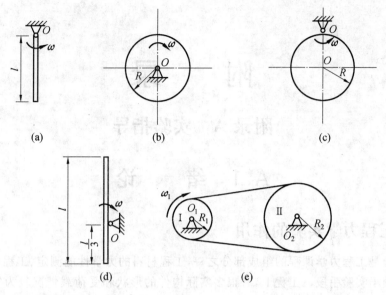

(a)　　　　　(b)　　　　　(c)

(d)　　　　　(e)

图 12.16

► 工程技能训练

1. 训练目的

(1) 培养分析解决动力学问题的能力,对于选用哪一种定理解决,具有较大的灵活性。

(2) 复杂的动力学问题,需要几种定理综合解决,学习时需多加练习,勤于思考,善于分析,逐步提高。

2. 训练要求

(1) 选择所研究的对象,分析研究对象的受力与运动情况,确定其运动与受力间的关系。

(2) 选择解题所需要的动力学定理,建立起动力学方程。

3. 训练内容和条件

在例 12.5 中,如撤去滚筒上作用的主动力矩 T,试求重物下降的加速度 a(图 12.17)。

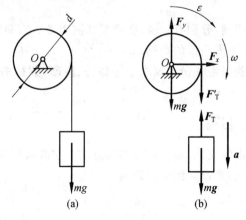

(a)　　　　　(b)

图 12.17

附　　录

附录 A　实验指导

A.1　绪　　论

A.1.1　工程力学实验的作用

工程力学实验是工程力学课程的组成部分之一,工程材料的力学性能测定、工程力学的结论和理论公式的验证都有赖于实验手段。工程上,有很多实际构件的形状和受荷载情况较为复杂,此时,应力分析在理论上难以解决,也需通过实验手段来解决。工程力学的发展历史就是理论和实验两者最好的融合。

工程力学实验课的目的是:

(1)熟悉了解常用机器、仪器的工作原理和使用方法,掌握基本的力学测试技术;

(2)测定材料的力学性能,观察受力全过程中的变形现象和破坏特征,以加深对建立强度破坏准则的认识;

(3)验证理论公式,巩固和深刻理解课堂中所学的概念、理论;

(4)对实验应力分析方法有一个初步的了解;

(5)增强学生动手能力,培养学生创新精神。

A.1.2　实验须知

(1)实验前,必须认真预习,了解本次实验的目的、内容、实验步骤和所使用的机器、仪器的基本原理,对课堂讲授的理论应理解透彻。

(2)按指定时间进入实验室,完成规定的实验项目,因故不能参加者应取得教师同意后安排补做。

(3)在实验室内,应自觉地遵守实验室规则和机器、仪器的操作规程,非指定使用的机器、仪器,不能随意乱动。

(4)实验小组成员,应分工明确,分别有记录、测变形和测力者。实验时要严肃认真,相互配合,密切注意观察实验现象,记录下全部所需测量的数据。

(5)按规定日期,每人交实验报告一份。要求字迹整齐、清晰,数据书写要用印刷体,回答问题要独立思考完成,不允许抄袭。

A.1.3　实验报告的书写

实验报告是实验者最后交出的成果,是实验资料的总结。实验报告应当包括下列内容:

(1)实验名称、实验日期、实验者及同组成员姓名;

(2)实验目的及装置;

(3)使用的仪器设备;

(4)实验原理及方法;

(5)实验数据及其处理;

(6)计算和实验结果分析。

A.2 基本实验

A.2.1 轴向拉伸实验

拉伸实验是对试件施加轴向拉力,以测定材料在常温静荷载作用下力学性能的实验。它是工程力学最基本、最重要的实验之一。拉伸实验简单、直观、技术成熟、数据可比性强,是最常用的实验手段,由此测定的材料力学性能指标,成为考核材料的强度、塑性和变形能力的最基本依据,被广泛而直接地应用于工程设计、产品检验、工艺评定等方面。

一、实验目的

(1)测定低碳钢拉伸时的屈服极限 σ_s、抗拉强度 σ_b、断后伸长率 δ 和断面收缩率 ψ。

(2)测定铸铁拉伸时的强度极限 σ_b。

(3)观察拉伸过程的几个阶段、现象及荷载－伸长曲线。

(4)比较低碳钢与铸铁抗拉性能的特点,并进行断口分析。

二、实验设备及工具

(1)微机控制电子式万能实验机;

(2)刻线机或小钢冲;

(3)游标卡尺。

三、试件

为了使实验结果具有可比性,且不受其他因素干扰,实验应尽量在相同或相似条件下进行,国家为此制定了实验标准,其中包括对试件的规定。

实验时采用国家规定的标准试样。金属材料试样如图 2.1(a)、(b) 所示。试件中间是一段等直杆,等直部分画上两条相距为 l_0 的横线,横线之间的部分作为测量变形的工作段,l_0 称为标距;两端加粗,以便在实验机上夹紧。规定圆形截面试样,标距 l_0 与直径 d 的比例为 $l_0=10d$(长比例试件)或 $l_0=5d$(短比例试件);矩形截面试样标距 l_0 与截面面积 A 的比例为 $l_0=11.3\sqrt{A}$(长比例试件)或 $l_0=5.65\sqrt{A}$(短比例试件)。

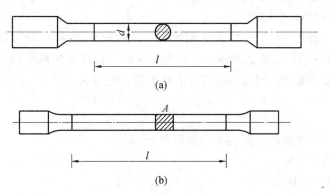

(a)

(b)

图 2.1 金属材料试样

本实验采用长比例圆试件。图 2.1(a) 为一圆试件图样,试件头部与平行部分要过渡缓和,减少应力集中,其圆弧半径 r,依试件尺寸、材质和加工工艺而定,对 $d=10$ mm 的圆试件,$r>4$ mm。试样头部形状依实验机夹头形式而定,要保证拉力通过试件轴线,不产生附加弯矩,其长度 H 至少为楔形夹具长度的 3/4。中部平行长度 $L_0>l_0+d$。为测定延伸率 δ,要在试件上标记出原始标距 l_0,可采用画线或打点法，标记一系列等分格标记。

四、实验原理

拉伸实验是测定材料力学性能最基本的实验之一。材料的力学性能如屈服点、抗拉强度、断后伸长率和断面收缩率等均是由拉伸实验测定的。

1. 低碳钢

（1）荷载—伸长曲线的绘制

通过与实验机连接的电脑可自动绘成以轴向力 P 为纵坐标、试件伸长量 Δl 为横坐标的荷载—伸长曲线（$P-\Delta l$ 图），如图 2.2 所示。低碳钢的荷载—伸长曲线是一种典型的形式，整个拉伸变形分成四个阶段，即弹性阶段、屈服阶段、强化阶段和颈缩阶段。

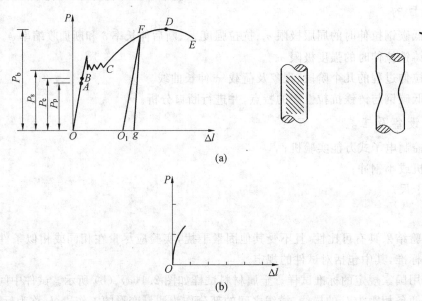

图 2.2　荷载—伸长曲线

（2）屈服点的测定

图中最初画出的一小段曲线，是由于试件装夹间隙所致。荷载增加，变形与荷载成正比增加，在 $P-\Delta l$ 图上为一直线，此即直线弹性阶段。过了直线弹性阶段，尚有一极小的非直线弹性阶段。因此，弹性阶段包括直线阶段和非直线阶段。

当荷载增加到一定程度，在 $P-\Delta l$ 图上面出现一段锯齿形曲线，此段即屈服阶段。经过刨光的试样，在屈服阶段可以观察到与轴线大约成 $45°$ 的滑移线纹。曲线在屈服阶段初次瞬时效应之后的最低点所得的荷载作为屈服荷载 P_s，与其对应的应力称为屈服极限 σ_s。

$$\sigma_s = \frac{P_s}{A_0} \tag{2.1}$$

式中　　A_0——试件标距范围内的原始横截面面积，mm^2；

　　　　P_s——屈服荷载，N；

　　　　σ_s——屈服应力，MPa。

（3）抗拉强度的测定

过了屈服阶段，随着荷载的增加，试件恢复承载能力，$P-\Delta l$ 图的曲线上升，此即强化阶段。荷载增加到最大值处，显示器上"峰值"的数字停止不变化。试件明显变细变长，$P-\Delta l$ 图的曲线下降。试件某一局部截面面积急速减小而出现"颈缩"现象，很快即被拉断，试件断裂面分别呈凹凸状，如图 2.3（a）所

示,此即颈缩阶段。"峰值"上的数字就是最大荷载值 P_b,按下式计算抗拉强度 σ_b:

$$\sigma_b = \frac{P_b}{A_0} \tag{2.2}$$

式中,P_b、σ_b、A_0 的单位分别为 N、MPa、mm^2。

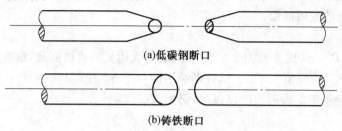

(a)低碳钢断口

(b)铸铁断口

图 2.3　拉伸试样断口形状

(4)断后伸长率的测定

试件拉断后,将两段在断裂处紧密地对接在一起,尽量使其轴线位于同一直线上,测量试件拉断后的标距。

断后标距测量方法:

① 直测法。如果拉断后到较近标距端点的距离大于试件原始标距 $l_0/3$ 时,直接测量断后标距 l_1。

② 位移法。如果拉断处到较近标距端点的距离小于或等于原始标距 $l_0/3$ 时,则按下述方法测定:在试件断后的长段上从断裂处 O 取基本等于短段的格数,得 B 点。接着取等于长段所余格数(偶数)的一半,得 C 点(图 2.4(a));或取所余格数(奇数)分别减 1 与加 1 的一半,得 C 和 C_1 点(图 2.4(b))。位移后的标距分别为

$$l_1 = AB + 2BC \quad (所余格数为偶数)$$

$$l_1 = AB + BC + BC_1 \quad (所余格数为奇数)$$

当断口非常靠近试件两端,而与其头部的距离等于或小于直径的两倍时,需重做实验。

断口伸长率 δ 按下式计算:

$$\delta = \frac{l_1 - l_0}{l_0} \times 100\% \tag{2.3}$$

式中　l_0 —— 初始标距;

　　　　l_1 —— 断后标距。

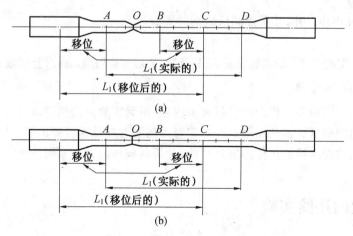

图 2.4　位移法标距测量

(5)断面收缩率的测定

测出试件断后颈缩处最小横截面上两个互相垂直方向上的直径,取其算术平均值计算出最小横截

面面积,断面收缩率 ψ 按下式计算:

$$\psi = \frac{A_0 - A_1}{A_0} \times 100\% \qquad (2.4)$$

式中　　A_0——初始截面面积;

　　　　A_1——断口处的截面面积。

2.铸铁

铸铁试件拉伸时,$P-\Delta l$ 图参见图 2.2(b)。曲线上无明显的直线部分,没有屈服现象,荷载增加到最大值处突然断裂。P_b 由"峰值"读出。试件断裂后断口平齐(图 2.3(b)),塑性变形很小,是典型的脆性材料。其抗拉强度远小于低碳钢的抗拉强度,仍用式(2.2)计算。

五、实验步骤

1.低碳钢拉伸实验

(1)准备试件。用刻线机在原始标距 l_0 范围内刻画圆周线(或用小钢冲打小冲点),将标距分成等长的10格。用游标卡尺在试件原始标距内两端及中间处两个相互垂直的方向上各测一次直径,取其算术平均值作为该处截面的直径。然后选用三处截面直径最小值来计算试件的原始截面面积 A_0(取三位有效数字)。

(2)先打开电脑,再打开实验机。

在电脑桌面打开"试金软件"图标,点击"实验操作"进入实验界面,然后,点击"新建试样"输入试样信息(如:材料、形状、编号、试样原始标距等),点击"确定"。

(3)装夹试件。先将试件装夹在上夹头内,再将下夹头移动到合适的夹持位置,最后夹紧试件下端。

(4)各项清零,选择适当的速度(国标速度)。

(5)准备就绪后点击"开始"按钮,待试样断裂后点击"停止"按钮(如:能自动判断断裂停止则不需要点击"停止"按钮)。

(6)点击"实验分析"进入实验分析界面,对所需要的实验结果前面打上对号"√",点击"自动计算"(如:弹性模量、断后伸长率 ……),如果需要计算"断后伸长率、断面收缩率"需要输入"断后标距、断后面积"。最后打印实验报告。

(7)结束实验。先关实验机,再关电脑。

2.铸铁拉伸实验

除不必刻线或打小冲点外,其余都同低碳钢的实验过程。

3.结束实验

请指导教师检查实验记录。将实验设备、工具复原,清理实验场地。最后整理数据,完成实验报告。

六、预习要求和思考题

(1)预习工程力学实验和工程力学教材有关内容,明确实验目的和要求。

(2)实验时如何观察低碳钢的屈服点?测定时为何要对加载速度提出要求?

(3)比较低碳钢拉伸和铸铁拉伸的断口形状,分析其破坏的力学原因。

A.2.2　轴向压缩实验

一、实验目的

(1)测定低碳钢压缩时的屈服极限 σ_s。

(2)测定铸铁在压缩时的抗压强度 σ_b。

（3）观察并比较低碳钢和铸铁在压缩时的变形和破坏现象。

二、实验设备及工具

（1）压力机或万能实验机；

（2）游标卡尺。

三、试件

试件加工需按《金属压缩实验方法》（GB 7314—87）的有关要求进行，取试件高度 $h_0 = (2.5 \sim 3.5)d_0$，如图 2.5 所示。试件两端必须平行且与轴线垂直，以保证试件承受轴向压力。

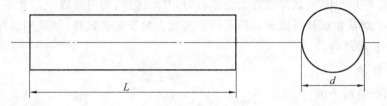

图 2.5　压缩试件

四、实验原理

以低碳钢为代表的塑性材料，轴向压缩时会产生很大的横向变形，但由于试样两端面与实验机支承垫板间存在摩擦力，约束了这种横向变形，故试样出现显著的鼓胀，如图 2.6 所示。

塑性材料在压缩过程中的弹性模量、屈服点与拉伸时相同，但在到达屈服阶段时不像拉伸实验时那样明显，因此要仔细观察才能确定屈服荷载 P_s。当继续加载时，试样越压越扁，由于横截面面积不断增大，试样抗压能力也随之提高，曲线持续上升，如图 2.7 所示。除非试样过分鼓出变形，导致柱体表面开裂，否则塑性材料将不会发生压缩破坏。因此，一般不测塑性材料的抗压强度，而通常认为抗压强度等于抗拉强度。

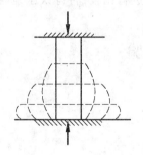

图 2.6　低碳钢压缩时的鼓胀效应

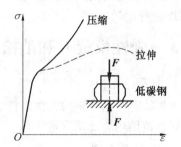

图 2.7　低碳钢压缩曲线

以铸铁为代表的脆性金属材料，由于塑性变形很小，所以尽管有端面摩擦，鼓胀效应却并不明显，而是当应力达到一定值后，试样在与轴线大约成 $45° \sim 55°$ 的方向上发生破裂，如图 2.8 所示。这是由于脆性材料的抗剪强度低于抗压强度，从而使试样被剪断。其压缩曲线如图 2.9 所示。

图 2.8　铸铁压缩破坏示意图

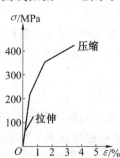

图 2.9　铸铁压缩曲线

五、实验步骤

(1)用游标卡尺在试样两端及中间处两个相互垂直的方向上测量直径,并取其算术平均值,选用三处测量最小直径来计算横截面面积。

(2)实验机初运行。在通电状态下,打开计算机,进入软件状态。然后,按下电控柜面板上的电源按钮。

(3)在计算机上双击"WinWaw"图标,进入实验操作。

(4)准确地将试样置于实验机活动平台的支承垫板中心处。

(5)调整实验机夹头间距,当试样接近上支承板时,开始缓慢、均匀加载。

(6)对于低碳钢试样,将试样压成鼓形即可停止实验。对于铸铁试样,加载到试样破坏时立即停止实验,以免试样进一步被压碎。

六、实验结果处理

根据实验记录,计算应力值。

(1)低碳钢的屈服强度:

$$\sigma_s = \frac{P_s}{A_0} \tag{2.5}$$

(2)铸铁的抗压强度:

$$\sigma_b = \frac{P_b}{A_0} \tag{2.6}$$

七、思考题

(1)为什么铸铁试样压缩时,破坏面常发生在与轴线大致成 $45° \sim 55°$ 的方向上?

(2)试比较塑性材料和脆性材料在压缩时的变形及破坏形式有什么不同?

(3)将低碳钢压缩时的屈服强度与拉伸时的屈服强度进行比较;将铸铁压缩时的抗压强度与拉伸时的抗拉强度进行比较。

A.2.3 弹性模量 E 和泊松比 μ 测定实验

一、实验目的

(1)用电测法测量低碳钢的弹性模量 E 和泊松比 μ。

(2)在弹性范围内验证胡克定律。

二、实验设备及工具

(1)组合实验台中拉伸装置;

(2)XL2118 系列力 & 应变综合参数测试仪;

(3)游标卡尺、钢板尺。

三、实验原理及方法

试件采用矩形截面试件,电阻应变片布片方式如图 2.10 所示。在试件中央截面上,沿前后两面的轴线方向分别对称地贴一对轴向应变片 R_1、R_1' 和一对横向应变片 R_2、R_2',以测量轴向应变 ε 和横向应变 ε'。

1. 弹性模量 E 的测定

由于实验装置和安装初始状态的不稳定性,拉伸曲线的初始阶段往往是非线性的。为了尽可能减小测量误差,实验应从一初荷载 $P_0(P_0 \neq 0)$ 开始,采用增量法,分级加载,分别测量在各相同荷载增量 ΔP 作用下,产生的应变增量 $\Delta \varepsilon$,并求出 $\Delta \varepsilon$ 的平均值。设试件初始横截面面积为 A_0,又因 $\varepsilon = \frac{\Delta l}{l}$,则有

$$E = \frac{\Delta P}{\Delta \varepsilon A_0} \tag{2.7}$$

上式即为增量法测弹性模量 E 的计算公式。

式中　A_0——试件截面面积；

　　　$\Delta \varepsilon$——轴向应变增量的平均值。

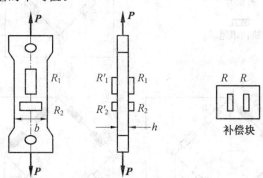

图 2.10　拉伸试件及布片图

用上述板试件测弹性模量 E 时，合理地选择组桥方式可有效地提高测试灵敏度和实验效率。下面是几种常见的组桥方式。

实验时，在一定荷载条件下，分别对前、后两枚轴向应变片进行单片测量，并取其平均值 $\varepsilon = (\varepsilon_1 + \varepsilon_1')/2$。显然 $(\varepsilon_n + \varepsilon_0)$ 代表荷载 $(P_n + P_0)$ 作用下试件的实际应变量。而且 ε 消除了偏心弯曲引起的测量误差。

2.泊松比 μ 的测定

利用试件上的横向应变片和纵向应变片合理组桥，为了尽可能减小测量误差，实验宜从一初荷载 $P_0 (P_0 \neq 0)$ 开始，采用增量法，分级加载，分别测量在各相同荷载增量 ΔP 作用下，横向应变增量 $\Delta \varepsilon'$ 和纵向应变增量 $\Delta \varepsilon$。求出平均值，按定义便可求得泊松比 μ：

$$\mu = \left| \frac{\Delta \varepsilon'}{\Delta \varepsilon} \right| \tag{2.8}$$

四、实验步骤

(1) 设计好本实验所需的各类数据表格。

(2) 测量试件尺寸。在试件标距范围内，测量试件三个横截面尺寸，取三处横截面面积的平均值作为试件的横截面面积 A_0。

(3) 拟订加载方案。先选取适当的初荷载 P_0（一般取 $P_0 = 10\% \ P_{max}$ 左右），估算 P_{max}（该实验荷载范围 $P_{max} \leqslant 5\ 000\ \text{N}$），分 $4 \sim 6$ 级加载。

(4) 根据加载方案，调整好实验加载装置。

(5) 按实验要求接好线（为提高测试精度建议采用图 2.11(d) 所示相对桥臂测量方法），调整好仪器，检查整个测试系统是否处于正常工作状态。

(6) 加载。均匀缓慢加载至初荷载 P_0，记下各点应变的初始读数；然后分级等量加载，每增加一级荷载，依次记录各点电阻应变片的应变值，直到最终荷载。实验至少重复两次。

(7) 做完实验后，卸掉荷载，关闭电源，整理好所用仪器设备，清理实验现场，将所用仪器设备复原，实验资料交指导教师检查签字。

五、思考题

(1) 为何要用等量增量法测定弹性模量 E？

(2) 实验时为什么要加初荷载？为什么不测 P_0 时的引伸仪读数？又为什么要严格控制终荷载的值？

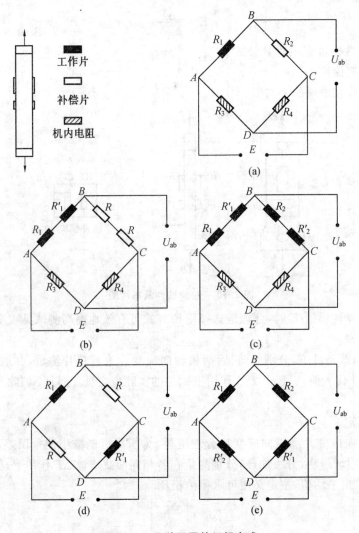

图 2.11 几种不同的组桥方式

A.2.4 纯弯曲正应力实验

一、实验目的

(1) 测定梁在纯弯曲时横截面上正应力的大小和分布规律。

(2) 验证纯弯曲梁的正应力计算公式。

二、实验设备及工具

(1) 组合实验台中纯弯曲梁实验装置;

(2) XL2118 系列力 & 应变综合参数测试仪;

(3) 游标卡尺、钢板尺。

三、实验原理及方法

矩形截面纯弯曲钢梁的实验装置如图 2.12 所示。本实验采用四点弯曲实验,加载后,梁在两个加力点间承受纯弯曲。根据平面假设和纵向纤维间无挤压的假设,可以得到纯弯曲梁横截面的正应力的理论计算公式为

$$\sigma = \frac{M \cdot y}{I} \qquad (2.9)$$

式中　　M—— 横截面弯矩；

　　　　I—— 横截面对形心主轴（即中心轴）的惯性矩；

　　　　y—— 所求应力点到中性轴的距离。

由式（2.9）可知沿横截面高度正应力按线性规律变化。

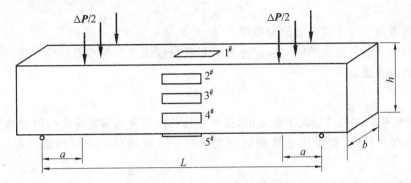

图 2.12　应变片在梁中的位置

实验采用半桥单臂、公共补偿、多点测量方法。加载采用增量法，即每增加等量的荷载 ΔP，测出各点的应变增量 $\Delta\varepsilon$，然后分别取各点应变增量的平均 $\overline{\Delta\varepsilon_i}$ 依次求出各点的应变增量：

$$\sigma_{i实} = E\Delta\varepsilon_{i实} \tag{2.10}$$

式中　　E—— 材料的弹性模量。

将实测应力值与理论应力值进行比较，以验证弯曲正应力公式。

四、实验步骤

（1）测定矩形截面梁的宽度 b 和厚度 h，荷载作用点到梁支点的距离 a，并测量各应变计到中性层的距离 y。

（2）把梁上的工作应变计分别接在电阻应变仪各通道的 A、B 端接线柱上，温度补偿应变计接在 B、C 端接线柱上。

（3）将千分表安装在弯曲钢梁正中间的下表面上，调节千分表使之有 0.2 mm 左右的初位移。

（4）接通应变仪的电源，预热 5 min 左右，根据智能全数字静态应变仪的操作方法设置应变仪的各项参数：通道数、灵敏系数、力传感器标定系数。然后对应变和力进行调零。

（5）在加力压头未有接触梁的时候，按一次应变仪面板上的"测量"按钮（调零）；然后对梁先预加少量荷载（100 N 左右），之后再次按应变仪面板上的"测量"按钮（再次调零），然后开始正式加载，按前面要求的增量法进行加载。每增加一级荷载，分别在应变仪上读取并记录相应的各点处应变计的读数和千分表上的位移值，直到加载完毕。实验至少做两遍，取线性较好的一组作为本次实验的数据。

（6）实验完毕，关掉电源，卸去荷载，整理仪器。

五、实验结果处理

1.实验值计算

根据测得的各点应变值 ε_i 求出应变增量平均值 $\overline{\Delta\varepsilon_i}$，代入胡克定律计算各点的实验应力值，因 $1\ \mu\varepsilon = 10^{-6}\varepsilon$，所以各点实验应力计算为

$$\sigma_{1实} = E\varepsilon_{1实} = E \times \overline{\Delta\varepsilon_1} \times 10^{-6} \tag{2.11}$$

2.理论值计算

荷载增量

$$\Delta P = 500\ \text{N}$$

弯矩增量

$$\Delta M = \Delta P \cdot a / 2 = 31.25 \text{ N} \cdot \text{m}$$

各点理论值计算

$$\sigma_{i理} = \frac{\Delta M \cdot y_i}{I_z} \tag{2.12}$$

3.绘出实验应力值和理论应力值的分布图

分别以横坐标轴表示各测点的应力 $\sigma_{i实}$ 和 $\sigma_{i理}$，以纵坐标轴表示各测点距梁中性层位置 y_i，选用合适的比例绘出应力分布图。

六、思考题

(1)胡克定律是在轴向拉伸情况下建立的,为什么计算纯弯曲的实测正应力时仍然可用?

(2)在梁的纯弯曲段内,电阻应变片粘贴位置稍左一点或稍右一点对测量结果有无影响? 为什么?

(3)试分析影响实验结果的主要因素是什么?

A.2.5 弯曲变形实验

一、实验目的

测定梁的线位移和转角,并与理论计算结果进行比较,以验证线位移和转角公式。

二、实验设备及工具

(1)组合实验台中纯弯曲梁实验装置;

(2)XL2118系列力 & 应变综合参数测试仪;

(3)游标卡尺、钢板尺。

三、实验原理

实验装置如图2.13所示。在距两端支座为 a 处对称加载,梁的中点 C 处的线位移 y_C 可直接由该处的千分表测读。为测量梁端 B 截面处的转角,在该处用螺钉固结一长度为 e 的小竖直杆,在其杆端处安置一千分表。当梁变形时,小竖直杆的转角与梁端 B 截面的转角相等。所以由千分表测出的杆端 D 处的水平位移 δ 除以杆长即为梁端截面 B 的转角 θ_B。

$$\theta_B \approx \tan \theta_B = \frac{\delta}{e} \tag{2.13}$$

实验在弹性范围内进行,采用等量增载法加载。

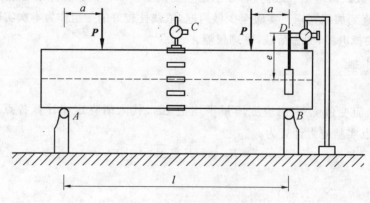

图 2.13 实验装置示意图

梁跨中 C 处线位移的理论计算公式为

$$y_C = 2 \times \frac{Pa}{48EI}(3l^2 - 4a^2) \tag{2.14}$$

梁端 B 截面转角的理论计算公式为

$$\theta_b = \frac{Pa}{2EI}(l - a) \tag{2.15}$$

四、实验步骤

(1) 用游标卡尺测量梁的中间及两端的截面尺寸,取其平均值。

(2) 将梁安装在支座上,用直尺测量其跨度作用点位置 a 及小竖直杆的高度 e。

(3) 拟定加载方案。

(4) 在指定位置安装千分表。

(5) 组织加载、测读和记录人员,分工配合。

(6) 实验测读。先加一初荷载,记录千分表初读数,以后逐级等量加载 ΔP。每增加一次荷载,记录一次两个千分表的读数,直到最终值为止。

(7) 测量完毕,卸载,将机器(仪器)复原并清理场地。

(8) 进行数据处理,填写实验报告。

五、思考题

(1) 影响实验结果准确性的主要因素是什么?

(2) 能否用本次实验装置测定材料的弹性模量 E?

A.2.6　压杆稳定实验

一、实验目的

(1) 观察压杆的失稳现象。

(2) 测定两端铰支压杆的临界压力 P_{cr}。

二、实验设备及工具

(1) 工程力学组合实验台中压杆稳定实验装置;

(2) XL2118 系列力 & 应变综合参数测试仪;

(3) 游标卡尺、钢板尺。

三、实验原理和方法

对于两端铰支,中心受压的细长杆其临界力可按欧拉公式计算:

$$P_{cr} = \frac{\pi^2 EI_{min}}{L^2} \tag{2.16}$$

式中　I_{min}——杠杆横截面的最小惯性矩,$I_{min} = bh^3/12$;

　　　L——压杆的计算长度。

图 2.14(b) 中 AB 铅垂线与 P 轴相交的 P 值,即为依据欧拉公式计算所得的临界力 P_{cr} 的值。在 A 点之前,当 $P < P_{cr}$ 时压杆始终保持直线形式,处于稳定平衡状态。在 A 点,$P = P_{cr}$ 时,标志着压杆丧失稳定平衡的开始,压杆可在微弯的状态下维持平衡。在 A 点之后,当 $P > P_{cr}$ 时压杆将丧失稳定而发生弯曲变形。因此,P_{cr} 是压杆由稳定平衡过渡到不稳定平衡的临界力。

实际实验中的压杆,由于不可避免地存在初曲率,材料不均匀和荷载偏心等因素影响,在 P 远小于 P_{cr} 时,压杆也会发生微小的弯曲变形,只是当 P 接近 P_{cr} 时弯曲变形会突然增大,而丧失稳定。

实验测定 P_{cr} 时,可采用材料力学多功能实验装置中压杆稳定实验部件,该装置上、下支座为 V 形槽口,将带有圆弧尖端的压杆装入支座中,在外力的作用下,通过能上下活动的上支座对压杆施加荷载,压杆变形时,两端能自由地绕V形槽口转动,即相当于两端铰支的情况。利用电测法在压杆中央两侧各贴一枚应变片 R_1 和 R_2,如图2.14(a)所示。假设压杆受力后如图标向右弯曲情况下,以 ε_1 和 ε_2 分别表示应变片 R_1 和 R_2 左右两点的应变值,此时,ε_1 是由轴向压应变与弯曲产生的拉应变之代数和,ε_2 则是由轴向压应变与弯曲产生的压应变之代数和。

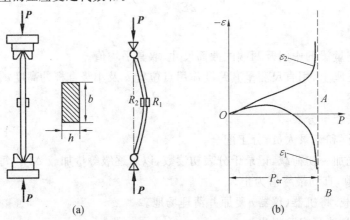

图 2.14 弯曲状态的压杆和 $P-\varepsilon$ 曲线

当 $P \ll P_{cr}$ 时,压杆几乎不发生弯曲变形,ε_1 和 ε_2 均为轴向压缩引起的压应变,两者相等,当荷载 P 增大时,弯曲应变 ε_1 则逐渐增大,ε_1 和 ε_2 的差值也越来越大;当荷载 P 接近临界力 P_{cr} 时,二者相差更大,而 ε_1 变成为拉应变。故无论是 ε_1 还是 ε_2,当荷载 P 接近临界力 P_{cr} 时,均急剧增加。如用横坐标代表荷载 P,纵坐标代表压应变 ε,则压杆的 $P-\varepsilon$ 关系曲线如图2.15(b)所示。从图中可以看出,当 P 接近 P_{cr} 时,$P-\varepsilon_1$ 和 $P-\varepsilon_2$ 曲线都接近同一水平渐近线 AB,A 点对应的横坐标大小即为实验临界压力值。

四、实验步骤

(1)设计好本实验所需的各类数据表格。

(2)测量试件尺寸。在试件标距范围内,测量试件三个横截面尺寸,取三处横截面的宽度 b 和厚度 h,取其平均值用于计算横截面的最小惯性距 $I_{\min}$。

(3)拟订加载方案。加载前用欧拉公式求出压杆临界压力 P_{cr} 的理论值,在预估临界力值的80%以内,可采取大等级加载,进行荷载控制。例如,可以分成 $4 \sim 5$ 级,荷载每增加一个 ΔP,记录相应的应变值一次,超过此范围后,当接近失稳时,变形量快速增加,此时荷载量应取小些,或者改为变形量控制加载,即变形每增加一定数量读取相应的荷载,直到 ΔP 的变化很小,出现四组相同的荷载或渐近线的趋势已经明显为止(此时可认为此荷载值为所需的临界荷载值)。

(4)根据加载方案,调整好实验加载装置。

(5)按实验要求接好线,调整好仪器,检查整个测试系统是否处于正常工作状态。

(6)加载分成两个阶段,在达到理论临界荷载 P_{cr} 的80%之前,由荷载控制,均匀缓慢加载,每增加一级荷载,记录两点应变值 ε_1 和 ε_2;超过理论临界荷载 P_{cr} 的80%之后,由变形控制,每增加一定的应变量读取相应的荷载值。当试件的弯曲变形明显时即可停止加载,卸掉荷载。实验至少重复两次。

(7)做完实验后,逐级卸掉荷载,仔细观察试件的变化,直到试件回弹至初始状态。关闭电源,整理好所用仪器设备,清理实验现场,将所用仪器设备复原,实验资料交指导教师检查签字。

五、实验结果处理

(1)根据实验测得的试样荷载和挠度(或应变)系列数据,绘出 $P-\varepsilon$ 曲线,据此确定临界荷载 P_{cr}。

(2)根据欧拉公式,计算临界荷载的理论值。

(3)将实测值和理论值进行比较,计算出相对误差并分析讨论。

A.3　选择性实验

A.3.1　弯扭组合主应力测定实验

一、实验目的

(1)测定薄壁圆管在弯曲和扭转组合变形下,其表面某点处的主应力大小和方向。

(2)掌握使用应片法测量某一点处主应力大小及方向的方法。

(3)将实验方法所测得的主应力的大小和方向与理论值进行比较和分析。

二、实验仪器设备和工具

(1)组合实验台中弯扭组合实验装置;

(2) XL2118 系列力 & 应变综合参数测试仪;

(3)游标卡尺、钢板尺。

三、实验原理和方法

实验装置如图 3.1、3.2 所示,根据材料力学中平面应力状态下的应变理论,对于空心轴表面上的任意一点的主应力和主应变已经有计算公式可利用。为了简化计算,实验中采用 45° 应变片,使其中 0° 应变计沿空心圆轴的轴线方向,贴片方位见图 3.2 中 A 点,由平面应力和应变分析可得到主应变、主方向的计算公式(3.1) 和(3.2),利用广义胡克定律可求得主应力计算公式(3.3)。

图 3.1　主应力测试装置图

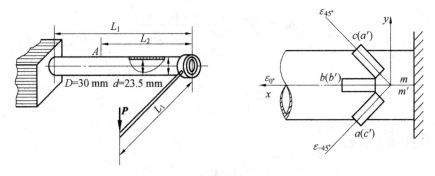

图 3.2　弯扭组合变形实验装置及应变片粘贴方案图

$$\left.\begin{array}{l}\varepsilon_1 \\ \varepsilon_2\end{array}\right\} = \frac{\varepsilon_{-45°} + \varepsilon_{45°}}{2} \pm \sqrt{\frac{1}{2}\left[(\varepsilon_{-45°} + \varepsilon_{0°})^2 + (\varepsilon_{0°} - \varepsilon_{45°})^2\right]} \quad (3.1)$$

$$\alpha = \frac{1}{2}\arctan\left(\frac{\varepsilon_{45°} - \varepsilon_{-45°}}{2\varepsilon_{0°} - \varepsilon_{-45°} - \varepsilon_{45°}}\right) \quad (3.2)$$

$$\left.\begin{array}{l}\sigma_1 = \dfrac{E}{1-\mu^2}(\varepsilon_1 + \mu\varepsilon_2) \\[2mm] \sigma_2 = \dfrac{E}{1-\mu^2}(\varepsilon_2 + \mu\varepsilon_1)\end{array}\right\} \quad (3.3)$$

式中　ε_1、ε_2——主应变;

　　　　σ_1、σ_2——主应力;

　　　　μ——材料的泊松比;

　　　　E——材料的弹性模量;

　　　　α——主应力方向(也称主应变角)。

四、实验步骤

(1)测量薄壁圆管试件的有关尺寸(内外直径 d、D;悬臂梁长度 L;自由端距测试点距离 L_2;加力点距悬臂端距离 L_1),材料的常数 E 和 μ 由实验室给出。

(2)采用多点半桥公共补偿法进行测量。将应变片的三个应变计和温度补偿片接到智能全数字式静态电阻应变仪相应接线柱上。

(3)检查接线无误后,打开智能全数字式静态电阻应变仪电源开关,设置好参数,预热应变仪 5 min 左右,测试前查看各应变仪各通道是否平衡。

(4)实验采用手动加载,先对试件预加初荷载 100 N 左右,用以消除连接间隙初始因素的影响,按下应变仪面板上的"测量"按钮(调零);然后分级递增相等的荷载 $\Delta P = 20$ N 进行实验加载,分 5 级加载,从 0 开始,再 20 N、40 N、60 N、80 N 直到 100 N 结束。每级加载后记录下应变仪上的读数。

(5)卸载,应变仪读数回到初始状态。

(6)重复实验不少于两次,并取其算术平均值。

五、实验结果处理

主应力的理论计算公式如下:

$$\sigma_1 = \frac{\sigma_w}{2} + \sqrt{\left(\frac{\sigma_w}{2}\right)^2 + \tau_T^2} \quad (3.4)$$

$$\sigma_2 = \frac{\sigma_w}{2} - \sqrt{\left(\frac{\sigma_w}{2}\right)^2 + \tau_T^2} \quad (3.5)$$

$$\sigma_w = \frac{M_{EW}}{M_w} = \frac{P \cdot L_1}{\frac{\pi}{32}D^3(1-\alpha^4)} \quad (3.6)$$

式中

$$\tau_T = \frac{M_{ET}}{W_T} = \frac{P \cdot L_2}{\frac{\pi}{16}D^3(1-\alpha^4)} \quad (3.7)$$

主应变的理论计算公式如下:

$$\alpha_{01} = \frac{1}{2}\arctan\frac{-2\tau_T}{\sigma_w} \quad (3.8)$$

式中　σ_w——由弯矩作用引起的应力;

　　　　τ_T——由扭矩作用引起的应力;

M_{EW}——作用在测试点上的弯矩；

M_{ET}——作用在测试点上的扭矩；

W_W——抗弯截面模量；

W_T——抗扭截面模量。

列表比较最大主应力的实测值和相应的理论值，算出相对误差，画出理论和实验的主应力和主方向的应力状态图。

A.3.2　偏心拉伸实验

一、实验目的

（1）测定偏心拉伸时最大正应力，验证叠加原理的正确性。

（2）分别测定偏心拉伸时由拉力和弯矩所产生的应力。

（3）测定偏心距。

（4）测定弹性模量 E。

二、实验设备及工具

（1）组合实验台拉伸装置；

（2）XL2118 系列力 & 应变综合参数测试仪；

（3）游标卡尺、钢板尺。

三、实验原理和方法

偏心拉伸试件，在外荷载作用下，其轴力 $N=P$，弯矩 $M=P\cdot e$，其中 e 为偏心距。根据叠加原理，得横截面上的应力为单向应力状态，其理论计算公式为拉伸应力和弯矩正应力的代数和。即

$$\sigma=\frac{P}{A_0}\pm\frac{6M}{bh^2}$$

偏心拉伸试件及应变片的布置方法如图 3.3 所示，R_1 和 R_2 分别为试件两侧上的两个对称点。则

$$\varepsilon_1=\varepsilon_P+\varepsilon_M,\quad\varepsilon_2=\varepsilon_P-\varepsilon_M$$

式中　ε_P——轴力引起的拉伸应变；

　　　ε_M——弯矩引起的应变。

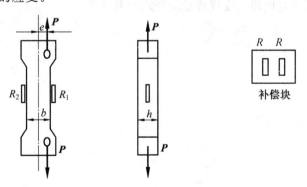

图 3.3　偏心拉伸试件及应变片的布置方法

根据桥路原理，采用不同的组桥方式，即可分别测出与轴向力及弯矩有关的应变值。从而进一步求得弹性模量 E、偏心距 e、最大正应力和分别由轴力、弯矩产生的应力。

可直接采用半桥单臂方式测出 R_1 和 R_2 受力产生的应变值 ε_1 和 ε_2，通过上述两式算出轴力引起的拉伸应变 ε_P 和弯矩引起的应变 ε_M；也可采用邻臂桥路接法直接测出弯矩引起的应变 ε_M，采用此接桥方式不需温度补偿片；接线如图 3.4(a) 所示；采用对臂桥路接法直接测出轴向力引起的应变 ε_P，采用此接

桥方式需加温度补偿片,接线如图 3.4(b) 所示。

四、实验步骤

(1) 设计好本实验所需的各类数据表格。

(2) 测量试件尺寸。在试件标距范围内,测量试件三个横截面尺寸,取三处横截面面积的平均值作为试件的横截面面积 A_0。

(3) 拟订加载方案。先选取适当的初荷载 P_0(一般取 $P_0 = 10\% \ P_{max}$ 左右),估算 P_{max}(该实验荷载范围 $P_{max} \leqslant 5\ 000$ N),分 4 ~ 6 级加载。

(4) 根据加载方案,调整好实验加载装置。

(5) 按实验要求接好线,调整好仪器,检查整个测试系统是否处于正常工作状态。

(6) 加载。均匀缓慢加载至初荷载 P_0,记下各点应变的初始读数;然后分级等增量加载,每增加一级荷载,依次记录应变值 ε_P 和 ε_M,直到最终荷载。实验至少重复两次。半桥单臂测量数据表格,其他组桥方式实验表格可根据实际情况自行设计。

(7) 做完实验后,卸掉荷载,关闭电源,整理好所用仪器设备,清理实验现场,将所用仪器设备复原,实验资料交指导教师检查签字。

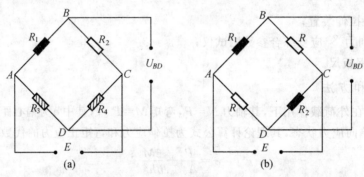

图 3.4　接线图

五、实验结果处理

(1) 分别画出 1/4 桥、半桥和全桥的接线图。

(2) 写出测试目标 E、e 与电阻应变仪读数应变间的关系式。

附录 B 型钢规格表

表 B.1 热轧等边角钢（GB 9787—88）

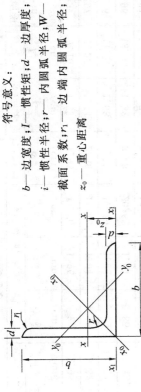

符号意义：
b—边宽度；I—惯性矩；d—边厚度；
i—惯性半径；r—内圆弧半径；W—
截面系数；r_1—边端内圆弧半径；
z_0—重心距离；

角钢号数	尺寸/mm b	尺寸/mm d	尺寸/mm r	截面面积/cm²	理论重量/(kg·m⁻¹)	外表面积/(m²·m⁻¹)	$x-x$ I_x/cm⁴	$x-x$ i_x/cm	$x-x$ W_x/cm³	x_0-x_0 I_{x0}/cm⁴	x_0-x_0 i_{x0}/cm	x_0-x_0 W_{x0}/cm³	y_0-y_0 I_{y0}/cm⁴	y_0-y_0 i_{y0}/cm	y_0-y_0 W_{y0}/cm³	x_1-x_1 I_{x1}/cm⁴	z_0/cm
2	20	3	3.5	1.132	0.889	0.078	0.40	0.59	0.29	0.63	0.75	0.45	0.17	0.39	0.20	0.81	0.60
	20	4	3.5	1.459	1.145	0.077	0.50	0.58	0.36	0.78	0.73	0.55	0.22	0.38	0.24	1.09	0.64
2.5	25	3	3.5	1.432	1.124	0.098	0.82	0.76	0.46	1.29	0.95	0.73	0.34	0.49	0.33	1.57	0.73
	25	4	3.5	1.859	1.459	0.097	1.03	0.74	0.59	1.62	0.93	0.92	0.43	0.48	0.40	2.11	0.76
3.0	30	3	4.5	1.749	1.373	0.117	1.46	0.91	0.68	2.31	1.15	1.09	0.61	0.59	0.51	2.71	0.85
	30	4	4.5	2.276	1.786	0.117	1.84	0.90	0.87	2.92	1.13	1.37	0.77	0.58	0.62	3.63	0.89
3.6	36	3	4.5	2.109	1.656	0.141	2.58	1.11	0.99	4.09	1.39	1.61	1.07	0.71	0.76	4.68	1.00
	36	4	4.5	2.756	2.163	0.141	3.29	1.09	1.28	5.22	1.38	2.05	1.37	0.70	0.93	6.25	1.04
	36	5	4.5	3.382	2.654	0.141	3.95	1.08	1.56	6.24	1.36	2.45	1.65	0.70	1.09	7.84	1.07
4.0	40	3	5	2.359	1.852	0.157	3.59	1.23	1.23	5.69	1.55	2.01	1.49	0.79	0.96	6.41	1.09
	40	4	5	3.086	2.422	0.157	4.60	1.22	1.60	7.29	1.54	2.58	1.91	0.79	1.19	8.56	1.13
	40	5	5	3.791	2.976	0.156	5.53	1.21	1.96	8.76	1.52	3.01	2.30	0.78	1.39	10.74	1.17
4.5	45	3	5	2.659	2.088	0.177	5.17	1.40	1.58	8.20	1.76	2.58	2.14	0.90	1.24	9.12	1.22
	45	4	5	3.486	2.736	0.177	6.65	1.38	2.05	10.56	1.74	3.32	2.75	0.89	1.54	12.18	1.26
	45	5	5	4.292	3.369	0.176	8.04	1.37	2.51	12.74	1.72	4.00	3.33	0.88	1.81	15.25	1.30
	45	6	5	5.076	3.985	0.176	9.33	1.36	2.95	14.76	1.70	4.64	3.89	0.88	2.06	18.36	1.33

参考数值

续表 B.1

角钢号数	尺寸 /mm			截面面积 /cm²	理论重量 /(kg·m⁻¹)	外表面积 /(m²·m⁻¹)	参考数值										
							$x-x$			x_0-x_0			y_0-y_0			x_1-x_1	
	b	d	r				I_x /cm⁴	i_x /cm	W_x /cm³	I_{x0} /cm⁴	i_{x0} /cm	W_{x0} /cm³	I_{y0} /cm⁴	i_{y0} /cm	W_{y0} /cm³	I_{x1} /cm⁴	z_0 /cm
5	50	3	5.5	2.971	2.332	0.197	7.18	1.55	1.96	11.70	1.96	3.22	2.98	1.00	1.57	12.50	1.34
		4		3.897	3.059	0.197	9.26	1.54	2.56	14.70	1.94	4.16	3.82	0.99	1.96	16.69	1.38
		5		4.803	3.770	0.196	11.21	1.53	3.13	17.79	1.92	5.03	4.64	0.98	2.31	20.90	1.42
		6		5.688	4.465	0.196	13.05	1.52	3.68	20.68	1.91	5.85	5.42	0.98	2.63	25.14	1.46
5.6	56	3	6	3.343	2.624	0.221	10.19	1.75	2.48	16.14	2.20	4.08	4.24	1.13	2.02	17.56	1.48
		4		4.390	3.446	0.220	13.18	1.73	3.24	20.92	2.18	5.28	5.45	1.11	2.52	23.43	1.53
		5		5.415	4.251	0.220	16.02	1.72	3.97	25.42	2.17	6.42	6.61	1.10	2.98	29.33	1.57
		8		8.367	6.568	0.219	23.63	1.68	6.03	37.37	2.11	9.44	9.89	1.09	4.16	47.24	1.68
6.3	63	4	7	4.978	3.907	0.248	19.03	1.96	4.13	30.17	2.46	6.78	7.89	1.26	3.29	33.35	1.70
		5		6.143	4.822	0.248	23.17	1.94	5.08	36.77	2.45	8.25	9.57	1.25	3.90	41.73	1.74
		6		7.288	5.721	0.247	27.12	1.93	6.00	43.03	2.43	9.66	11.20	1.24	4.46	50.14	1.78
		8		9.515	7.469	0.247	34.46	1.90	7.75	54.56	2.40	12.25	14.33	1.23	5.47	67.11	1.85
		10		11.657	9.151	0.246	41.09	1.86	9.39	64.85	2.36	14.56	17.33	1.22	6.36	84.31	1.93
7.0	70	4	8	5.570	4.372	0.275	26.39	2.18	5.14	41.80	2.74	8.44	10.99	1.40	4.17	45.74	1.86
		5		6.875	5.397	0.275	32.21	2.16	6.32	51.08	2.73	10.32	13.34	1.39	4.96	57.21	1.91
		6		8.160	6.406	0.275	37.77	2.15	7.48	59.93	2.71	12.11	15.61	1.38	5.67	68.73	1.95
		7		9.424	7.398	0.275	43.09	2.14	8.59	68.35	2.69	13.81	17.82	1.38	6.34	80.29	1.99
		8		10.667	8.373	0.274	48.17	2.12	9.68	76.37	2.68	15.43	19.98	1.37	6.98	91.29	2.03
7.5	75	5	9	7.367	5.818	0.295	39.97	2.33	7.32	63.30	2.92	11.94	16.63	1.50	5.77	70.56	2.04
		6		8.797	6.905	0.294	46.95	2.31	8.64	74.38	2.90	14.02	19.51	1.49	6.67	84.55	2.07
		7		10.160	7.976	0.294	53.57	2.30	9.93	84.96	2.89	16.02	22.18	1.48	7.44	98.71	2.11
		8		11.503	9.030	0.294	59.96	2.28	11.20	95.07	2.88	17.93	24.86	1.47	8.19	112.97	2.15
		10		14.126	11.089	0.293	71.98	2.26	13.64	113.92	2.84	21.48	30.05	1.46	9.56	141.71	2.22

续表 B.1

角钢号数	尺寸/mm b	d	r	截面面积/cm²	理论重量/(kg·m⁻¹)	外表面积/(m²·m⁻¹)	参考数值 $x-x$ I_x/cm⁴	i_x/cm	W_x/cm³	x_0-x_0 I_{x0}/cm⁴	i_{x0}/cm	W_{x0}/cm³	y_0-y_0 I_{y0}/cm⁴	i_{y0}/cm	W_{y0}/cm³	x_1-x_1 I_{x1}/cm⁴	z_0/cm
8.0	80	5	9	7.912	6.211	0.315	48.79	2.48	8.34	77.33	3.13	13.67	20.25	1.60	6.66	85.36	2.15
		6		9.397	7.376	0.314	57.35	2.47	9.87	90.98	3.11	16.08	23.72	1.59	7.65	102.50	2.19
		7		10.860	8.525	0.314	68.58	2.46	11.37	104.07	3.10	18.40	27.09	1.58	8.58	119.70	2.23
		8		12.303	9.658	0.314	73.49	2.44	12.83	116.60	3.08	20.61	30.39	1.57	9.46	136.97	2.27
		10		15.126	11.874	0.313	88.43	2.42	15.64	140.09	3.04	24.76	36.77	1.56	11.08	171.74	2.35
9.0	90	6	10	10.637	8.350	0.354	82.77	2.79	12.61	131.26	3.51	20.63	34.28	1.80	9.95	145.87	2.44
		7		12.301	9.656	0.354	94.83	2.78	14.54	150.47	3.50	23.64	39.18	1.78	11.19	170.30	2.48
		8		13.944	10.946	0.353	106.47	2.76	16.62	168.97	3.48	26.55	43.97	1.78	12.35	194.80	2.52
		10		17.167	13.476	0.353	128.58	2.74	20.07	203.90	3.45	32.04	53.26	1.76	14.52	244.07	2.59
		12		20.306	15.940	0.352	149.22	2.71	23.57	236.21	3.41	37.12	62.22	1.75	16.49	293.76	2.67
10	100	6	12	11.932	9.366	0.393	114.95	3.01	15.68	181.98	3.90	25.74	47.92	2.00	12.69	200.07	2.67
		7		13.796	10.830	0.393	131.86	3.09	18.10	208.97	3.89	29.55	54.74	1.99	14.26	233.54	2.71
		8		15.638	12.276	0.393	148.24	3.08	20.47	235.07	3.88	33.24	61.41	1.98	15.75	267.09	2.76
		10		19.261	15.120	0.392	179.51	3.05	25.06	284.68	3.84	40.26	74.35	1.96	18.54	334.48	2.84
		12		22.800	17.898	0.391	208.90	3.03	29.48	330.95	3.81	46.80	86.84	1.95	21.08	402.34	2.91
		14		26.256	20.611	0.391	236.53	3.00	33.73	374.06	3.77	52.90	99.00	1.94	23.44	470.75	2.99
		16		29.627	23.257	0.390	262.53	2.98	37.82	411.16	3.74	58.57	110.89	1.94	25.63	539.80	3.06
11	110	7	12	15.196	11.928	0.433	177.16	3.41	22.05	280.94	4.30	36.12	73.38	2.20	17.51	310.64	2.96
		8		17.238	13.532	0.433	199.46	3.40	24.95	316.49	4.28	40.69	82.42	2.19	19.39	355.20	3.01
		10		21.261	16.690	0.432	242.19	3.38	30.60	384.39	4.25	49.42	99.98	2.17	22.91	444.65	3.09
		12		25.200	19.782	0.431	282.55	3.35	36.05	448.17	4.22	57.62	116.93	2.15	26.15	534.60	3.16
		14		29.056	22.809	0.431	320.71	3.32	41.31	508.01	4.18	65.31	133.40	2.14	29.14	625.16	3.24
12.5	125	8	14	19.750	15.504	0.492	297.03	3.88	32.52	470.89	4.88	43.28	123.16	2.50	25.86	521.01	3.37
		10		24.373	19.133	0.491	361.67	3.85	39.97	573.89	4.85	64.93	149.46	2.48	30.62	651.93	3.45
		12		28.912	22.696	0.491	423.16	3.83	41.17	671.44	4.82	75.96	174.88	2.46	35.03	783.42	3.53
		14		33.367	26.193	0.490	481.65	3.80	54.16	763.73	4.78	86.41	199.57	2.45	39.13	915.61	3.61

续表 B.1

角钢号数	尺寸/mm b	d	r	截面面积/cm²	理论重量/(kg·m⁻¹)	外表面积/(m²·m⁻¹)	参考数值 $x-x$ I_x/cm⁴	i_x/cm	W_x/cm³	x_0-x_0 I_{x0}/cm⁴	i_{x0}/cm	W_{x0}/cm³	y_0-y_0 I_{y0}/cm⁴	i_{y0}/cm	W_{y0}/cm³	x_1-x_1 I_{x1}/cm⁴	z_0/cm
14	140	10	14	27.373	21.488	0.551	514.65	4.34	50.58	817.27	5.46	82.56	212.04	2.78	39.20	915.11	3.82
		12		32.512	25.522	0.551	603.68	4.31	59.80	958.79	5.43	96.85	248.57	2.76	45.02	1 099.28	3.90
		14		37.557	29.490	0.550	688.81	4.28	68.75	1 093.56	5.40	110.47	284.06	2.75	50.45	1 284.22	3.98
		16		42.539	33.393	0.549	770.24	4.26	77.46	1 221.81	5.36	123.42	318.67	2.74	55.55	1 470.07	4.06
16	160	10	16	31.502	24.729	0.630	779.53	4.98	66.70	1 237.30	6.27	109.36	321.76	3.20	52.76	1 365.33	4.31
		12		37.441	29.391	0.630	916.58	4.95	78.98	1 455.68	6.24	128.67	377.49	3.18	60.74	1 639.57	4.39
		14		43.296	33.987	0.629	1 048.36	4.92	90.95	1 665.02	6.20	147.17	431.70	3.16	68.244	1 914.68	4.47
		16		49.067	38.518	0.629	1 175.08	4.89	102.63	1 865.57	6.17	164.89	484.59	3.14	75.31	2 190.82	4.55
18	180	12	16	42.241	33.159	0.710	1 321.35	5.59	100.82	2 100.10	7.05	165.00	542.61	3.58	78.41	2 332.80	4.89
		14		48.896	38.388	0.709	1 514.48	5.56	116.25	2 407.42	7.02	189.14	625.53	3.56	88.38	2 723.48	4.97
		16		55.467	43.542	0.709	1 700.99	5.54	131.13	2 703.37	6.98	212.40	698.60	3.55	97.83	3 115.29	5.05
		18		61.955	48.634	0.708	1 875.12	5.50	145.64	2 988.24	6.94	234.78	762.01	3.51	105.14	3 502.43	5.13
20	200	14	18	54.642	42.894	0.788	2 103.55	6.20	144.70	3 343.26	7.82	236.40	863.83	3.98	111.82	3 734.10	5.46
		16		62.013	48.680	0.788	2 366.15	6.18	163.65	3 760.89	7.79	265.93	971.41	3.96	123.96	4 270.39	5.54
		18		69.301	54.401	0.787	2 620.64	6.15	182.22	4 164.54	7.75	294.48	1 076.74	3.94	135.52	4 808.13	5.62
		20		76.505	60.056	0.787	2 867.30	6.12	200.42	4 554.55	7.72	322.06	1 180.04	3.93	146.55	5 347.51	5.69
		24		90.661	71.168	0.785	3 338.25	6.07	236.67	5 294.97	7.64	374.41	1 381.53	3.90	166.55	6 457.16	5.87

注：截面图中的 $r_1 = \dfrac{1}{3}d$ 及表中 r 值的数据用于孔型设计，不作交货条件。

表 B.2　热轧不等边角钢(GB 9788—88)

符号意义:

I—惯性矩;i—惯性半径;B—长边
宽度;b—短边宽度;d—边厚度;r—
内圆弧半径;r_1—边端内圆弧半径;
W—截面系数;x_0—重心距离;y_0—
重心距离

角钢号数	尺寸/mm B	b	d	r	截面面积/cm²	理论重量/(kg·m⁻¹)	外表面积/(m²·m⁻¹)	$x-x$ I_x/cm⁴	i_x/cm	W_x/cm³	$y-y$ I_y/cm⁴	i_y/cm	W_y/cm³	x_1-x_1 I_{x1}/cm⁴	y_0/cm	y_1-y_1 I_{y1}/cm⁴	x_0/cm	$u-u$ I_u/cm⁴	i_u/cm	W_u/cm³	$\tan\alpha$
2.5/1.6	25	16	3	3.5	1.162	0.912	0.080	0.70	0.78	0.43	0.22	0.44	0.19	1.56	0.86	0.43	0.42	0.14	0.34	0.16	0.392
			4		1.499	1.176	0.079	0.88	0.77	0.55	0.27	0.43	0.24	2.09	0.90	0.59	0.46	0.17	0.34	0.20	0.381
3.2/2	32	20	3	3.5	1.492	1.171	0.102	1.53	1.01	0.72	0.46	0.55	0.30	3.27	1.08	0.82	0.49	0.28	0.43	0.25	0.382
			4		1.939	1.522	0.101	1.93	1.00	0.93	0.57	0.54	0.39	4.37	1.12	1.12	0.53	0.35	0.42	0.32	0.374
4/2.5	40	25	3	4	1.890	1.484	0.127	3.08	1.28	1.15	0.93	0.70	0.49	6.39	1.32	1.59	0.59	0.56	0.54	0.40	0.386
			4		2.467	1.936	0.127	3.93	1.26	1.49	1.18	0.69	0.63	8.53	1.37	2.14	0.63	0.71	0.54	0.52	0.381
4.5/2.8	45	28	3	5	2.149	1.687	0.143	4.45	1.44	1.47	1.34	0.79	0.62	9.10	1.47	2.23	0.64	0.80	0.61	0.51	0.383
			4		2.806	2.203	0.143	5.69	1.42	1.91	1.70	0.78	0.80	12.13	1.51	3.00	0.68	1.02	0.60	0.66	0.380
5/3.2	50	32	3	5.5	2.431	1.908	0.161	6.24	1.60	1.84	2.02	0.91	0.82	12.49	1.60	3.31	0.73	1.20	0.70	0.68	0.404
			4		3.177	2.494	0.160	8.02	1.59	2.39	2.58	0.90	1.06	16.65	1.65	4.45	0.77	1.53	0.69	0.87	0.402
5.6/3.6	56	36	3	6	2.743	2.153	0.181	8.88	1.80	2.32	2.92	1.03	1.05	17.54	1.78	4.70	0.80	1.73	0.79	0.87	0.408
			4		3.590	2.818	0.180	11.45	1.79	3.03	3.76	1.02	1.37	23.39	1.82	6.33	0.85	2.23	0.79	1.13	0.408
			5		4.415	3.466	0.180	13.86	1.77	3.71	4.49	1.01	1.65	29.25	1.87	7.94	0.88	2.67	0.78	1.36	0.404

参考数值

续表 B.2

角钢号数	尺寸/mm				截面面积/cm²	理论重量/(kg·m⁻¹)	外表面积/(m²·m⁻¹)	参考数值													
								$x-x$			$y-y$			x_1-x_1		y_1-y_1		$u-u$			
	B	b	d	r				I_x/cm⁴	i_x/cm	W_x/cm³	I_y/cm⁴	i_y/cm	W_y/cm³	I_{x1}/cm⁴	y_0/cm	I_{y1}/cm⁴	x_0/cm	I_u/cm⁴	i_u/cm	W_u/cm³	$\tan\alpha$
6.3/4	63	40	4	7	4.058	3.185	0.202	16.49	2.02	3.87	5.23	1.14	1.70	33.30	2.04	8.63	0.92	3.12	0.88	1.40	0.398
			5		4.993	3.920	0.202	20.02	2.00	4.74	6.31	1.12	2.07	41.63	2.08	10.86	0.95	3.76	0.87	1.71	0.396
			6		5.908	4.638	0.201	23.36	1.96	5.59	7.29	1.11	2.43	49.98	2.12	13.12	0.99	4.34	0.86	1.99	0.393
			7		6.802	5.339	0.201	26.53	1.98	6.40	8.24	1.10	2.78	58.07	2.15	15.47	1.03	4.97	0.86	2.29	0.389
7/4.5	70	45	4	7.5	4.547	3.570	0.226	23.17	2.26	4.86	7.55	1.29	2.17	45.92	2.24	12.26	1.02	4.40	0.98	1.77	0.410
			5		5.609	4.403	0.225	27.95	2.23	5.92	9.13	1.28	2.65	57.10	2.28	15.39	1.06	5.40	0.98	2.19	0.407
			6		6.647	5.218	0.225	32.54	2.21	6.95	10.62	1.26	3.12	68.35	2.32	18.58	1.09	6.35	0.98	2.59	0.404
			7		7.657	6.011	0.225	37.22	2.20	8.03	12.01	1.25	3.57	79.99	2.36	21.84	1.13	7.16	0.97	2.94	0.402
(7.5/5)	75	50	5	8	6.125	4.808	0.245	34.86	2.39	6.83	12.61	1.44	3.30	70.00	2.40	21.04	1.17	7.41	1.10	2.74	0.435
			6		7.260	5.699	0.245	41.12	2.38	8.12	14.70	1.42	3.88	84.30	2.44	25.37	1.21	8.54	1.08	3.19	0.435
			8		9.467	7.431	0.244	52.39	2.35	10.52	18.53	1.40	4.99	112.5	2.52	34.23	1.29	10.87	1.07	4.10	0.429
			10		11.59	9.098	0.244	62.71	2.33	12.79	21.96	1.38	6.04	140.8	2.60	43.43	1.36	13.10	1.06	4.99	0.423
8/5	80	50	5	8	6.375	5.005	0.255	41.96	2.56	7.78	12.82	1.42	3.32	85.21	2.60	21.06	1.14	7.66	1.10	2.74	0.388
			6		7.560	5.935	0.255	49.49	2.56	9.25	14.95	1.41	3.91	102.5	2.65	25.41	1.18	8.85	1.08	3.20	0.387
			7		8.724	6.848	0.255	56.16	2.54	10.58	16.96	1.39	4.48	119.3	2.69	29.82	1.21	10.18	1.08	3.70	0.384
			8		9.867	7.745	0.254	62.83	2.52	11.92	18.85	1.38	5.03	136.4	2.73	34.32	1.25	11.38	1.07	4.16	0.381
9/5.6	90	56	5	9	7.212	5.661	0.287	60.45	2.90	9.92	18.32	1.59	4.21	121.32	2.91	29.53	1.25	10.98	1.23	3.49	0.385
			6		8.557	6.717	0.286	71.03	2.88	11.74	21.42	1.58	4.96	145.59	2.95	35.58	1.29	12.90	1.23	4.12	0.384
			7		9.880	7.756	0.286	81.01	2.86	13.49	24.36	1.57	5.70	169.66	3.00	41.71	1.33	14.67	1.22	4.72	0.382
			8		11.18	8.779	0.286	91.03	2.85	15.27	27.15	1.56	6.41	194.17	3.04	47.93	1.36	16.34	1.21	5.29	0.380
10/6.3	100	63	6	10	9.617	7.550	0.320	99.06	3.21	14.64	30.94	1.79	6.35	199.71	3.24	50.50	1.43	18.42	1.38	5.25	0.394
			7		11.11	8.722	0.320	113.45	3.29	16.88	35.26	1.78	7.29	233.00	3.28	59.14	1.47	21.00	1.38	6.02	0.393
			8		12.58	9.878	0.319	127.37	3.18	19.08	39.39	1.77	8.21	266.32	3.32	67.88	1.50	23.50	1.37	6.78	0.391
			10		15.46	12.14	0.310	153.81	3.15	23.32	47.12	1.44	9.98	333.06	3.40	85.73	1.58	28.33	1.35	8.24	0.387

续表 B.2

角钢号数	尺寸/mm				截面面积/cm²	理论重量/(kg·m⁻¹)	外表面积/(m²·m⁻¹)	参考数值													
	B	b	d	r				$x-x$			$y-y$			x_1-x_1		y_1-y_1		$u-u$			
								I_x/cm⁴	i_x/cm	W_x/cm³	I_y/cm⁴	i_y/cm	W_y/cm³	I_{x1}/cm⁴	y_0/cm	I_{y1}/cm⁴	x_0/cm	I_u/cm⁴	i_u/cm	W_u/cm³	$\tan\alpha$
10/8	100	80	6	10	10.63	8.350	0.354	107.04	3.17	15.19	61.24	2.40	10.16	199.83	2.95	102.68	1.97	31.65	1.72	8.37	0.627
			7		12.30	9.656	0.354	122.73	3.16	17.52	70.08	2.39	11.71	233.20	3.00	119.98	2.01	36.17	1.72	9.60	0.626
			8		13.94	10.94	0.353	137.92	3.14	19.81	78.58	2.37	13.21	266.61	3.04	137.37	2.05	40.58	1.71	10.80	0.625
			10		17.16	13.47	0.353	166.87	3.12	24.24	94.65	2.35	16.12	333.63	3.12	172.48	2.13	49.10	1.69	13.12	0.622
11/7	110	70	6	10	10.67	8.350	0.354	133.37	3.54	17.85	42.92	2.01	7.90	265.78	3.53	69.08	1.57	25.36	1.54	6.53	0.403
			7		12.30	9.656	0.354	153.00	3.53	20.60	49.01	2.00	9.09	310.07	3.57	80.82	1.61	28.95	1.53	7.50	0.402
			8		13.94	10.94	0.353	172.04	3.51	23.30	54.87	1.98	10.25	354.39	3.62	92.70	1.65	32.45	1.53	8.45	0.401
			10		17.16	13.47	0.353	208.30	3.48	28.54	65.88	1.96	12.48	443.13	3.70	116.83	1.72	39.20	1.51	10.29	0.397
12.5/8	125	80	7	11	14.09	11.06	0.403	227.98	4.02	26.86	74.42	2.30	12.01	454.99	4.01	120.32	1.80	43.81	1.76	9.92	0.408
			8		15.98	12.55	0.403	256.77	4.01	30.41	83.49	2.28	13.56	519.99	4.06	137.85	1.84	49.15	1.75	11.18	0.407
			10		19.71	15.47	0.402	312.04	3.98	37.33	100.67	2.26	16.56	650.09	4.14	173.40	1.92	59.45	1.74	13.64	0.404
			12		23.35	18.33	0.402	364.41	3.95	44.01	116.67	2.24	19.43	780.39	4.22	209.67	2.00	69.35	1.72	16.01	0.400
14/9	140	90	8	12	18.038	14.160	0.453	365.64	4.50	38.48	120.69	2.59	17.34	730.53	4.50	195.79	2.04	70.83	1.98	14.10	0.411
			10		22.261	17.475	0.452	445.50	4.47	47.31	146.03	2.56	21.22	913.20	4.58	245.92	2.12	85.82	1.96	17.48	0.409
			12		26.400	20.724	0.451	521.19	4.44	55.87	169.79	2.54	24.95	1 096.09	4.66	296.89	2.19	100.21	1.95	20.54	0.406
			14		30.465	23.908	0.451	594.10	4.42	64.18	192.10	2.51	28.54	1 279.26	4.74	348.82	2.27	114.13	1.94	23.52	0.403
16/10	160	100	10	13	25.315	19.872	0.512	668.69	5.14	62.13	205.03	2.85	26.56	1 362.89	5.24	336.59	2.28	121.74	2.19	21.92	0.390
			12		30.054	23.592	0.511	784.91	5.15	73.49	239.06	2.82	31.28	1 635.56	5.32	405.94	2.36	142.33	2.17	25.79	0.388
			14		34.709	27.247	0.510	896.30	5.08	84.56	271.20	2.80	35.83	1 908.50	5.40	476.42	2.43	162.20	2.16	29.56	0.385
			16		39.281	30.835	0.510	1 003.04	5.05	95.33	301.60	2.77	40.24	2 181.79	5.48	548.22	2.51	182.57	2.16	33.44	0.382

续表 B.2

角钢号数	尺寸/mm				截面面积/cm²	理论重量/(kg·m⁻¹)	外表面积/(m²·m⁻¹)	x—x			y—y			参考数值								
														x1—x1		y1—y1		u—u				
	B	b	d	r				I_x/cm⁴	i_x/cm	W_x/cm³	I_y/cm⁴	i_y/cm	W_y/cm³	I_{x1}/cm⁴	y_0/cm	I_{y1}/cm⁴	x_0/cm	I_u/cm⁴	i_u/cm	W_u/cm³	tan α
18/11	180	110	10	14	28.373	22.273	0.571	956.25	5.08	78.96	278.11	3.13	32.49	1 940.40	5.89	447.22	2.44	166.50	2.42	26.88	0.376
			12		33.712	26.464	0.571	1 124.72	5.78	93.53	325.03	3.10	38.32	2 328.38	5.98	538.94	2.52	194.87	2.40	31.66	0.374
			14		38.967	30.589	0.570	1 286.91	5.75	107.76	369.55	3.08	43.97	2 716.60	6.06	631.92	2.59	222.30	2.39	36.32	0.372
			16		44.139	34.649	0.569	1 443.06	5.72	121.64	411.85	3.06	49.44	3 105.15	6.17	726.46	2.67	248.94	2.38	40.87	0.369
20/12.5	200	125	12	14	37.912	29.761	0.641	1 570.90	6.44	116.73	483.16	3.57	49.99	3 193.85	6.54	787.74	2.83	285.79	2.74	41.23	0.392
			14		43.867	34.436	0.640	1 800.97	6.41	134.65	550.83	3.54	57.44	3 726.17	6.62	922.47	2.91	326.58	2.73	47.34	0.390
			16		49.739	39.045	0.396	2 023.35	6.38	152.18	615.44	3.52	64.69	4 258.86	6.70	1 058.86	2.99	366.21	2.71	53.32	0.388
			18		55.526	43.588	0.396	2 238.30	6.35	169.33	677.19	3.49	71.74	4 792.00	6.78	1 197.13	3.06	404.83	2.70	59.18	0.385

注：1. 括号内型号不推荐使用；

2. 截面图中的 $r_1 = \frac{1}{3}d$ 及表中 r 值的数据用于孔型设计，不作交货条件。

表 B.3　热轧工字钢 (GB 706—88)

符号意义：
h—高度；r_1—腿端圆弧半径；b—腿宽度；I—惯性矩；d—腰厚度；W—截面系数；t—平均腿厚度；i—惯性半径；r—内圆弧半径；S—半截面的静距

型号	尺寸/mm						截面面积/cm²	理论重量/(kg·m⁻¹)	参考数值						
									$x-x$				$y-y$		
	h	b	d	t	r	r_1			I_x/cm⁴	W_x/cm³	i_x/cm	$I_x:S_x$/cm	I_y/cm⁴	W_y/cm³	i_y/cm
10	100	68	4.5	7.6	6.5	3.3	14.3	11.2	245	49	4.14	8.59	33	9.72	1.52
12.6	126	74	5	8.4	7	3.5	18.1	14.2	488.43	77.529	5.195	10.58	46.906	12.677	1.609
14	140	80	5.5	9.1	7.5	3.8	21.5	16.9	712	102	5.76	12	64.4	16.1	1.73
16	160	88	6	9.9	8	4	26.1	20.5	1 130	141	6.58	13.8	93.1	21.2	1.89
18	180	94	6.5	10.7	8.5	4.3	30.6	24.1	1 660	185	7.36	15.4	122	26	2
20a	200	100	7	11.4	9	4.5	35.5	27.9	2 370	237	8.15	17.2	158	31.5	2.12
20b	200	102	9	11.4	9	4.5	39.5	31.1	2 500	250	7.96	16.9	169	33.1	2.06
22a	220	110	7.5	12.3	9.5	4.8	42	33	3 400	309	8.99	18.9	225	40.9	2.31
25a	250	116	8	13	10	5	48.5	38.1	5 023.54	401.88	10.8	21.58	280.046	47.283	2.403
25b	250	118	10	13	10	5	53.5	42	5 283.96	422.72	9.938	21.27	309.297	52.423	2.404
28a	280	122	8.5	13.7	10.5	5.3	55.45	43.4	7 114.14	508.15	11.32	24.62	345.051	56.565	2.495
28b	280	124	10.5	13.7	10.5	5.3	61.05	47.9	7 480	534.29	11.08	24.24	379.496	61.209	2.493
32a	320	130	9.5	15	11.5	5.8	67.05	52.7	11 075.5	692.2	12.84	27.46	459.93	70.758	2.619
32b	320	132	11.5	15	11.5	5.8	73.45	57.7	11 621.4	726.33	12.58	27.09	501.53	75.989	2.614
32c	320	134	13.5	15	11.5	5.8	79.95	62.8	12 167.5	760.49	12.34	26.77	543.81	81.166	2.608

斜度1:6

续表 B.3

型号	尺寸 /mm						截面面积 /cm²	理论重量 /(kg·m⁻¹)	参考数值						
	h	b	d	t	r	r_1			x—x				y—y		
									I_x /cm⁴	W_x /cm³	i_x /cm	$I_x:S_x$ /cm	I_y /cm⁴	W_y /cm³	i_y /cm
36a	360	136	10	15.8	12	6	76.3	59.9	15 760	875	14.4	30.7	552	81.2	2.69
36b	360	138	12	15.8	12	6	83.5	65.6	16 530	919	14.1	30.3	582	84.3	2.64
36c	360	140	14	15.8	12	6	90.7	71.2	17 310	962	13.8	29.9	612	87.4	2.6
40a	400	142	10.5	16.5	12.5	6.3	86.1	67.6	21 720	1 090	15.9	34.1	660	93.2	2.77
40b	400	144	12.5	16.5	12.5	6.3	94.1	73.8	22 780	1 140	15.6	33.6	692	96.2	2.71
40c	400	146	14.5	16.5	12.5	6.3	102	80.1	23 850	1 190	15.2	33.2	727	99.6	2.65
45a	450	150	11.5	18	13.5	6.8	102	80.4	32 240	1 430	17.7	38.6	855	144	2.89
45b	450	152	13.5	18	13.5	6.8	111	87.4	33 760	1 500	17.4	38	894	118	2.84
45c	450	154	15.5	18	13.5	6.8	120	94.5	35 280	1 570	17.1	37.6	938	122	2.79
50a	500	158	12	20	14	7	119	93.6	46 470	1 860	19.7	42.8	1120	142	3.07
50b	500	160	14	20	14	7	129	101	48 560	1 940	19.4	42.4	1170	146	3.01
50c	500	162	16	20	14	7	139	109	50 640	2 080	19	41.8	1 220	151	2.96
56a	560	166	12.5	21	14.5	7.3	135.25	106.2	65 585.6	2 342.31	22.02	47.73	1 370.16	165.08	3.182
56b	560	168	14.5	21	14.5	7.3	146.45	115	68 512.5	2 446.69	21.63	47.17	1 486.75	174.25	3.162
56c	560	170	16.5	21	14.5	7.3	157.85	123.9	71 439.4	2 551.41	21.27	46.66	1 558.39	183.34	3.158
63a	630	176	13	22	15	7.5	154.9	121.6	93 916.2	2 981.47	24.62	54.17	1 700.05	193.24	3.314
63b	630	178	15	22	15	7.5	167.5	131.5	98 083.6	3 163.98	24.2	53.51	1 812.07	203.6	3.289
63c	630	180	17	22	15	7.5	180.1	141	102 251.1	3 298.42	23.82	52.92	1 924.91	213.88	3.268

注：截面图和表中标注的圆弧半径 r, r_1 的数据用于孔型设计，不作交货条件。

表 B.4　热轧槽钢（GB 707—88）

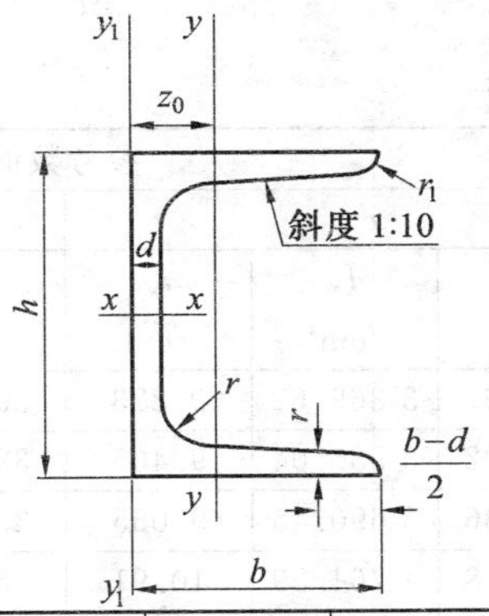

符号意义：

h—高度；r_1—腿端圆弧半径；b—腿宽度；I—惯性矩；d—腰厚度；W—截面系数；t—平均腿厚度；i—惯性半径；r—内圆弧半径；z_0—y—y 轴与 y_1—y_1 轴间距

型号	尺寸/mm						截面面积 /cm²	理论重量 /(kg·m⁻¹)	参考数值							
	h	b	d	t	r	r_1			x—x			y—y			y_1—y_1	z_0
									W_x /cm³	I_x /cm⁴	i_x /cm	W_y /cm³	I_y /cm⁴	i_y /cm	I_{y1} /cm⁴	/cm
5	50	37	4.5	7	7	3.5	6.93	5.44	10.4	26	1.94	3.55	8.3	1.1	20.9	1.35
6.3	63	40	4.8	7.5	7.5	3.75	8.444	6.63	16.123	50.786	2.453	4.5	11.872	1.185	28.38	1.36
8	80	43	5	8	8	4	10.24	8.04	25.3	101.3	3.15	5.79	56.6	1.27	37.4	1.43
10	100	48	5.3	8.5	8.5	4.25	12.74	10	39.7	198.3	3.95	7.8	25.6	1.41	54.9	1.52
12.6	126	53	5.5	9	9	4.5	15.69	12.37	62.137	391.466	4.953	10.242	37.99	1.567	77.09	1.59
14a	140	58	6	9.5	9.5	4.75	18.51	14.53	80.5	563.7	5.52	13.01	53.2	1.7	107.1	1.71
14	140	60	8	9.5	9.5	4.75	21.31	16.73	87.1	609.4	5.35	14.12	61.1	1.69	120.6	1.67
16a	160	63	6.5	10	10	5	21.95	17.23	108.3	866.2	6.28	16.3	73.3	1.83	144.1	1.8
16	160	65	8.5	10	10	5	25.15	19.74	116.8	934.5	6.1	17.55	83.4	1.82	160.8	1.75
18a	180	68	7	10.5	10.5	5.25	25.69	20.17	141.4	1 272.7	7.04	20.03	98.6	1.96	189.7	1.88
18	180	70	9	10.5	10.5	5.25	29.29	22.99	152.2	1 369.9	6.85	21.52	111	1.95	210.1	1.84
20a	200	73	7	11	11	5.5	28.83	22.63	178	1 780.4	7.86	24.2	128	2.11	244	2.01
20	200	75	9	11	11	5.5	32.83	25.77	191.4	1 913.7	7.64	25.88	143.6	2.09	268.4	1.95
22a	220	77	7	11.5	11.5	5.75	31.84	24.99	217.6	2 393.9	8.67	28.17	157.8	2.23	298.2	2.1
22	220	79	9	11.5	11.5	5.75	36.24	28.45	233.8	2 571.4	8.42	30.05	176.4	2.21	326.3	2.03

续表 B.4

| 型号 | 尺寸/mm | | | | | | 截面面积/cm² | 理论重量/(kg·m⁻¹) | 参考数值 | | | | | | | |
| | h | b | d | t | r | r₁ | | | x—x | | | y—y | | | y₁—y₁ | |
									W_x/cm³	I_x/cm⁴	i_x/cm	W_y/cm³	I_y/cm⁴	i_y/cm	I_{y1}/cm⁴	z_0/cm
25a	250	78	7	12	12	6	34.91	27.47	269.597	3 369.62	9.823	30.607	175.529	2.243	322.3	2.065
25b	250	80	9	12	12	6	39.91	31.39	282.402	3 530.04	9.405	32.657	196.421	2.218	353.2	1.982
25c	250	82	11	12	12	6	44.91	35.32	295.236	3 690.45	9.065	35.926	218.415	2.206	384.1	1.921
28a	280	82	7.5	12.5	12.5	6.25	40.02	31.42	340.328	4 764.59	10.91	35.718	217.989	2.333	387.66	2.097
28b	280	84	9.5	12.5	12.5	6.25	45.62	35.81	366.46	5 130.45	10.6	37.929	242.144	2.304	427.69	2.016
28c	280	86	11.5	12.5	12.5	6.25	51.22	40.21	392.594	5 496.32	10.35	40.301	267.602	2.286	466.60	1.951
32a	320	88	8	14	14	7	48.7	38.22	474.879	7 598.06	12.49	46.473	304.787	2.502	552.31	2.242
32b	320	90	10	14	14	7	55.1	43.25	509.012	8 144.2	12.15	49.157	336.332	2.471	592.93	2.158
32c	320	92	12	14	14	7	61.5	48.28	543.145	8 690.33	11.88	52.642	374.175	2.467	643.30	2.092
36a	360	96	9	16	16	8	60.89	47.8	659.7	11 874.2	13.97	63.54	455	2.73	818.4	2.44
36b	360	98	11	16	16	8	68.09	53.45	702.9	12 651.8	13.63	66.85	496.7	2.7	880.4	2.37
36c	360	100	13	16	16	8	75.29	59.1	746.1	13 429.4	13.36	70.02	536.4	2.67	947.9	2.34
40a	400	100	10.5	18	18	9	75.05	58.91	878.9	17 577.9	15.30	78.83	592	2.81	1 067.6	2.49
40b	400	102	12.5	18	18	9	83.05	65.19	932.2	18 644.5	14.98	82.52	640	2.78	1 135.6	2.44
40c	400	104	14.5	18	18	9	91.05	71.47	985.6	19 711.2	14.71	86.19	687.8	2.75	1 220.7	2.42

注：截面图和表中标注的圆弧半径 r、r₁ 的数据用于孔型设计，不作交货条件。